江苏省高等学校重点教材（编号：2021-1-043）

高等职业教育系列教材

Verilog HDL 与 CPLD/FPGA 项目开发教程

第 3 版

主　编　聂章龙　周凌翔

副主编　瞿新南　张　静

参　编　蔡文博　王　璐　杨　平　王　腾

主　审　眭碧霞

机械工业出版社

本书以 Altera 公司的 MAX Ⅱ系列 EPM1270T144C5N 为蓝本,阐述了基于 CPLD/FPGA 的数字系统设计方法,重点放在工程实践能力和 Verilog HDL 的编程开发能力方面。本书按照基于工作过程的教学模式进行编写,项目的选取以直观、生动、有趣、实用为原则,并遵循由易到难、由简单到综合的学习规律。本书内容包括 CPLD/FPGA 项目开发入门、Verilog HDL(硬件描述语言)、基于 CPLD/FPGA 的单元项目开发和综合项目开发。全书以项目为载体,介绍用 Verilog HDL 进行项目开发的一般步骤,使读者在实践中锻炼编程、调试和创新能力,养成良好的编程习惯。

本书可作为高职高专电子信息、计算机、微电子、自动控制等相关专业电子设计自动化(EDA)课程的教材,也可作为 EDA 初学者或工程技术人员的参考资料。

本书配有微课视频,扫描书上对应二维码即可观看学习,另外,本书还配有电子课件、习题解答、案例素材、程序源代码等,需要的教师可登录 www.cmpedu.com 免费注册,审核通过后下载,或联系编辑索取(微信:13261377872,电话:010-88379739)。

图书在版编目(CIP)数据

Verilog HDL 与 CPLD/FPGA 项目开发教程 / 聂章龙,周凌翔主编. --3 版. --北京:机械工业出版社,2022.9(2025.1 重印)
江苏省高等学校重点教材 高等职业教育系列教材
ISBN 978-7-111-71370-8

Ⅰ. ①V… Ⅱ. ①聂… ②周… Ⅲ. ①硬件描述语言-程序设计-高等职业教育-教材 ②可编程序逻辑器件-系统设计-高等职业教育-教材
Ⅳ. ①TP312 ②TP332.1

中国版本图书馆 CIP 数据核字(2022)第 144381 号

机械工业出版社(北京市百万庄大街 22 号　邮政编码 100037)
策划编辑:和庆娣　　责任编辑:和庆娣
责任校对:张艳霞　　责任印制:郜　敏

中煤(北京)印务有限公司印刷

2025 年 1 月第 3 版·第 4 次印刷
184mm×260mm·16.5 印张·430 千字
标准书号:ISBN 978-7-111-71370-8
定价:69.00 元

电话服务

客服电话:010-88361066
　　　　　010-88379833
　　　　　010-68326294

封底无防伪标均为盗版

网络服务

机　工　官　网:www.cmpbook.com
机　工　官　博:weibo.com/cmp1952
金　书　网:www.golden-book.com
机工教育服务网:www.cmpedu.com

前　言

复杂可编程逻辑器件（Complex Programmable Logical Device，CPLD）/现场可编程门阵列（Field Programmable Gates Array，FPGA）开发技术是以计算机为工作平台，融合了应用电子技术、计算机技术和智能化技术等最新成果而开发的高新技术，是现代电子系统设计和制造不可缺少的技术，它涉及面广，包含描述语言、软件、硬件等多方面知识。党的二十大报告指出，努力培养造就更多大师、战略科学家、一流科技领军人才和创新团队、青年科技人才、卓越工程师、大国工匠、高技能人才。本书在知识选取和结构设计上，以"理论够用、技能实用、重在运用"为指导原则，削减纯理论的知识，增加有趣的实训，激发学生的学习兴趣，以学习技术为主，培养动手能力较强的技术应用型人才。

本书的重点放在工程实践能力和 Verilog HDL 的编程开发能力方面，按照基于工作过程的以项目为载体的教学模式进行编写，项目的选取以直观、生动、有趣、实用为原则，并遵循由易到难、由简单到综合的学习规律。本书分为 4 章，第 1 章主要介绍 CPLD/FPGA 项目开发入门；第 2 章主要介绍 Verilog HDL（硬件描述语言）；第 3 章是以 12 个项目为载体来介绍组合逻辑电路设计、时序逻辑电路设计和数字系统设计；第 4 章以数字时钟、交通信号灯、多功能教室智能控制系统 3 个综合项目为载体，介绍用 Verilog HDL 进行综合项目开发的一般步骤，使读者通过综合项目的设计实践，养成良好的编程习惯，锻炼其编程、调试和创新能力。

本书基本保持了前两版的风格、特色，对第 2 版中的部分内容进行了调整、修改与完善。本书已立项为"江苏省高等学校重点教材"。为满足信息化教学的需求，本书采用"纸质教材+二维码关联数字资源+在线课程"的新形态、一体化形式，融理论和实践于一体，实现"学中练、练中学"。教材配有丰富的数字资源，包括微课视频、电子课件、习题解答、案例素材、程序源代码等。课程团队教师联合企业研发了具有自主知识产权的 STAR EPM1270 CPLD/FPGA 教学实验仪，如果有需要，读者可发邮件至邮箱 346080582@qq.com 索取相关资料。

本书可作为高职高专电子类和计算机类专业的专业课教材，也可作为微电子、自动控制等相关专业 EDA 课程教材，教学学时数建议为 80 学时。

本书由聂章龙、周凌翱任主编，瞿新南、张静任副主编，蔡文博、王璐、杨平和王腾参编。全书由聂章龙统稿、眭碧霞主审。

　　本书在编写过程中，得到了微传智能科技（常州）有限公司国家特聘专家万虹博士和苏州大学王宜怀教授的帮助，他们对项目案例的选择、课堂实践、综合案例的设计提出了许多宝贵的意见，在此对他们表示感谢。另外，编者参考了大量国内外相关文献，受益匪浅，特向其作者表示谢意。

　　由于 CPLD/FPGA 技术发展迅速，而编者水平有限，书中难免存在疏漏或不足之处，恳请广大读者提出宝贵意见和建议，以便再版时改进。

编　者

二维码资源清单

目 录 Contents

第 3 章 基于 CPLD/FPGA 的单元项目开发 ····· 83

第 4 章 基于 CPLD/FPGA 的综合项目开发 ··· 212

第1章 CPLD/FPGA 项目开发入门

1.1 CPLD/FPGA 开发系统概述

学习目标

1. 能力目标

1）能了解可编程逻辑器件（PLD）的发展现状。

2）能掌握 CPLD/FPGA 的结构与特点。

3）能利用数字和纸质资源查找并使用所需资料。

2. 知识目标

1）了解 PLD 的发展历程以及 CPLD/FPGA 的发展概况。

2）掌握 CPLD/FPGA 的结构与原理。

3. 素质目标

1）培养查阅纸质资料的能力。

2）培养主动学习的能力。

情境设计

本节主要围绕 CPLD/FPGA 开发系统的发展概况、基本结构与特点、应用领域等介绍一些 PLD 系统的基本概念和基本原理。具体教学情境设计如表 1-1 所示。

表 1-1 教学情境设计

教 学 内 容	技 能 训 练	知 识 要 点	学 时 数
情境 1：PLD 的发展现状及应用领域	了解 PLD 的发展概况	1. PLD 的发展现状 2. CPLD/FPGA 的优越性	2
情境 2：CPLD/FPGA 的结构与特点	了解 PLD 的工作原理	1. CPLD 的结构与特点 2. FPGA 的结构与特点	

1.1.1 PLD 的发展历程及发展趋势

随着微电子技术的发展，设计与制造集成电路的任务已不完全由半导体厂商来独立承担。系统设计师更愿意自己设计专用集成电路（Application Specific Integrated Circuit，ASIC）芯片，而且希望 ASIC 的设计周期尽可能短，最好是在实验室里就能设计出合适的 ASIC 芯片，能立即投入实际应用之中。因而出现了现场可编程逻辑器件（Field Programmable

微课 1-1
CPLD FPGA
的发展历程及
概述

Logical Device，FPLD），其中应用最广泛的当属现场可编程门阵列（Field Programmable Gates Array，FPGA）和复杂可编程逻辑器件（Complex Programmable Logical Device，CPLD）。

　　早期的可编程逻辑器件只有可编程只读存储器（PROM）、紫外线可擦除只读存储器（EPROM）和电可擦除只读存储器（E^2PROM）3 种。由于结构的限制，它们只能完成简单的数字逻辑功能。其后，出现了一类结构稍复杂的可编程芯片，即可编程逻辑器件（Programmable Logical Device，PLD），它能够完成各种数字逻辑功能。典型的 PLD 由一个"与"门和一个"或"门阵列组成，而任意一个组合逻辑都可以用"与-或"表达式来描述，所以，PLD 能以乘积和的形式完成大量的组合逻辑功能。典型 PLD 的部分内部结构如图 1-1 所示。

图 1-1　典型 PLD 的部分内部结构

　　这一阶段的产品主要有可编程阵列逻辑（Programmable Array Logic，PAL）和通用阵列逻辑（Generic Array Logic，GAL）。PAL 由一个可编程的"与"平面和一个固定的"或"平面构成，或门的输出可以通过触发器有选择地被置为寄存状态。PAL 器件是现场可编程的，它的实现工艺有反熔丝技术、EPROM 技术和 E^2PROM 技术。还有一类结构更为灵活的逻辑器件是可编程逻辑阵列（Programmable Logic Array，PLA），它也由一个"与"平面和一个"或"平面构成，但是这两个平面的连接关系是可编程的。PLA 器件既有现场可编程的，也有掩膜可编程的。在 PAL 的基础上，又发展了一种通用阵列逻辑（Generic Array Logic，GAL），如 GAL16V8、GAL22V10 等。GAL 采用了 E^2PROM 工艺，实现了电可擦除、电可改写，其输出结构是可编程的逻辑宏单元，因而它的设计具有很强的灵活性，至今仍有许多人使用。这些早期的 PLD 器件的一个共同特点是，可以实现速度特性较好的逻辑功能，但其过于简单的结构也使它们只能实现规模较小的电路。

　　为了弥补这一缺陷，20 世纪 80 年代中期，Altera 公司和 Xilinx 公司分别推出了类似于 PAL 结构的扩展型 CPLD 和标准门阵列类似的 FPGA，它们都具有体系结构和逻辑单元灵活、集成度高以及适用范围广等特点。这两种器件兼容了 PLD 和通用门阵列的优点，可实现较大规模的电路，编程也很灵活。和门阵列等其他 ASIC 相比，又具有设计开发周期短、设计制造成本低、开发工具先进、标准产品无须测试、质量稳定以及可实时在线检验等优点，因此被广泛应用于产品的原型设计和产品生产（一般在 10 000 件以下）。几乎所有应用门阵列、PLD 和中小规模通用数字集成电路的场合，均可应用 FPGA 和 CPLD 器件。

　　不同厂家对器件的叫法不尽相同，Xilinx 公司把基于查找表技术的 SRAM 工艺、要外挂配置用的 E^{2}PROM 的 PLD 称为 FPGA；把基于乘积项技术的 Flash（类似 E^{2}PROM 工艺）工艺的 PLD 称为 CPLD。Altera 把自己的 PLD 产品，包括 MAX 系列（乘积项技术，E^{2}PROM 工艺）和 FLEX 系列（查找表技术，SRAM 工艺）都称为 CPLD，即复杂 PLD（Complex PLD）。由于 FLEX 系列也是 SRAM 工艺，基于查找表技术，要外挂配置用的 EPROM，其用法和 Xilinx 公司的 FPGA 一样，所以很多人把 Altera 公司的 FLEX 系列产品也称作 FPGA。

1.1.2 CPLD/FPGA 概述

现场可编程门阵列（FPGA）与复杂可编程逻辑器件（CPLD）都是可编程逻辑器件，它们是在 PAL、GAL 等逻辑器件的基础之上发展起来的。同以往的 PAL、GAL 等相比，CPLD/FPGA 的规模比较大，可以替代几十甚至几千块通用 IC 芯片。这样的 CPLD/FPGA 实际上就是一个子系统部件。这种芯片受到世界各地电子工程设计人员的广泛关注和普遍欢迎。经过了十几年的发展，许多公司都开发出了多种可编程逻辑器件。比较典型的就是 Xilinx 公司的 FPGA 器件系列和 Altera 公司的 CPLD 器件系列，它们开发较早，占据了较大的 PLD 市场。通常来说，在欧洲用 Xilinx 公司产品的人多，在亚太地区用 Altera 公司产品的人多，在美国则是平分秋色。全球 CPLD/FPGA 产品 60%以上是由 Altera 公司和 Xilinx 公司提供的。可以说，Altera 公司和 Xilinx 公司共同决定了 PLD 技术的发展方向。当然，还有许多其他类型的器件，如：Lattice、Vantis、Actel、Quicklogic 和 Lucent 公司的产品等。

尽管 CPLD、FPGA 和其他类型 PLD 的结构各有其特点和长处，但概括起来，它们是由 3 大部分组成的，即一个二维的逻辑块阵列（构成 PLD 器件的逻辑组成核心）；输入/输出块；连接逻辑块的连线资源。连线资源由各种长度的连线线段组成，其中也有一些可编程的连接开关，它们用于逻辑块之间、逻辑块与输入/输出块之间的连接。典型的 PLD 的框图如图 1-2 所示。对用户而言，CPLD 与 FPGA 的内部结构稍有不同，但用法一样，因此在多数情况下，可不加以区分。

图 1-2 典型的 PLD 的框图

CPLD/FPGA 芯片都是特殊的 ASIC 芯片，它们除了具有 ASIC 的特点之外，还具有以下几个优点。

1）随着超大规模集成电路（Very Large Scale IC，VLSI）工艺的不断提高，单一芯片内部可以容纳上百万个晶体管，CPLD/FPGA 芯片的规模也越来越大，其单片逻辑门数已达到上百万门，它所能实现的功能也越来越强，同时也可以实现系统集成。

2）CPLD/FPGA 芯片在出厂之前都做过百分之百的测试，设计人员只需在自己的实验室里就可以通过相关的软硬件环境来完成芯片的最终功能设计。因此，CPLD/FPGA 的资金投入小，节省了许多潜在的成本。

3）用户可以反复地编程、擦除、使用或者在外围电路不动的情况下用不同软件实现不同的功能。因此，用 CPLD/FPGA 试制样片，能以最快的速度占领市场。CPLD/FPGA 软件包中有各种输入工具、仿真工具、版图设计工具和编程器等产品，电路设计人员在很短的时间内就可完成电路的输入、编译、优化及仿真，直至最后芯片的制作。当电路有少量改动时，更能显示出 CPLD/FPGA 的优势。当电路设计人员使用 CPLD/FPGA 进行电路设计时，不需要具备专门的 IC 深层次的知识。CPLD/FPGA 软件易学易用，可以使设计人员更能集中精力进行电路设计，快速将产品推向市场。

1.1.3　CPLD/FPGA 的结构与原理

1. 基于乘积项（Product-Term）的 PLD 结构

采用基于乘积项结构的 PLD 芯片有：Altera 公司的 MAX7000、MAX3000 系列（E^{2}PROM 工艺），Xilinx 公司的 XC9500 系列（Flash 工艺）和 Lattice、Cypress 公司的大部分产品（E^{2}PROM 工艺）。

微课 1-2
CPLD FPGA
的结构与原理

基于乘积项的 PLD 总体内部结构如图 1-3 所示（以 MAX7000 为例，其他型号的结构与此非常相似）。

图 1-3　基于乘积项的 PLD 总体内部结构

这种 PLD 可分为 3 块结构，即宏单元（Macrocell）、可编程连线（Programmable Interface

Adapter，PIA）和 I/O 脚控制块。宏单元是 PLD 的基本结构，由它来实现基本的逻辑功能。图中只给出了 4 个宏单元的集合（因为宏单元较多，故没有一一画出）。可编程连线负责信号传递，连接所有的宏单元。I/O 脚控制块负责输入/输出的电气特性控制，比如可以设定集电极开路输出、摆率控制及三态输出等。图中左上的 INPUT/GCLK1（全局时钟信号），INPUT/GCLRn（清零信号），INPUT/OE1 和 INPUT/OE2（输出使能信号）有专用连线与 PLD 中每个宏单元相连，信号到每个宏单元的延时相同并且延时最短。宏单元的具体结构如图 1-4 所示。

图 1-4　宏单元的具体结构

　　左侧是乘积项阵列，实际就是一个与或阵列，每一个交叉点都是一个可编程熔丝，如果导通，就实现"与"逻辑。后面的乘积项选择矩阵是一个"或"阵列。两者一起完成组合逻辑。右侧是一个可编程 D 触发器，它的时钟信号、清零信号输入都可以编程选择，可以使用专用的全局清零和全局时钟，也可以使用内部逻辑（乘积项阵列）产生的时钟和清零。如果不需要触发器，也可以将此触发器旁路，信号就直接输出给 PIA 或 I/O 脚。

　　下面以一个简单的电路为例，具体说明 PLD 是如何利用以上结构实现逻辑的，组合逻辑如图 1-5 所示。

图 1-5　组合逻辑

【例 1-1】　假设组合逻辑的输出（AND3 的输出）为 f，则 f=(A+B)*C*(!D)=A*C*!D+B*C*!D。请用 PLD 实现此功能。

　　解：PLD 实现组合逻辑 f 的方式如图 1-6 所示。

图 1-6　实现组合逻辑 f

　　A、B、C、D 由 PLD 芯片的引脚输入后进入可编程连线阵列（PIA），在内部会产生 A、$\overline{A}$、B、$\overline{B}$、C、$\overline{C}$、D、$\overline{D}$ 共 8 个输出。图中每一个叉表示相连（可编程熔丝导通），所以得到：f = f1 + f2 = A*C*!D + B*C*!D。这样组合逻辑就实现了。在 AND3 的输出电路中，D 触发器的实现比较简单，直接利用宏单元中的可编程 D 触发器即可。时钟信号 CLK 由 I/O 脚输入后进入芯片内部的全局时钟专用通道，直接连接到可编程触发器的时钟端。可编程触发器的输出与 I/O 脚相连，把结果输出到芯片引脚。这样，PLD 就完成了以上电路的功能（这些步骤都是由软件自动完成的，不需要人为干预）。

　　图 1-6 中的电路是一个很简单的例子，只需要一个宏单元就可以完成。但对于一个复杂的电路，一个宏单元是不能实现的，这时就需要通过并联扩展项和共享扩展项将多个宏单元相连，宏单元的输出也可以连接到可编程连线阵列，再作为另一个宏单元的输入。这样，PLD 就可以实现更复杂的逻辑功能。这种基于乘积项的 PLD 基本都是由 E^2PROM 和 Flash 工艺制造的，一上电就可以工作，无须其他芯片配合。

　　2. 查找表（Look-Up-Table，LUT）的原理与结构

　　也可以将采用基于乘积项结构的 PLD 芯片称为 FPGA，如 Altera 公司的 ACEX、APEX 系列，Xilinx 公司的 Spartan、Virtex 系列等。

　　查找表本质上就是一个 RAM。目前 FPGA 中多使用 4 输入的 LUT，因此可以把每一个 LUT 看成一个有 4 位地址线的 16×1 的 RAM。在用户通过原理图或 HDL 语言描述了一个逻辑电路后，PLD/FPGA 会自动计算逻辑电路的所有可能的结果，并把结果事先写入 RAM，这样，每输入一个信号进行逻辑运算就等于输入一个地址进行查表，找出地址对应的内容，然后输出即可。表 1-2 为一个 4 输入与门的例子。

表 1-2　一个 4 输入与门的例子

实际逻辑电路		LUT 的实现方式	
a、b、c、d 输入	逻辑输出	地址	RAM 中存储的内容
0000	0	0000	0
0001	0	0001	0
….	0	…	0
1111	1	1111	1

　　（1）基于查找表的 FPGA 结构

　　Xilinx Spartan-II 的内部结构如图 1-7 所示。

图 1-7　Xilinx Spartan-Ⅱ的内部结构

Spartan-Ⅱ主要包括 CLBs、I/O 块、RAM 块和可编程连线（未表示出）。在 Spartan-Ⅱ中，一个 CLB 包括两个 Slice（Slice 是 XilinX 元器件的基本逻辑单元），每个 Slice 包括两个 LUT、两个触发器和相关逻辑。Slice 可以看成是 Spartan-Ⅱ实现逻辑的最基本结构。

Altera 公司的 FLEX/ACEX 等芯片的结构如图 1-8 所示。Altera FLEX/ACEX 芯片的内部结构如图 1-9 所示。

图 1-8　FLEX/ACEX 等芯片的结构

图 1-9　Altera FLEX/ACEX 芯片的内部结构

FLEX/ACEX 主要包括 LAB、I/O 块、RAM 块（未表示出）和可编程行/列连线。在 FLEX/ACEX 中，一个 LAB 包括 8 个逻辑单元（LE），每个 LE 包括一个 LUT、一个触发器和相关的逻辑关系。LE 是 FLEX/ACEX 芯片实现逻辑的最基本结构。

（2）查找表结构的 FPGA 逻辑实现原理

此处还是以图 1-5 这个电路为例来解释查找表结构的 FPGA 逻辑实现原理。

图 1-5 中，A、B、C、D 由 FPGA 芯片的引脚输入后进入可编程连线，然后作为地址线连到 LUT，LUT 中已经事先写入了所有可能的逻辑结果，通过地址查找到相应的数据然后输出，这样组合逻辑就实现了。该电路中 D 触发器功能是直接利用 LUT 后面的 D 触发器来实现的。时钟信号 CLK 由 I/O 脚输入后进入芯片内部的时钟专用通道，直接连接到触发器的时钟端。触发器的输出与 I/O 脚相连，把结果输出到芯片引脚。这样，PLD 就完成了图中的电路功能。

这个电路是一个很简单的例子，只需要一个 LUT 加上一个触发器就可以完成。对于一个 LUT 无法完成的电路，在通过进位逻辑将多个单元相连后，FPGA 就可以实现复杂的逻辑功能。

LUT 主要适合 SRAM 工艺生产，目前大部分 FPGA 都是基于 SRAM 工艺的，而 SRAM 工艺的芯片在掉电后信息就会丢失，因此，一定需要外加一片专用配置芯片。在上电的时候，由这个专用配置芯片把数据加载到 FPGA 中，然后 FPGA 就可以正常工作了。由于配置时间很短，不会影响系统正常工作。也有少数 FPGA 采用反熔丝或 Flash 工艺，对这种 FPGA 来讲，就不需要外加专用的配置芯片。

1.1.4　CPLD 与 FPGA 的区别

随着技术的发展，在 2004 年以后，一些厂家推出了一些新的 PLD 和 FPGA，这些产品模糊了 PLD 和 FPGA 的区别。例如，Altera 公司的 MAX II 系列 PLD，这是一种基于查找表结构、集成配置芯片的 PLD，在本质上它就是一种在内部集成了配置芯片的 FPGA，但

微课 1-3
CPLD 与
FPGA 区别

由于配置时间极短，上电就可以工作，所以对用户来说，感觉不到配置过程，可以像传统的 PLD 一样使用，加上容量与传统 PLD 类似，所以 Altera 公司把它归作 PLD。还有 Lattice 公司的 XP 系列 FPGA，也是采用了同样的原理，将外部配置芯片集成到内部，在使用方法上和 PLD 类似，但是因为容量大，性能和传统 FPGA 相同，也是 LUT 结构，所以 Lattice 公司仍把它归为 FPGA。

尽管 FPGA 和 CPLD 都是可编程 ASIC 器件，有很多共同点，但由于 CPLD 和 FPGA 结构上的差异，具有各自的特点。

1) CPLD 适合完成各种算法和组合逻辑，FPGA 适合完成时序逻辑。换句话说，FPGA 适合触发器丰富的结构，而 CPLD 适合触发器有限而乘积项丰富的结构。

2) CPLD 的连续式布线结构决定了它的时序延迟是均匀的和可预测的，而 FPGA 的分段式布线结构决定了其延迟的不可预测性。

3) 在编程上 FPGA 比 CPLD 具有更大的灵活性。CPLD 通过修改具有固定内连电路的逻辑功能来编程，FPGA 主要通过改变内部连线的布线来编程；FPGA 可在逻辑门上编程，而 CPLD 是在逻辑块上编程。

4) FPGA 的集成度比 CPLD 高，具有更复杂的布线结构和逻辑实现。

5) CPLD 比 FPGA 使用起来更方便。CPLD 的编程采用 E^2PROM 或 FASTFLASH 技术，无需外部存储器芯片，使用简单。而 FPGA 的编程信息需存放在外部存储器上，使用方法复杂。

6) CPLD 的速度比 FPGA 快，并且具有较大的时间可预测性。这是由于 FPGA 是门级编程，并且 CLB 之间采用分布式互联，而 CPLD 是逻辑块级编程，并且其逻辑块之间的互联是集总式的。

7) 在编程方式上，CPLD 主要是基于 E^2PROM 或 FLASH 存储器编程，编程次数可达 1 万次，优点是系统断电时编程信息也不丢失。CPLD 又可分为在编程器上编程和在系统编程两类。FPGA 大部分是基于 SRAM 编程，编程信息在系统断电时丢失，每次上电时，需从器件外部将编程数据重新写入 SRAM 中。其优点是可以编程任意次，可在工作中快速编程，从而实现板级和系统级的动态配置。

8) CPLD 保密性好，FPGA 保密性差。

过去由于受到 CPLD 密度的限制，数字器件设计人员只好转向 FPGA 和 ASIC。但随着 CPLD 密度的提高，具时序可预测和速度高等优点，使得数字器件设计人员在进行大型设计时，既灵活又容易，而且产品可以很快进入市场，现在，设计人员可以体会到密度高达数十万门的 CPLD 所带来的好处，所以，本书选用 CPLD 为主控器件进行介绍。

同步训练 1-1

一、单选题

1. 在下列器件中，不属于可编程逻辑器件的是（　　）。

　　A. CPLD　　　B. FPGA　　　　C. EPLD　　　　　D. SRAM

2. 现场可编程门阵列的英文简称是（　　）。

　　A. FPGA　　　　B. EPLD　　　　C. PLD　　　　　D. PAL

3. 大规模可编程器件主要有 FPGA、CPLD 两类，下列对 CPLD 结构与工作原理的描述中，正确的是（　　）。

    A．CPLD 是基于查找表结构的可编程逻辑器件

    B．CPLD 是现场可编程逻辑器件的英文简称

    C．早期的 CPLD 是从 FPGA 结构扩展而来的

    D．早期的 CPLD 是从 GAL 结构扩展而来的

4．大规模可编程器件主要有 FPGA、CPLD 两类，其中 CPLD 通过（　　）实现其逻辑功能。

    A．可编程乘积项逻辑　　　　　　　B．查找表（LUT）

    C．输入缓冲　　　　　　　　　　　D．输出缓冲

二、填空题

1．可编程逻辑器件的业界三巨头是 ALTERA、＿＿＿＿＿＿＿和 Lattice。

2．＿＿＿＿＿＿＿是 PLD 的基本结构，由它来实现基本的逻辑功能。

3．可编程逻辑器件从结构上分类，简单 PLD 和 CPLD 属于＿＿＿＿＿＿＿结构，FPGA 属于＿＿＿＿＿＿＿结构。

三、判断题

1．现场可编程门阵列（FPGA）是可编程逻辑器件，复杂可编程逻辑器件（CPLD）不是可编程逻辑器件。（　　）

2．Altera 公司的 MAX7000 系列属于 FPGA 结构。（　　）

3．FPGA 分解组合逻辑的功能很强，一个宏单元就可以分解十几个甚至 20～30 多个组合逻辑输入。（　　）

4．CPLD 适合完成各种算法和组合逻辑，FPGA 适合完成时序逻辑。（　　）

1.2　CPLD/FPGA 器件识别

学习目标

1．能力目标

1）能识别 Altera 公司 CPLD 系列或 FPGA 系列芯片。

2）能通过查阅 Altera 公司 MAX 7000 系列和 MAX Ⅱ系列的产品资料，掌握产品的基本功能和编程方式。

3）能利用数字和纸质资源查找并使用 MAX 7000、MAX Ⅱ系列产品的资料。

2．知识目标

1）了解 Altera 公司 CPLD 系列或 FPGA 系列芯片基本知识。

2）了解 Altera 公司的 MAX 7000 和 MAX Ⅱ系列产品的功能特性。

3．素质目标

1）培养读者自主学习的能力。

2）培养读者查阅相关资料的能力。

情境设计

本节主要介绍了 Altera 产品，重点描述了 Altera 公司的 MAX 7000、MAX Ⅱ 系列产品的功能特性。具体教学情境设计如表 1-3 所示。

表 1-3　教学情境设计

教 学 内 容	技 能 训 练	知 识 要 点	学 时 数
情境 1：Altera 产品简介	了解 Altera 产品的概况	1. CPLD 产品概况 2. FPG 产品概况	2
情境 2：MAX 7000、MAX Ⅱ 系列产品的功能特性	会用 MAX 7000、MAX Ⅱ 系列产品编程	MAX 7000、MAX Ⅱ 系列产品的基本功能及编程方式	

1.2.1　CPLD/FPGA 产品概况

CPLD/FPGA 同属于高密度用户可编程逻辑器件，其芯片门数（容量）等级从几千门至几万门、几十万门至几百万门以上不等，适合时序、组合逻辑电路应用场合，它可以替代几十甚至上百块通用 IC 芯片，实际上这样的 CPLD/FPGA 就是一个子系统部件。电路设计人员在使用 CPLD/FPGA 器件进行电路设计时，不需过多考虑它们的区别，因为其电路设计和仿真方法都完全一样，不同之处仅在于芯片编译或适配时生成的下载文件不同。

（1）主流 PLD 产品

MAX Ⅱ：新一代 PLD 器件，0.18μm Flash 工艺，2004 年底推出，采用 FPGA 结构，配置芯片集成在内部，和普通 PLD 一样上电即可工作。容量比上一代大大增加，内部集成一片 8Kbit 串行 E^2PROM，增加很多功能。MAX Ⅱ 采用 2.5V 或者 3.3V 内核电压，MAX Ⅱ G 系列采用 1.8V 内核电压。MAX Ⅱ 器件家族如表 1-4 所示。

表 1-4　MAX Ⅱ 器件家族

特　性	EPM240/G	EPM570/G	EPM1270/G	EPM2210/G
逻辑单元（LE）	240	570	1 270	2 210
等效宏单元（Macrocell）	192	440	980	1 700
最大用户 I/O	80	160	212	272
内置 Flash 大小/bit	8K	8K	8K	8K
引脚到引脚延时/ns	3.6～4.5	3.6～5.5	3.6～6.0	3.6～6.5

（2）主流 FPGA 产品

Altera 的主流 FPGA 分为两大类，一种侧重低成本应用，容量中等，性能可以满足一般的逻辑设计要求，如 Cyclone、CycloneⅡ；还有一种侧重于高性能应用，容量大，性能可满足各类高端应用，如 Stratix、StratixⅡ等。用户可以根据实际应用的要求进行选择。在性能可以满足的情况下，优先选择低成本器件。

Cyclone（飓风）：Altera 公司的中等规模 FPGA，2003 年推出，0.13μm 工艺，1.5V 内核供电，与 Stratix 结构类似，是一种低成本 FPGA 系列，是目前主流产品，其配置芯片也改用全新的产品。Cyclone 系列芯片如表 1-5 所示。

表 1-5　Cyclone 系列芯片

型号（1.5V）	逻辑单元	锁相环	M4K RAM 块	备　注
EP1C3	2 910	1	13	每块 RAM 为 4Kbit，可以另加 1 位奇偶校验位
EP1C4	4 000	2	17	
EP1C6	5 980	2	20	
EP1C12	12 060	2	52	
EP1C20	20 060	2	64	

　　Cyclone Ⅱ：Cyclone 的下一代产品，2005 年推出，90nm 工艺，1.2V 内核供电，属于低成本 FPGA，性能和 Cyclone 相当，提供了硬件乘法器单元。Cyclone Ⅱ系列概览如表 1-6 所示。

表 1-6　Cyclone Ⅱ系列概览

特　性	EP2C5	EP2C8	EP2C20	EP2C35	EP2C50	EP2C70
逻辑单元（LE）	4 608	8 256	18 752	33 216	50 528	68 416
M4K RAM 块	26	36	52	105	129	250
RAM 总量	119 808	165 888	239 616	483 840	594 432	1 152 000
嵌入式 18×18 乘法器	13	18	26	35	86	150
锁相环（PLL）	2	2	4	4	4	4
最大可用 I/O 脚	142	182	315	475	450	622

　　Stratix：Altera 公司的大规模高端 FPGA，2002 年推出，0.13μm 工艺，1.5V 内核供电。集成硬件乘加器，芯片内部结构比 Altera 公司以前的产品有很大变化。Stratix 系列概览如表 1-7 所示。

表 1-7　Stratix 系列概览

1.5V	逻辑单元 LE	512bit RAM 块	4Kbit RAM 块	512Kbit MegaRAM 块	DSP 块	备　注
EP1S10	10 570	94	60	1	6	每个 DSP 块可实现 4 个 9×9 乘法/累加器　RAM 块可以另加奇偶校验位
EP1S20	18 460	194	82	2	10	
EP1S25	25 660	224	138	2	10	
EP1S30	32 470	295	171	4	12	
EP1S40	41 250	384	183	4	14	
EP1S60	57 120	574	292	6	18	
EP1S80	79 040	767	364	9	22	
EP1S120	114 140	1118	520	12	28	

　　Stratix Ⅱ：Stratix 的下一代产品，2004 年推出，90nm 工艺，1.2V 内核供电，大容量高性能 FPGA。Stratix Ⅱ系列概览如表 1-8 所示。

表 1-8　Stratix Ⅱ系列概览

功　能	EP2S15	EP2S30	EP2S60	EP2S90	EP2S130	EP2S180
自适应逻辑模块（ALM）	6 240	13 552	24 176	36 384	53 016	71 760
等效逻辑单元（LE）	15 600	33 880	60 440	90 960	132 540	179 400
M512 RAM 块（512bit）	104	202	329	488	699	930

（续）

功 能	EP2S15	EP2S30	EP2S60	EP2S90	EP2S130	EP2S180
M4K RAM 块（4Kbit）	78	144	255	408	609	768
M-RAM 块（512KB）	0	1	2	4	6	9
总共 RAM/bit	419 328	1 369 728	2 544 192	4 520 448	6 747 840	9 383 040
DSP 块（每个 DSP 包含 4 个 18×18 乘法器）	12	16	36	48	63	96
锁相环（PLL）	6	6	12	12	12	12
最大可用 I/O 引脚	358	542	702	886	1 110	1 158

（3）FPGA 配置芯片

用于配置 SRAM 工艺 FPGA 的 E^2PROM 和 EPC2 以上的芯片可以用电缆多次擦写。FPGA 配置芯片概览如表 1-9 所示。

表 1-9 FPGA 配置芯片概览

型 号	容 量	适用型号（详细内容请参阅数据手册）	电 压	常用封装
EPC1441（不可擦写）	441Kbit	6K,10K10-10K30，1K10	3.3/5V 自动选择（可在软件中设定）	8 脚 DIP
EPC1（不可擦写）	1Mbit	10K30E/1K30，10K/1K50，更大芯片要多片级连	3.3/5V 自动选择（可在软件中设定）	8 脚 DIP
EPC2（可重复擦写）	2Mbit	10K/1K/20K100 以下，更大芯片要多片级连	3.3/5V 引脚控制（请查阅数据手册）	20 脚 PLCC
EPC8（可重复擦写）	8Mbit			100 脚 PQFP
EPC16（可重复擦写）	16Mbit			88 脚 BGA

（4）Nois II 软处理器

Verilog 编写的一个 32 位/16 位可编程 CPU 核，可以集成到各种 FPGA 中，Altera 公司提供开发软件用于软件和硬件开发。

（5）更多可编程器件产品

Altera 公司还有很多仍然在广泛使用的可编程器件产品，如：ACEX 1K、MAX3000A、FLEX 10K、APEX 20K、StratixGX 等。

1.2.2 MAX 系列产品的基本功能及编程方式

1. MAX 7000 系列产品

MAX 7000 系列器件是高密度、高性能的 COMS CPLD，它是在 Altera 公司的第二代 MAX 结构基础上，采用先进的 COMS E^2PROM 技术制造的。它提供 600～5 000 可用门，拥有 ISP 技术，引脚到引脚延时为 5ns，计数器的工作频率可达 178.6MHz。

MAX 7000 CPLD 基于先进的多阵列矩阵（MAX）架构，为大量应用提供了世界级的高性能解决方案。基于电可擦除可编程只读存储器（E^2PROM）的 MAX 7000 产品采用先进的 CMOS 工艺制造，提供 32～512 个宏单元的密度范围，最快速度达 3.5ns 的引脚到引脚延时。MAX 7000 器件支持在系统可编程能力（ISP），可以在现场轻松进行重配置。Altera 公司提供 5.0V、3.3V 和 2.5V 核电压的 MAX 7000 器件。MAX 7000 系列器件如表 1-10 所示。

表 1-10　MAX 7000 系列器件

密度（宏单元）	MAX 7000S（5.0 V）	MAX 7000AE（3.3 V）	MAX 7000B（2.5 V）	最快 t_{PD} (ns)（l）
32	√	√	√	3.5
64	√	√	√	3.5
128	√	√	√	4.0
160	√			6.0
192	√			7.5
256	√	√	√	5.0
512		√	√	5.5

注：t_{PD} 为从输入到非寄存器输出数据延时。

MAX 7000 器件提供大量封装形式从传统的四角扁平封装（QFP）到高级的节省空间的 1.0mm FineLine BGA®封装。MAX 7000 器件通过提供广泛的封装选择，满足了现今设计的需求。所有这些封装被优化为支持密度移植，不同密度的器件在同一封装时采用相同的引脚排列。FineLine BGA®封装采用 SameFrame™引脚排列结构，它提供相同密度下的 I/O 兼容。当设计需求变化时，这些移植选项提供了附加的灵活性。表 1-11 列出了 MAX 7000 器件的封装形式。

表 1-11　MAX 7000 器件的封装形式

封　　　装	MAX 7000B（2.5V）	MAX 7000AE（3.3V）	MAX 7000S（5.0V）
塑封 J 引线芯片封装（PLCC）	√	√	√
薄四角扁平封装（TQFP）	√	√	√
塑封四角扁平封装（PQFP）	√	√	√
高效四角扁平封装（RQFP）			√
BGA	√	√	
1.0mm 间距 FineLine BGA	√	√	
0.8mm 间距 UBGA	√		

MAX 7000S、MAX 7000AE 和 MAX 7000B 器件在相同封装下引脚兼容。通过选择 MAX 器件，当逻辑需求变化时，由于不需要变更引脚分配，因而能够节省工程时间，缩短设计周期。

MAX 7000 具有即用性、非易失性，提供全局时钟、在系统可编程、开路输出、可编程上电状态、快速输入建立时间和可编程输出回转速率控制特性。和许多其他硅片特性一样，MAX 7000 器件适用于大量系统级的应用。

MAX 器件为易用的 Quartus Ⅱ 网络版和 MAX+PLUS Ⅱ 基础版设计软件所支持。这两个平台提供综合布局布线、设计验证和器件编程功能，能够从 Altera 公司网站的设计软件部分免费下载，可用作 MAX 器件设计的开发工具，使最终用户系统的总体开发成本最小化。

2. MAX Ⅱ 系列产品

Altera 公司在 15 年创新的基础之上，推出了迄今成本最低的 CPLD MAX Ⅱ 器件。MAX Ⅱ 器件采用全新的体系结构，在所有的 CPLD 系列中具有最低的单位 I/O 成本和最低的功耗。这款即用非易失的器件的价格是其他 CPLD 的一半，它面向一般的小容量逻辑应用。MAX Ⅱ 器件除了提供最低成本的传统 CPLD 设计之外，还为更大容量的设计改善了成本和功耗，能够替代成本更高或功率更高的 FPGA、ASSP 和标准逻辑器件。

　　MAX II 器件基于全新的 CPLD 体系结构，重新定位了 CPLD 的价值体现。过去，CPLD 由于能力所限，只能提供小型 FPGA 的竞争性成本结构。而新的 MAX II CPLD 体系则具有和小容量 FPGA 竞争的定价，以及作为单芯片即用型非易失器件的工程优势。在更大的容量上，查找表（LUT）的逻辑阵列块（LAB）和行列走线具有更高的裸片面积效率。由于 MAX II CPLD 采用了 LUT 体系，具有 4 倍的容量，以及即用性和非易失性，因而使得 MAX II 器件成为成本更低和容量更大的 CPLD，而不仅只提供竞争方案。

　　MAX II 器件属于非易失、瞬时接通可编程逻辑系列，采用了业界突破性的 CPLD 体系结构。这种体系结构帮助用户大大降低了系统功耗、体积和成本。MAX II CPLD 可用于以前由 FPGA、ASSP 和标准逻辑器件所实现的多种应用。

　　表 1-12 列出了 MAX II 器件系列的型号和特性。

表 1-12　MAX II 器件系列的型号和特性

特　　性	EPM240/G/Z	EPM570/G/Z	EPM1270/G	EPM2210/G
逻辑单元（LE）	240	570	1 270	2 210
典型等价宏单元	192	440	980	1 700
最大用户 I/O 引脚	80	160	212	272
用户闪存比特数	8 192	8 192	8 192	8 192

　　低成本 MAX II CPLD 的体系结构和电路板管理特性（如表 1-13 所示）实现了器件的易用性和系统集成。

表 1-13　MAX II CPLD 的体系结构和电路板管理特性

成本优化体系结构	Altera® MAX II 器件具有新的 CPLD 体系结构，打破了典型 CPLD 的成本、容量和功耗限制
低功耗	MAX II CPLD 具有 CPLD 业界最低的动态功耗，只有以前 MAX CPLD 的 1/10
用户闪存	MAX II 器件提供 8 Kbit 用户可访问 Flash 存储器，可用于片内串行或并行非易失存储
实时在系统可编程（ISP）	MAX II 器件支持用户在器件工作时对闪存配置进行更新
I/O 能力	MAX II 器件支持多种单端 I/O 接口标准，例如 LVTTL、LVCMOS 和 PCI
封装支持	TQFP、1.0mm 间距 FBGA 和 0.5mm 间距 MBGA
并行 Flash 加载	MAX II 器件含有 JTAG 模块，可以利用并行 Flash 加载宏功能来配置非 JTAG 兼容器件，例如分立闪存器件等
工业级温度支持	MAX II 器件支持工业级温度范围，–40～100℃（结温），用于各种工业和其他对温度敏感的领域
扩展温度支持	MAX II 器件支持扩展级温度范围，–40～125℃（结温），支持汽车和其他对温度敏感的应用

同步训练 1-2

一、单选题

1. 下列关于 FPGA 描述正确的是（　　　）。

　　A. FPGA 全称为复杂可编程逻辑器件

　　B. FPGA 是属于乘积项结构的可编程逻辑器件

　　C. 基于 SRAM 的 FPGA 器件，在每次上电后必须进行一次配置

　　D. Altera 公司出品的 MAX 7000 器件属于 FPGA 结构

2．大规模可编程器件主要有 FPGA、CPLD 两类，下列对 CPLD 结构与工作原理的描述中，正确的是（　　　）。

  A．CPLD 是基于查找表结构的可编程逻辑器件

  B．CPLD 是现场可编程逻辑器件的英文简称

  C．早期的 CPLD 是从 FPGA 的结构扩展而来

  D．在 Xilinx 公司生产的器件中，XC9500 系列属于 CPLD 结构

3．Altera Cyclone Ⅱ系列中的 EP2C8Q208C8N 这个器件属于（　　　）。

  A．ROM   B．CPLD   C．FPGA   D．GAL

二、填空题

1．Altera 公司是著名的 PLD 生产厂商，其 PLD 的代表产品是_____系列和 MAX 7000 系列。

2．Altera 公司的 MAX Ⅱ系列中的 EPM240T100C5N 这个器件属于_____结构。

三、判断题

1．CPLD MAX Ⅱ器件是 Altera 公司推出的迄今成本最低的芯片。   （　　　）

2．Altera 的 Cyclone Ⅱ侧重低成本应用，容量中等，性能可以满足一般的逻辑设计要求。

                          （　　　）

3．Xilinx 是全球领先的可编程逻辑完整解决方案的供应商，高性能 FPGA 器件的最大供应商。   （　　　）

1.3　CCIT CPLD/FPGA 实验仪使用

学习目标

1．能力目标

1）能用 EPM1270T144C5N 核心芯片的实验板进行 CPLD/FPGA 开发。

2）会熟练识别实验板上外围模块接口及引脚的对应关系。

2．知识目标

1）掌握 EPM1270T144C5N 核心芯片的引脚功能及引脚分配。

2）掌握 EPM1270T144C5N 核心芯片实验板的编程步骤及配置方法。

3．素质目标

1）积极主动地学习。

2）培养读者既大胆尝试又执行操作规范的实验动手技能。

3）建立互帮互助的同学关系。

情境设计

  本节主要介绍 CPLD/FPGA 开发实验板的布局及外围模块与 EPM1270T144C5N 核心芯片引脚的对应关系，重点熟悉实验板的各个模块编程设置，并最终下载到实验板进行实际运行。具体教学情境设计如表 1-14 所示。

表 1-14　教学情境设计

教学内容	技 能 训 练	知 识 要 点	学 时 数
情境：实验板使用	1. 熟悉实验板上的各个外围模块 2. 能将 EPM1270T144C5N 芯片的各个引脚与外围模块对应起来 3. 会进行程序下载及运行	1. 实验板的操作规范 2. 实验板的基本外围模块及设计要求 3. EPM1270T144C5N 芯片的引脚及其功能	2

本节主要通过使用 CCIT CPLD/FPGA 实验仪，使读者能具体了解基于 EPM1270T144C5N 为核心芯片的实验开发平台的 Verilog HDL 设计所必需的硬件仿真和实验验证的方法和过程。

1.3.1　实验仪结构设计

微课 1-5
实验仪结构设计和元器件

CCIT CPLD/FPGA 实验仪的电路布局示意图如图 1-10 所示。

图 1-10　CCIT CPLD/FPGA 实验仪的电路布局示意图

1.3.2　熟悉实验仪的元器件

电路主要器件列表如表 1-15 所示。

表 1-15　电路主要器件列表

标　号	器 件 名 称	功 能 说 明
电源	SPX1117	+5V 转 3.3V 芯片
核心板芯片	EPM1270T144C5N	Altera CPLD 器件
点阵屏	点阵显示屏 LNM-1588Bx	8×8LED
反相器	74HC00	4 与非门
4 位数码管	LN3461	4 位 8 段共阳数码管
串行口	MAX232	RS232 器件
蜂鸣器	BUZZ	无源蜂鸣器
键盘	键盘	8 个按键
拨码开关	拨码开关	8 位拨码开关
调试小灯	发光二极管	8 个 LED 调试小灯

（续）

标　号	器 件 名 称	功 能 说 明
电源指示灯	发光二极管	POWER 指示灯
PWM 信号灯	发光二极管	PWM 指示灯
Y1	1～24MHz 石英晶体振荡器	用户自选的时钟信号源
传感器	ADC0809	A-D 转换芯片
液晶	YM1602C	字符液晶
USB 接口	方口 USB 接口	从 PC 取电
电动机控制口	三脚插座	PWM 输出接口

1.3.3　解析主控芯片 EPM1270T144C5

本开发板主芯片采用 Altera 公司的 MAX Ⅱ 系列芯片 EPM1270T144C5。MAX Ⅱ 运用了低功耗的工艺技术，和前一代 MAX 器件相比，成本降低了一半，功率降至 1/10，容量增加了 4 倍，性能增加了两倍。它能取代成本较昂贵或功耗较高的 FPGA、

微课 1-6
解析主控芯片
EPM1270T144-
C5

ASSP 和标准逻辑器件。MAX Ⅱ 器件具有成本优化的体系、低功耗、用户 Flash 存储器、实时在系统可编程性（ISP），JTAG 解释器和容易使用的软件等优点，能实现高度的功能集成，减少系统设计成本。在各种控制应用中（如上电顺序、系统配置、I/O 扩展和接口桥接等）有着广泛的用途。EPM1270T144C5 的芯片封装如图 1-11 所示。

图 1-11　EPM1270T144C5 的芯片封装

引脚描述如下所述。

可编程逻辑类型：CPLD

输入/输出引脚数：116

宏单元数：980

逻辑单元数：1270

支持最高频率：201.1MHz

输入/输出接口标准：LVTTL、LVCMOS、PCI

封装类型：TQFP

工作温度范围：0～85℃

引脚数：144

1.3.4　了解实验仪的外围接口及其引脚对应关系

为了充分发挥 CCIT CPLD/FPGA 实验系统资源，以便实现更多
的项目设计，在实验平台的电路中留出了许多应用接口，下面逐一
介绍这些接口模块。

微课 1-7
实验仪的外围
接口及其引脚
对应关系

（1）电源模块

向 CCIT CPLD/FPGA 实验仪提供工作电源。在向实验板下载程序或运行演示之前，都要将
CCIT CPLD/FPGA 实验仪连接+5V 专用电源或连接 USB 接口从 PC 取电，但不要同时连接。当
实验板上的电源指示灯 POWER-LED 亮时，说明供电正常，否则应检查电源是否连接好。

（2）RS-232 接口

外形为 DB9 孔式，可以通过串行通信电缆与计算机串行口相连接，与计算机进行通信。
COM1 为 CPLD 的 I/O 口构建的 RS-232 输出，COM1 连接器如表 1-16 所示。

表 1-16　COM1 连接器

引　　脚	名　　称	功　　能
2	RXD	PC 接收数据
3	TXD	PC 发送数据
5	GND	信号地
1、4、6、7、8、9	空	未用

（3）扩展接口（JP_extend）

该实验板上的大部分 I/O 口都已被定义了对应的功能，但还有少数几个 I/O 口还没有定义
任何功能，实验板上已把这部分引脚引出，方便用户扩展。扩展口引脚如下：

129	130	131	132	133	134	GND	VCC

（4）JTAG 下载口

CPLD 器件 MAX 系列芯片的编程界面。该下载口用于给 CPLD 编程。编程引脚对应如下：

GND	TMS	TDO	VCC
GND	TDI	TCK	

（5）PWM 输出接口

通过该 PWM 输出接口（42 引脚），CCIT CPLD/FPGA 实验仪能够与外部电动机相连以实现电动机的驱动，读者也可以利用本实验仪来产生 PWM 信号，开发相关的设备。

（6）用户晶体振荡器（晶振）接口

通过该接口可以为用户提供所需的 CPLD 工作频率，用户可以接上 1～50MHz 的无源晶振（若不接，则实验系统工作频率为 50MHz）。

（7）EPM1270T144C5N 芯片引脚与外围模块连接界面

1）串口、点阵显示屏、LED 小灯及蜂鸣器与 EPM1270T144C5N 芯片引脚连接（JP1），用于 EPM1270T144C5N 芯片与 MAX232、8×8LED 的连接，了解它们的对应关系，可以方便用户进行串行通信和 8×8LED 显示实验。引脚及名称对应关系如下：

引脚	1	2	3	4	5	6	7	8	11	12
名称	RXD0	TXD0	TXD1	RXD1	LD1	LD2	LD3	LD4	LD5	LD6

引脚	13	14	15	16	21	22	23	24	27	28
名称	LD7	LD8	LD-A	LD-B	LD-C	LD-D	LD-E	LD-F	LD-G	LD-H

引脚	29	30	31	32	37	38	39	40	41
名称	LED1	LED2	LED3	LED4	LED5	LED6	LED7	LED8	BUZZ

2）LCD、键盘和拨码开关与 EPM1270T144C5N 芯片引脚连接（JP2），用于 EPM1270T144C5N 芯片与字符液晶、8 个键盘和 8 位拨码开关的连接，了解它们的对应关系，可以方便用户进行字符液晶及键盘开关有关的项目实验。引脚及名称对应关系如下：

引脚	43	44	45	48	49	50	51	52	53	55
名称	VO	RS	R/W	E	DB0	DB1	DB2	DB3	DB4	DB5

引脚	57	58	59	60	61	62	63	66	67	68
名称	DB6	DB7	BLK	BLA	K1	K2	K3	K4	K5	K6

引脚	69	70	71	72	73	74	75	76	77	78
名称	K7	K8	SW0	SW1	SW2	SW3	SW4	SW5	SW6	SW7

3）4 位数码管和 A-D 接口与 EPM1270T144C5N 芯片引脚连接（JP3），用于 EPM1270T144C5N 芯片与 4 位数码管、A-D 芯片之间的连接，了解它们的对应关系，可以方便用户进行与数码管及 A-D 转换有关的项目实验。引脚及名称对应关系如下：

引脚	118	117	114	113	112	111	110	109	108
名称	SLA	SLB	SLC	SLD	SLE	SLF	SLG	SLH	SL1

引脚	107	106	105	104	103	102	101	98	97
名称	SL2	SL3	SL4	SL5	SL6	AD0	AD1	AD2	AD3

引脚	96	95	94	93	88	87	86	85
名称	AD4	AD5	AD6	AD7	AD_A	AD_B	AD_C	AD_ST

引脚	84	81	80	79				
名称	AD_ALE	AD_OE	AD_EOC	AD_CLK				

4）核心板电源接口、1 位数码管 EPM1270T144C5N 芯片引脚连接（JP4），用于 EPM1270T144C5N 芯片与 1 位数码管、电源接口（由核心板提供 5V 和 3.3V）相连接，了解它们的对应关系，可以方便用户进行与 1 位数码管有关的项目实验。引脚及名称对应关系如下：

引脚	119	120	121	122	123	124	125	127
名称	SEG_E	SEG_D	SEG_C	SEG_H	SEG_B	SEG_A	SEG_F	SEG_G

1.3.5　设计实验仪原理图

微课 1-8
设计实验仪原理图

核心板原理图、扩展板原理图 1 和扩展板原理图 2，分别如图 1-12～图 1-14 所示。

1.3.6　USB-Blaster 下载口

1. ALTERA CPLD 器件配置方式

微课 1-9
USB-Blaster 下载口

ALTERA CPLD 器件的配置方式主要分为两大类，即主动配置方式和被动方式。主动配置方式由 CPLD 器件引导配置操作过程，它控制着外部存储器和初始化过程；而被动配置方式则由外部计算机或控制器控制配置过程。根据数据线的多少又可以将 CPLD 器件配置方式分为并行配置和串行配置两类。经过不同组合就得到 4 种配置方式：主动串行（AS）、被动串行（PS）、被动并行同步（PPS）及被动并行异步（PPA）配置。本书介绍了经常使用的方式，即被动串行配置方式（PS）和边界扫描模式。

以 FLEX10K 器件为例，介绍 PS 方式中使用到的引脚。

MSEL1、MSEL0：输入；接地。

nSTATUS：双向漏极开路；命令状态下器件的状态输出。加电后，FLEX10K 立即驱动该引脚到低电位，然后在 100ms 内释放它，nSTATUS 必须经过 1.0kΩ电阻上拉到 Vcc，如果配置中发生错误，FLEX10K 会将其拉低。

nCONFIG：输入；配置控制输入。低电位使 FLEX10K 器件复位，在由低到高的跳变过程中启动配置。

CONF_DONE：双向漏极开路；状态输出。在配置期间，FLEX10K 将其驱动为低。所有配置数据无误差接收后，FLEX10K 将其置为三态，由于有上拉电阻，因而将变为高电平，表示配置成功。

状态输入：输入高电位引导器件执行初始化过程并进入用户状态。CONF_DONE 必须经过 1.0kΩ电阻上拉到 Vcc，而且可以将外电路驱动为低延时 FLEX10K 初始化过程。

图 1-12　核心板原理图

图 1-13 扩展板原理图 1

图 1-14 扩展板原理图 2

DCLK：输入；为外部数据源提供时钟。

nCE：输入；作为 FLEX10K 器件的使能输入，nCE 为低时，使能配置过程，若为单片配置时，nCE 必须始终为低。

nCEO：输出（专用于多片器件）；FLEX10K 配置完成后，输出为低。在多片级联配置时，驱动下一片的 nCE 端。

DATA0：输入；数据输入，在 DATA0 引脚上的一位配置数据。

在被动串行配置（PS）方式中，ByteBlaster、FLEX 下载电缆或微处理器产生一个由低到高的跳变送到 nCONFIG 引脚，然后由微处理器或编程硬件将配置数据送到 DATA0 引脚。该数据锁存至 CONF_DONE 变为高电位，它先将每字节的最低位 LSB 送到 FLEX10K 器件，在 CONF_DONE 变为高电位后，DCLK 必须有多余的 10 个周期来初始化该器件，器件的初始化是由下载电缆自动执行的。在 PS 方式中没有握手信号，所以配置时钟的工作频率必须低于 10MHz。

2. USB-Blaster 编程模式

USB-Blaster 支持 3 种编程模式。

1）被动串行模式（PS）：可对所有 Quartus Ⅱ软件支持的 Altera 器件进行编程和配置，不支持 MAX3000 和 MAX7000。

2）主动串行模式（AS）：仅支持 EPCS1、EPCS4、EPCS16 和 EPCS64 系列器件的编程和配置。

3）边界扫描模式（JTAG）：具有边界扫描电路的配置重构或在线编程，可对所有 Quartus Ⅱ软件支持的 Altera 器件进行编程和配置，不支持 FLEX6000。

本实验仪的编程模式为 JTAG 模式。

USB-Blaster JTAG 模式下载电缆的组成：与 PC USB 端口相连，与 PCB 插座相连的 JTAG 10 针插头，USB 到 JTAG 10 针的变换电路。USB-Blaster 下载电缆外形示意图如图 1-15 所示。

图 1-15　USB-Blaster 下载电缆外形示意图

USB-Blaster10 插头是与 PCB 上的 JTAG10 插座连接的，各引脚对应关系参见 Altera 公司网站上的 USB-Blaster 数据手册。

JTAG 编程模式可支持 MAX 器件和 FLEX 器件，用于 MAX 器件的下载文件为 POF 文件（.pof），而用于 FLEX 器件的下载文件为 SOF 文件（.sof）。

（1）单个 FLEX 器件的 JTAG 方式配置

图 1-16 给出了单个 FLEX 10K 器件的 JTAG 编程设计示意图，下载过程与 MAX 器件类似。

图 1-16 单个 FLEX 10K 器件的 JTAG 编程设计示意图

（2）单个 MAX 器件的 JTAG 编程

在 Quartus Ⅱ软件的 Programmer 窗口下，取消菜单 JTAG 中的 Multi-Device JTAG Chain 选项，即选择单个器件编程模式。

选择菜单"File"→"Select Programming File"，出现"Select Programming File"对话框，在其中选择要下载的 POF 文件，再回到编程器窗口。图 1-17 给出了单个 MAX 器件的 JTAG 编程设计示意图，图中的电阻为上拉电阻。

图 1-17 单个 MAX 器件的 JTAG 编程设计示意图

同步训练 1-3

一、单选题

1. Altera MAX Ⅱ系列中的 EPM1270T144C5 这个器件属于（   ）。

    A．ROM   B．CPLD   C．FPGA   D．GAL

2. USB-Blaster 支持 3 种编程模式：被动串行模式、主动串行模式和边界扫描模式。CCIT CPLD/FPGA 实验仪采用的编程模式是（   ）。

    A．被动串行模式   B．主动串行模式   C．边界扫描模式   D．以上模式都支持

二、填空题

1. 实验仪核心板主要包括主控芯片_____、晶振、JTAG 下载头，以及用于和扩展板连接的_____。

2. CCIT CPLD/FPGA 实验仪扩展版中有按键_____个，拨码开关_____个，用于调试的 LED 小灯_____个。

3. 实验仪使用的主控芯片 EPM1270T144C5 共有_____引脚，封装类型为_____。

4. 实验仪使用的主控芯片 EPM1270T144C5 通过_____实现进行程序的下载。

5. ALTERA CPLD 器件的配置方式主要分为两大类，即_____和_____。

三、判断题

1. CCIT CPLD/FPGA 实验仪分为核心板和扩展板两部分进行设计。（　　）

2. CCIT CPLD/FPGA 实验仪没有汉字显示功能。（　　）

3. CCIT CPLD/FPGA 试验仪主芯片采用 Altera 公司的 MAX Ⅱ 系列芯片 EPM1270T144C5，属于 FPGA 结构。（　　）

4. CCIT CPLD/FPGA 实验仪可以通过串行通信电缆与计算机串行口相连接，与计算机进行通信。（　　）

5. CCIT CPLD/FPGA 实验仪分为核心板和扩展板两部分进行设计的原因，主要是为了更方便地进行芯片的升级或更换。（　　）

1.4　Quartus Ⅱ 开发环境安装

学习目标

1. 能力目标

1）会从 Altera 官网下载 Quartus Ⅱ 13.1 软件包。

2）会进行 Quartus Ⅱ 13.1 软件的安装。

3）会进行 USB-Blaster 下载电缆安装。

2. 知识目标

1）了解 Quartus Ⅱ 软件的基本功能。

2）掌握 Quartus Ⅱ 软件的安装步骤和方法。

3. 素质目标

1）积极主动地学习。

2）培养良好的应用软件安装技能。

1.4.1　Quartus Ⅱ 软件功能简介

Quartus Ⅱ 是 Altera 公司的综合性 PLD 开发软件，支持原理图、VHDL、Verilog HDL 以及 AHDL（Altera Hardware Description Language）等多种设计输入形式，内嵌自有的综合器以及仿真器，可以完成从设计输入到硬件配置的完整 PLD 设计流程。

微课 1-10
Quartus Ⅱ 软件功能简介

Quartus Ⅱ可以在 Windows、Linux 以及 UNIX 上使用，除了可以使用 Tcl 脚本完成设计流程外，还提供了完善的用户图形界面设计方式，具有运行速度快、界面统一、功能集中及易学易用等特点。

Quartus Ⅱ支持 Altera 的 IP 核，包含了 LPM/MegaFunction 宏功能模块库，使用户可以充分利用成熟的模块，简化了设计的复杂性，加快了设计速度。对第三方 EDA 工具的良好支持也使用户可以在设计流程的各个阶段使用熟悉的第三方 EDA 工具。

此外，Quartus Ⅱ 通过和 DSP Builder 工具与 MATLAB/Simulink 相结合，可以方便地实现各种 DSP 应用系统；支持 Altera 的片上可编程系统（SoPC）开发，集系统级设计、嵌入式软件开发、可编程逻辑设计于一体，是一个综合性的开发平台。

Maxplus Ⅱ 作为 Altera 的上一代 PLD 设计软件，由于其出色的易用性而得到了广泛的应用。目前 Altera 已经停止了对 Maxplus Ⅱ的更新支持，Quartus Ⅱ与之相比不仅在于支持器件类型的丰富和图形界面的改变，Altera 在 Quartus Ⅱ中还包含了许多诸如 SignalTap Ⅱ、Chip Editor 和 RTL Viewer 的设计辅助工具，集成了 SoPC 和 HardCopy 设计流程，并且继承了 Maxplus Ⅱ 友好的图形界面及简便的使用方法。

Altera Quartus Ⅱ作为一种可编程逻辑的设计环境，由于其强大的设计能力和直观易用的接口，越来越受到数字系统设计者的欢迎。

Altera 的 Quartus Ⅱ可编程逻辑软件属于第四代 PLD 开发平台。该平台支持一个工作组环境下的设计要求，其中包括支持基于 Internet 的协作设计。Quartus 平台与 Cadence、ExemplarLogic、MentorGraphics、Synopsys 和 Synplicity 等 EDA 供应商的开发工具兼容，改进了软件的 LogicLock 模块设计功能，增添了 FastFit 编译选项，推进了网络编辑性能，并提升了调试能力，支持 MAX7000/MAX3000 等乘积项器件。

图 1-18 所示的上排框图是 Quartus Ⅱ编译设计主控界面，显示了 Quartus Ⅱ自动设计的各个主要处理环节和设计流程，包括设计输入编辑、设计分析与综合、适配、编程文件汇编（装配）、时序参数提取以及编程下载几个步骤。在图 1-18 下排的流程框图中，显示与上面 Quartus Ⅱ设计流程相对应的标准的 EDA 开发流程。

图 1-18　Quartus Ⅱ设计流程

1.4.2　Quartus Ⅱ软件安装

Quartus Ⅱ 13.1 Windows 32 位/64 位版本安装文件可以从 Altera 官网https://www.altera.com/downloads/download-center.html 下载，其安装文件是 QuartusSetup-

13.1.0.162.exe，在此页面可同时下载需要的器件资源文件。先运行安装文件，随后将弹出安装向导，根据安装向导即可逐步完成安装过程。

 注意：对初学者来说，在安装向导中选用"典型"安装模式，这样后面的所有操作用安装向导的默认设置即可。安装完成后，在桌面上生成其快捷方式。

1.4.3　USB-Blaster 下载驱动器安装

1. USB-Blaster 驱动程序安装

在 Windows 操作系统中，需要安装 USB-Blaster 驱动程序，驱动程序在安装目录下的 Drivers 目录中，安装步骤如下。

1）将 USB-Blaster 连接到 PC 的 USB 端口，系统会自动安装硬件驱动程序，并提示安装失败信息。用鼠标右键单击桌面"计算机"，弹出快捷菜单，选择"属性"→"设备管理器"。

2）在设备管理器中查看硬件，找到带有"！"标记的名为 USB-Blaster 的设备，设备管理器如图 1-19 所示。用鼠标右键单击弹出快捷菜单，选择"更新驱动程序软件"，启动更新驱动程序软件向导。

图 1-19　设备管理器

3）在"您想如何搜索驱动程序软件？"页面上，选择"浏览计算机以查找驱动程序软件"，如图 1-20a 所示。

a)

b)

c)

图 1-20　新硬件驱动安装步骤 1

a) 手动安装　b) 设置驱动文件路径　c) 驱动程序安装

4）在"浏览计算机上的驱动程序文件"页面上，将路径设置为"C:\altera\13.1\quartus\drivers\usb-blaster"，如图 1-20b 所示，单击"下一步"按钮继续。

5）弹出的窗口如图 1-20c 所示中单击"安装"按钮，安装完成后如图 1-21a 所示。再次查看设备管理器，确认 Altera USB-Blaster 驱动已成功安装，如图 1-21b 所示。

a)　　　　　　　　　　　　　　　b)

图 1-21　新硬件驱动安装步骤 2

a) 安装向导完成　b) 查看设备管理器

2. 在 Quartus Ⅱ中添加 USB-Blaster 下载电缆

1）打开编程菜单。选择菜单"Tools"→"Programmer"命令，如图 1-22 所示。

图 1-22　选择"Programmer"命令

2）硬件设置。单击"Hardware Setup"按钮，单击"Hardware Setup"按钮，选择 USB-Blaster。完成后，在 Hardware Setup 右侧出现 USB-Blaster [USB-0]，Mode 的下拉菜单有 JTAG，下载电缆设置如图 1-23 所示。

3）下载电缆设置方法。若未发现硬件，则按照图中步骤操作就可以添加了，下载电缆设置方法如图 1-24 所示。

4）打开 Programmer 页面。设置好下载电缆、器件名称及下载文件名称即可使用。单击"Start"按钮开始下载，进度条出现 100%，则表明安装、设置成功，程序下载界面如图 1-25 所示。

图 1-23 下载电缆设置

图 1-24 下载电缆设置方法

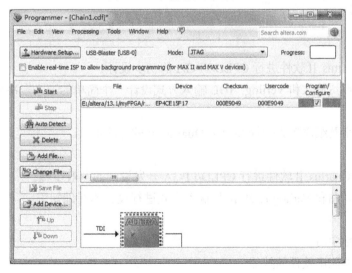

图 1-25 程序下载界面

同步训练 1-4

一、单选题

1. Quartus II 是（　　　）公司的软件。

　　A．Xilinx　　　　　　B．Atmel　　　　　C．Lattice　　　　　D．Altera

2. QUARTUS II 是（　　　）

　　A．高级语言　　　　　　　　　　B．硬件描述语言

　　C．EDA 工具软件　　　　　　　　D．综合软件

二、填空题

1. Quartus II 自动设计的各个主要处理环节和设计流程，包括设计输入编辑、设计分析与综合、适配、编程文件汇编（装配）、时序参数提取以及_____等步骤。

2. USB-Blaster 驱动程序，驱动程序在安装目录下的_____目录中。

三、判断题

1. Quartus II 软件是 Altera 提供的 FPGA/CPLD 集成开发环境，可以在 Windows、Linux 以及 UNIX 上使用。　　　　　　　　　　　　　　　　　　　　　　　　　　　　（　　　）

2. Quartus II 是 Altera 公司推出的新一代、功能比 MAX+plus II 更强大的 EDA 工具软件，它支持 Altera 公司的最新器件。　　　　　　　　　　　　　　　　　　　　　　（　　　）

3. 在进行 Quartus II 软件安装时，不能安装在中文路径下。　　　　　　　　　（　　　）

4. 在验证 Quartus II 软件是否安装成功时，项目文件可以存放在中文路径下。　（　　　）

5. 将 USB-Blaster 连接到 PC 的 USB 端口，系统会自动安装硬件驱动程序，无须用户安装。　　　　　　　　　　　　　　　　　　　　　　　　　　　　　　　　　　　（　　　）

1.5　Quartus II 软件开发环境的应用

学习目标

1．能力目标

1）能利用 Quartus II 软件进行 CPLD/FPGA 的初步设计。

2）能采用原理图输入和 Verilog HDL 输入方式设计一个简单的三人表决器，并下载到实验板进行实际运行。

3）会利用数字及纸质资源查找并使用 Quartus II 软件的资料。

2．知识目标

1）掌握利用 Quartus II 软件进行 CPLD/FPGA 开发设计的一般步骤。

2）掌握用原理图和 Verilog HDL 两种输入方式进行设计的基础知识。

3．素质目标

1）积极主动地学习。

2）培养良好的应用软件的技能。

情境设计

本节主要介绍 CPLD/FPGA 开发工具 Quartus II 的使用步骤，重点学习原理图输入方式设计、文本输入方式设计及时序仿真过程，最终下载到实验板实际运行。具体教学情境设计见表 1-17。

表 1-17　教学情境设计

教 学 情 境	技 能 训 练	知 识 要 点	学时数
情境 1：用原理图输入方式设计一个简单的三人表决器	1. 会安装 Quartus II 13.1 软件 2. 会用原理图输入方式进行简单的组合逻辑电路设计 3. 会进行设计的编译、仿真和下载	1. 安装 Quartus II 13.1 软件的一般步骤 2. 三人表决器的功能描述 3. 原理图输入方式设计流程 4. 设计的编译、仿真和下载流程	4
情境 2：用 Verilog HDL 输入方式设计一个简单的三人表决器	1. 会用文本输入方式进行简单的组合逻辑电路设计 2. 会进行设计的编译、仿真和下载	1. 文本输入方式设计流程 2. 设计的编译、仿真和下载流程	2

下面，分别采用文本和原理图输入方式设计一个简单的三人表决器，并下载到 CPLD/FPGA 实验板进行实际运行。

1.5.1　简单的三人表决器功能描述

三人表决器的功能描述：三个人分别拨开关 SW0、SW1、SW2 来表示自己的意愿，如果对某决议同意，就把自己的开关拨到 "ON"（低电平），不同意就拨到 "OFF"（高电平）。8 位拨码开关的原理图如图 1-26 所示。

微课 1-13
简单的三人表决器功能描述

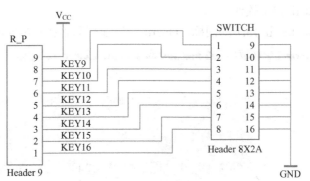

图 1-26　8 位拨码开关原理图

表决结果用 LED（低电平亮）显示，如果对某个决议有两人至三人同意，即决议通过，那么实验板上 L1（绿灯）亮；如果对某个决议只有一个人或没人同意，那么此决议不通过，实验板上 L2（红灯）亮。这里，三个拨码键代表三个参与表决的人，置 "0" 表示该人同意议案，置 "1" 表示该人不同意议案；两个指示灯用来表示表决结果，L1 点亮表示议案通过，L2 点亮表示议案被否决。真值表如表 1-18 所示。

表 1-18　真值表

SW0	SW1	SW2	L1	L2
1	1	1	亮	不亮
1	1	0	亮	不亮
1	0	1	亮	不亮
1	0	0	不亮	亮
0	1	1	亮	不亮
0	1	0	不亮	亮
0	0	1	不亮	亮
0	0	0	不亮	亮

　　三人表决器功能虽然简单，但是读者可以从这个简单项目设计中学习到 CPLD/FPGA 的设计输入、仿真及下载等完整过程。实验设备准备：PC 一台、CPLD/FPGA 实验板、电源和下载电缆。软、硬件均准备好以后，就可以开始设计了。在以下几种输入方式中，也可以先只看一种（比如原理图方式或者文本方式），然后直接看后面的编译、仿真和下载内容。

1.5.2　文本方式输入

根据三人表决器的真值表，通过卡诺图化简可得到：

L1=SW0SW1+SW0SW2+SW1SW2

L2=~L1

微课 1-14
三人表决器之
文本方式输入

　　那么，可以在 Quartus Ⅱ中用 Verilog HDL 设计三人表决器。步骤如下。

（1）启动 Quartus Ⅱ 13.1 软件

双击桌面上的 Quartus Ⅱ 13.1 的图标，Quartus Ⅱ 13.1 环境编辑界面如图 1-27 所示。

图 1-27　Quartus Ⅱ 13.1 环境编辑界面

（2）新建工程

选择菜单"File"→"New Project Wizard"命令，启动新项目向导，利用向导，建立一个新项目。

1) 项目路径、名称设置如图 1-28 所示。分别指定创建工程的路径、工程名和顶层文件名。工程名和顶层文件可以一致也可以不同。一个工程中可以有多个文件，但只能有一个顶层文件。这里将工程名取为"vote"，顶层文件名取为"vote"，注意：路径和工程名不能使用中文。

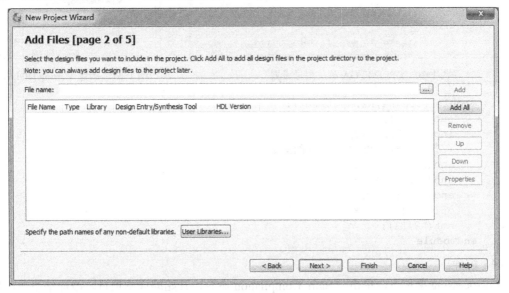

图 1-28　项目路径、名称设置

在"What is the working directory for this project"栏目中设定新项目所使用的路径，在"What is the name of this project"栏目中输入新项目的名字"vote"，单击"Next"按钮。

2) 向导要求向新项目中加入已存在的设计文件。因为此处设计文件还没有建立，所以单击"Next"按钮，跳过这一步，添加文件如图 1-29 所示。

图 1-29　添加文件

3) 选择器件的型号。Family 栏目设置为"MAX Ⅱ"，选中"Specific device selected in 'Available devices' list"选项，在 Available devices 窗口中选中所使用的器件的具体型号，这

里以 **EPM1270T144C5N** 为例。单击 "Next" 按钮继续。CPLD/FPGA 芯片型号设置如图 1-30 所示。

4）为新项目指定综合工具、仿真工具和时间分析工具。在这个实验中使用 Quartus II 的默认设置，直接单击 "Next" 按钮继续。

5）确认相关设置，单击 "Finish" 按钮，完成新项目创建。

（3）输入设计文件

接下来，建立一个 Verilog HDL 文件，并加入到项目中。选择菜单 "File" → "New" 命令。弹出如图 1-31 所示的新建 Verilog HDL 文件对话框，选择 Verilog HDL File 选项，单击 "OK" 按钮。然后在打开的 Verilog HDL 编辑器中输入如下的程序代码，输入完后，选择菜单 "File" → "Save As" 命令，将其保存，并加入到项目中。

图 1-30　CPLD/FPGA 芯片型号设置

图 1-31　新建 Verilog HDL 文件

```verilog
module vote(K1,K2,K3,L1,L2);
    output L1,L2;
    input K1,K2,K3;
    //其中 K11，K22，K33 为中间变量
    and(K11,K1,K2);
    and(K22,K1,K3);
    and(K33,K2,K3);
    or(L1,K11,K22,K33);
    not(L2,L1);
endmodule
```

（4）编译

在 Processing 菜单下，单击 Start Compilation 命令，开始编译本项目。编译结束后，如果编译成功，则单击 "确定" 按钮，程序编译界面如图 1-32 所示。

图 1-32　程序编译界面

（5）指定芯片的引脚

选择菜单"Assignments"→"Pin Planner"命令，弹出如图 1-33 所示的芯片引脚锁定对话框。在该对话框中可以为电路的端子分配器件的引脚。在 All Pins 表格中，双击 K1 所在行的"Location"单元，输入"61"，然后按〈Enter〉键。其余引脚按照同样方法进行指定。注意：双击"Location"进行输入时，完成后按〈Enter〉键为确认，按〈Delete〉键为删除。

图 1-33　芯片引脚锁定

选择菜单"Assignments"→"Device…"命令，弹出如图 1-34 所示的设备类型设置对话框。在该对话框中查看一下各列表中显示的器件是不是和目标芯片相一致，若不一致可修改。

图 1-34　设备类型设置

（6）设置不用的引脚

选择菜单"Assignments"→"Device…"命令，在随后弹出的对话框中单击"Device & Pin Options…"按钮，进入"Device and Pin Options"对话框，设置不用的引脚状态如图 1-35 所示。切换到"Unused Pins"页，在"Reserved all unused pins"栏目中，选择"As input tri-stated"。因为此设计要在开发板上演示，所以把没有用到的引脚设为输入，以免与开发板上的其他电路发生冲突。单击"确定"按钮，确认设置。单击工具栏"编译"按钮，再次编译。

图 1-35　设置不用的引脚状态

（7）仿真

在把设计下载到开发板上验证之前可以先做一下仿真。首先，要建立一个输入波形文件。仿真工具会用到该文件，以确定每个输入引脚的激励信号。

1）选择菜单"File"→"New"命令。在随后弹出的对话框中，在"Verification/Debugging Files"子类下，选中"University Program VWF"选项，如图 1-36a 所示。单击"OK"按钮，就进入波形编辑界面。选择菜单"Edit"→"Insert Node or Bus…"命令，弹出如图 1-36b 所示的对话框。

a)　　　　　　　　　　　　　　　　　　b)

图 1-36　仿真文件设置

a) 新建波形仿真文件　b) 设置仿真 Node

2）单击"Node Finder…"按钮，打开"Node Finder"对话框。单击"List"按钮，列出电路所有的端子。单击">>"按钮，则全部加入，单击"OK"按钮确认，仿真引脚结点设置如图 1-37 所示。

图 1-37　仿真引脚结点设置

3）回到"Insert Node or Bus"对话框，单击"OK"按钮确认，回到波形编辑界面。

4）选择菜单在选中 K1 信号，"Edit"→"Value"→"Overwrite Clock…"命令，弹出信号周期对话框，如图 1-38 所示，其中的 Period 栏目中设定参数为 50.0ns，单击"OK"按钮。

K2、K3 也用同样的方法进行设置，Period 参数分别为 100ns 和 200ns，最后形成图 1-39 所示的仿真波形输入设置。

图 1-38　信号周期设置

图 1-39 仿真波形输入设置

5）保存文件，选择菜单"Simulation"→"Run Functional Simulation"命令，启动仿真工具。仿真结束后，单击"确认"按钮，弹出如图 1-40 所示的仿真输出波形。观察仿真结果，对比输入与输出之间的逻辑关系是否符合真值表。

图 1-40 仿真输出波形

（8）下载

使用 USB-Blaster 下载电缆，将开发板 JTAG 口与计算机的 USB 口相连，接通开发板电源。

1）选择菜单"Tools"→"Programmer"命令，打开 Quartus Ⅱ Programmer 工具。单击"Hardware Setup"按钮，进行下载电缆设置，选择"USB-Blaster[USB-0]"，如图 1-41 所示。

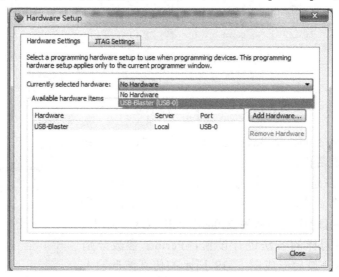

图 1-41 下载电缆硬件设置

2）单击"Add File…"按钮，将 vote.pof 文件加入进来。选中"Program/Configure"选项，单击"Start"按钮，将文件 vote.pof 下载到开发板上。实验仪的实物图如图 1-42 所示。

图 1-42　实验仪的实物图

在实际使用中，一般都使用标准的下载电缆 USB-Blaster 和计算机 USB 口相连，下载电缆再和 PLD 芯片相连，与下载有关的设备及接口图如图 1-43 所示。在下载前，还要进行以下步骤。

图 1-43　与下载有关的设备及接口图

a) USB-Blaster　b) 核心板 JTAG 口　c) USB 线缆　d) 电源和 USB 接口

① 将图 1-45 中电源开关按下，即打开电源，否则，为关闭电源。

② 将 USB 下载电缆的扁口端插到计算机的 USB 口上，Mini 口插到 USB-Blaster 上，USB-

Blaster 下载电缆的 10 针下载口插到实验板核心板的 JTAG 口上（不可能插错，否则插不上）。

③ 将 USB 线缆一端插到 PC 的 USB 接口上，另一端插到实验仪 USB 接口端。

通过拨动 SW0、SW1、SW2 开关的各种组合，观察 L1、L2 的状态是否符合真值表。

1.5.3　原理图方式输入

以下为采用原理图设计三人表决器的基本步骤。

微课 1-15
三人表决器之原理图方式输入

（1）启动 Quartus Ⅱ 13.1 软件

步骤和 1.5.2 节（1）中的步骤一样，此处不再给出。

（2）新建工程

步骤和 1.5.2 节（2）中的步骤一样，此处不再给出。

（3）输入设计文件

接下来，建立一个原理图文件，并加入该项中来。

1）选择菜单 "File" → "New" 命令。在随后弹出的图 1-44 所示的原理图输入对话框中选择 "Block Diagram/Schematic File" 选项，单击 "OK" 按钮。

2）选择菜单 "File" → "Save As" 命令，将其保存，并加入到项目中。

3）根据上面的真值表，做卡诺图简化，可以得出：L1=K1K2+K1K3+K2K3，L2=～L1。这个电路需要 AND2、OR3、NOT 三个逻辑门电路和输入输出端，双击原理图的任一空白处，会弹出一个元器件对话框。在 Name 栏目中输入 "and2"，就得到一个 2 输入的与门，如图 1-45 所示。

图 1-44　原理图输入

图 1-45　2 输入的与门

4）单击 "OK" 按钮，将其放到原理图的适当位置。重复操作，放入另外两个 2 输入与门。也可以通过鼠标右键菜单的 Copy 命令复制得到，3 路 2 输入与门如图 1-46 所示。

5）双击原理图的空白处，打开 "元器件" 对话框。在 Name 栏目中输入 "or3"，将得到一个 3 输入的或门，如图 1-47 所示。单击 "OK" 按钮，将其放入原理图。

6）双击原理图的空白处，打开 "元器件" 对话框。在 Name 栏目中输入 "not"，会得到一个非门。单击 "OK" 按钮，将其放入原理图，非门如图 1-48 所示。

图 1-46　3 路 2 输入与门

图 1-47　3 输入的或门

7）将光标移到元器件的引脚上，光标会变成"十"字形状。按住鼠标左键，拖动鼠标，就会有导线引出。根据要实现的逻辑，连好各元器件的引脚，元器件引脚连接如图 1-49 所示。

图 1-48　非门

图 1-49　元器件引脚连接

8）双击原理图的空白处，打开"元器件"对话框。在 Name 栏目中输入"Input"，便得到一个输入引脚。单击"OK"按钮，放入原理图。重复操作，给电路加上 3 个输入引脚，如图 1-50 所示。

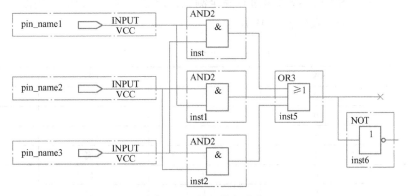

图 1-50　加入输入引脚

9）双击输入引脚，会弹出一个"属性"对话框。在这一对话框上可更改引脚的名字，修改输入引脚名如图 1-51 所示。此处分别给 3 个输入引脚取名为"in1""in2"和"in3"。

图 1-51　修改输入引脚名

10）双击原理图的空白处，打开"元件"对话框。在 Name 栏目中输入"output"，会得到一个输出引脚。单击"OK"按钮，放入原理图。重复操作，给电路加上两个输出引脚。给两个输出引脚分别命名为 led1、led2，添加输出引脚如图 1-52 所示。

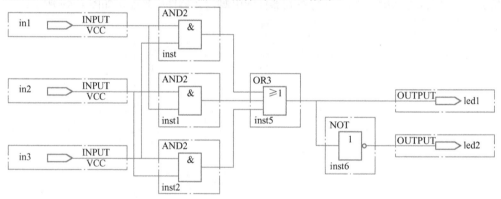

图 1-52　添加输出引脚

引脚指定、设置不用的引脚、编译、仿真、下载，这几个步骤同前面介绍的 Verilog HDL 文本输入方式相同，这里不再赘述。

（4）验证功能

现在，就可以通过实验板上的硬件资源来验证表决器功能是否正确了，通过拨动实验板上的 8 位拨码开关 SW0、SW1、SW2 来进行完全测试。通过测试，设计的表决器功能完全正确，三人表决器输入与输出关系表如表 1-19 所示。

表 1-19　三人表决器输入与输出关系表

SW0	SW1	SW2	L2	L1
0	0	0	亮	不亮
0	0	1	亮	不亮
0	1	0	亮	不亮
0	1	1	不亮	亮
1	0	0	亮	不亮
1	0	1	不亮	亮
1	1	0	不亮	亮
1	1	1	不亮	亮

至此，一个相对完整的 CPLD/FPGA 设计的流程就已经完成了。其实学习 CPLD/FPGA 设计比学习单片机或 DSP 更简单，不过想把设计做得可靠、高效，还需要进一步的学习和总结。本节只是介绍一些设计的基本流程，具体细节将在以后章节中加以介绍。

同步训练 1-5

一、单选题

1. Quartus Ⅱ中编译 Verilog HDL 源程序时要求（　　）。
   A. 文件名和实体可不同名　　　　　　B. 文件名和实体名无关
   C. 文件名和实体名要相同　　　　　　D. 不确定

2. Quartus Ⅱ不支持的输入方式是（　　）。
   A. 文本输入　　　B. 原理图输入　　　C. 波形输入　　　D. 矢量输入

3. Quartus Ⅱ的 Verilog HDL 文本设计文件类型为（　　）。
   A. .scf　　　　　B. .gdf　　　　　C. .v　　　　　D. .jif

4. 建立设计项目的菜单是（　　）。
   A. "File" → "New"
   B. "Project" → "New Project Wizard"
   C. "File" → "New Project Wizard"
   D. "Project" → "New Project"

5. 对利用原理图输入设计方法进行数字电路系统设计，下面说法是不正确的（　　）。
   A. 原理图输入设计方法直观便捷，但不适合完成较大规模的电路系统设计
   B. 原理图输入设计方法一般是一种自底向上的设计方法
   C. 原理图输入设计方法无法对电路进行功能描述
   D. 原理图输入设计方法也可进行层次化设计

二、填空题

1. 执行 Quartus Ⅱ的_____命令，可以检查设计电路是否有错误。

2. 用原理图方式输入设计三人表决器，根据真值表，做卡诺图简化得到：L1=K1K2+K1K3+K2K3，L2=~L1，这个电路需要_____、_____、_____三个逻辑门电路和输入输出端。

三、判断题

1. 以下的程序代码中，L1、L2 为输出，K1、K2、K3 为输入。　　　　　　（　　）

```
module vote(K1,K2,K3,L1,L2);
    output  L1,L2;
    input   K1,K2,K3;
    ……
endmodule
```

2. Quartus Ⅱ的设计文件不能直接保存在硬盘根目录。　　　　　　（　　）

3. Quartus Ⅱ中编译 Verilog HDL 源程序时要求文件名和实体名相同。　　（　　）

4. 指定设计电路的输入/输出端口与目标芯片引脚的连接关系的过程称为引脚锁定。（　　）

某单位安排三位面试官对前来应聘的人员进行面试，其中一位为主面试官，另两位为副面试官，面试时，按照少数服从多数原则，有两位面试官同意录用即可录用，但是，如果主面试官认为可以录用也能录用。编写代码，并编译下载到实验仪，指定引脚，观察现象。

1. 实训目标

1）增强专业意识，培养良好的职业道德和职业习惯。

2）培养自主创新的学习能力和良好的实践操作能力。

3）能了解并熟悉实验仪、Quartus Ⅱ 软件的基本使用和 CPLD/FPGA 设计的基本流程。

2. 实训设备

1）实验仪 CCIT-CPLD。

2）Quartus Ⅱ 13.1 软件开发环境。

3. 实训内容与步骤

1）分析题意，列出真值表。

请根据题目要实现的功能，在表 1-20 中填写真值情况。

表 1-20 真值表

A（主面试官）	B（面试官）	C（面试官）	L（是否录用）

2）根据真值表，写出最简表达式。

L（A，B，C）=_____。

3）新建工程。

启动 Quartus Ⅱ 软件，新建工程，选择菜单 "File" → "New Project Wizard…" 命令启动新项目向导，利用向导，建立一个新项目，这里将工程名取为 voter_3，顶层文件名取为 voter_3.v。

4）指定所选元器件型号。

在 Family 栏目设置为 "MAX Ⅱ"，选中 "Specific device selected in 'Available devices' list" 选项，在 Available device 窗口中选中所使用的元器件的具体型号，这里以 EPM1270T144C5N 为例。

5）输入程序代码。

新建 Verilog HDL 文件 voter_3.v，打开 Verilog HDL 编辑器，输入程序代码并保存。

```
module voter_3(A,B,C,L);
```

_____

_____

_____

_____

_____

_____

```
endmodule
```

6）编译并改正语法错误。

7）设置芯片引脚。指定芯片的引脚，并设置不用的引脚。引脚锁定表如表 1-21 所示。

表 1-21 引脚锁定表

引脚名	引脚号	引脚名	引脚号
A(SW0)		C(SW2)	
B(SW1)		L(L1)	

8）重新编译，便得引脚设置生效。

9）下载并运行。

使用 USB-Blaster 下载电缆，将其一端与计算机 USB 口连接，另一端 10 脚 JTAG 口与 CCIT-CPLD 实验仪的 JTAG 口相连，接通开发板电源。选择菜单"Tools"→"Programmer"命令，打开 Quartus Ⅱ Programmer 工具。单击"Hardware Setup"按钮，进行下载线设置，选择所用的下载线型号：USB-Blaster [USB-0]，单击"Add File…"按钮，将 voter_3.pof 文件加入进来。选中"Program/Configure"选项，单击"Start"按钮，将文件 voter_3.pof 下载到开发板上。

10）调试过程。

拨动开关 SW0、SW1、SW2，观察小灯 L1 的亮灭，把实训结果填写入表 1-22。观察比较是否与真值表一致。

表 1-22 实训结果

A(SW0)	B(SW1)	C(SW2)	L(L1)

4. 实训注意事项

1）实验仪的安全操作：断电插拔。

2）根据实验仪原理图，明确拨码开关的逻辑电平和小灯的逻辑电平。

5. 实训考核

根据表 1-23 所示的实训考核要求，进行实训操作，保持良好的实训操作规划，熟悉整个工程的新建、程序代码编写、开发环境设置和编译下载调试的过程。

表 1-23　实训考核要求

项　目	内　容	分　值	考核要求	得　分
职业素养	实训的积极性 实训操作规范 纪律遵守情况	20	积极参加实训，遵守安全操作规程，有良好的职业道德和敬业精神	
Quartus Ⅱ 软件的使用及程序的编写	新建工程的流程 代码语法的规范 芯片引脚的指定	30	能熟练新建工程、规范编写代码，正确指定引脚	
调试能力	程序下载 实验仪的使用 操作和逻辑是否合理	30	下载程序，实验仪的规范使用，能解释操作后的现象是否合理	
项目完成度和准确度	实现题意要求 操作和现象合理	20	该项目的所有功能是否能实现	

6. 实训思考

1）如何测试拨码开关的逻辑电平？

2）如何测试小灯的逻辑电平？

第2章 Verilog HDL（硬件描述语言）

2.1 Verilog HDL 语言基础知识

学习目标

1. 能力目标

1）能熟练掌握 Verilog HDL 编程的基本结构。

2）能进行简单的 Verilog HDL 程序设计。

3）会运用各种语句进行 Verilog HDL 程序设计。

2. 知识目标

1）掌握 Verilog HDL 的编程结构。

2）掌握 Verilog HDL 的数据类型。

3）掌握 Verilog HDL 的各种语句定义格式。

3. 素质目标

1）培养主动学习的能力。

2）培养查阅纸质资料的能力。

情境设计

本节主要介绍 Verilog HDL 的基本编程结构、基本的数据类型、运算符及各种语句定义格式；重点掌握 Verilog HDL 与 C 语言的语法不同之处，使读者能在 C 语言的基础上轻松上手学习 Verilog HDL。具体教学情境设计如表 2-1 所示。

表 2-1 教学情境设计

教学情境	技能训练	知识要点	学时数
情境 1：点亮发光二极管	1. 用实例的方式，讲解 Verilog 语言编程的基本结构 2. 初步掌握 Verilog 语言编程框架	1. 根据软件设计确定芯片引脚与输入/输出的对应关系 2. 学会编程下载步骤 3. 学会编写简单的 Verilog HDL 程序	2
情境 2：Verilog HDL	1. 能进行简单的 Verilog HDL 程序设计 2. 能运用各种语句进行 Verilog HDL 程序设计	Verilog HDL 基本的数据类型、运算符和各种语句定义格式	2

2.1.1 Verilog HDL 基本结构

微课 2-1
Verilog HDL
语言基本结构
（一）

首先来看一个简单的 Verilog HDL 程序案例：点亮发光二极管。以下是用 Verilog HDL 编程的基本步骤。

1. 任务

点亮 CCIT CPLD/FPGA 实验仪上的 4 个发光二极管（分别为 L1、L3、L5、L7）。

2. 要求

通过此案例的编程和下载运行，了解和熟悉掌握 EPM1270T144C5N 核心芯片的编程下载方法及 Verilog HDL 的编程方法。

3. 分析

在 CCIT CPLD/FPGA 实验仪上已经准备了 8 个发光二极管 L1～L8。8 个发光二极管小灯原理图如图 2-1 所示，8 个小灯的正极已接了电源，负极过 1kΩ 限流电阻分别接 CCIT CPLD/FPGA 实验仪中 EPM1270T144C5N 芯片的 29～32、37～40 引脚，只要正确锁定引脚，在相应的引脚上输出低电平 "0" 即可点亮相应的发光管。

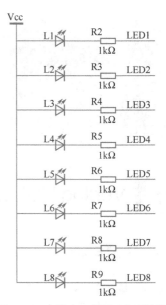

图 2-1　8 个发光二极管小灯原理图

4. 程序设计

由于要求点亮 L1、L3、L5、L7 这 4 个发光二极管，因此只需在 LED1（29pin）、LED3（31pin）、LED5（37pin）、LED7（39pin）这 4 个引脚上输出低电平 "0" 即可，完整 Verilog 程序如下。

（1）利用连续赋值 assign 语句实现（文件名 led1.v）

```
module  led1(ledout);              //模块名 led1，注意：文件名必须与模块名统一
    output[7:0]  ledout;           //定义输出口
    assign  ledout=8'b10101010;    //输出 0xaa
endmodule
```

（2）利用过程赋值语句实现（文件名 led2.v）

```
module  led2(ledout);              //模块名 led2，注意：文件名必须与模块名统一
    output[7:0]  ledout;           //定义输出口
    reg[7:0]  ledout;              //定义寄存器
    always                         //过程
        begin
            ledout=8'b10101010;    //输出 0xaa
        end
endmodule
```

5. 下载运行

1）双击 Quartus Ⅱ 软件快捷图标，进入 Quartus Ⅱ 集成开发环境，新建工程项目文件 led.qpf，并在该项目下新建 Verilog 源程序文件 led1.v 或 led2.v，输入上面的程序代码并保存。

2）为该工程项目选择一个目标元器件，并对相应的引脚进行锁定，所选择的元器件应该是 Altera 公司的 EPM1270T144C5N 芯片，引脚锁定表如表 2-2 所示。

表 2-2　引脚锁定表

引　脚　号	引　脚　名	引　脚　号	引　脚　名
29	ledout0	37	ledout4
30	ledout1	38	ledout5
31	ledout2	39	ledout6
32	ledout3	40	ledout7

3）对该工程文件进行编译处理，若在编译过程中发现错误，则需找出并更正错误，直至成功为止。

4）若要对所建的工程项目进行验证，则需输入必要的激励波形文件，然后进行模拟波形仿真。观察模拟仿真结果并与预期的目标相比较，看是否符合设计要求，若不满足用户要求，则更正程序相关部分。

5）将 CCIT CPLD/FPGA USB-Blaster 下载电缆的两端分别接到 PC 和 CCIT CPLD/FPGA 实验仪上，再打开工作电源，执行下载命令把程序下载到 CCIT CPLD/FPGA 实验仪的 EPM1270T144C5N 器件中。观察 CCIT CPLD/FPGA 实验仪上的 L1、L3、L5、L7 这 4 个发光二极管亮了吗？

6. 小结

从上面的例子可以看出：

1）Verilog HDL 程序是由模块构成的。每个模块的内容都嵌在 module 和 endmodule 两个语句之间，每个模块实现特定的功能，模块是可以进行层次嵌套的。

2）首先要对每个模块进行端口定义，并说明输入（input）和输出（output），然后对模块的功能进行逻辑描述。

3）Verilog HDL 程序的书写格式自由，一行可以写几个语句，一个语句也可以分多行写。与 C 语言有很多相似之处。

4）除了 endmodule 语句外，每个语句的最后必须有分号。

5）可以用 "/*　*/" 和 "//" 对 Verilog HDL 程序的任何部分作注释。一个完整的源程序应当加上必要的注释，以增强程序的可读性和可维护性。

微课 2-2
Verilog HDL
语言基本结构
（二）

7. 详述程序构成

Verilog HDL 的基本设计单元是 "模块（module）"。一个模块是由两部分组成的，一部分描述接口；另一部分描述逻辑功能，即定义输入是如何影响输出的。下面以设计 "与-或-非" 门电路为例，详细说明 Verilog HDL 程序的构成。"与-或-非" 门电路如图 2-2 所示。

该电路可用以下逻辑函数表示：

$$F = \overline{AB + CD}$$

用 Verilog HDL 对该电路进行描述如下。

图 2-2　"与-或-非" 门电路

```
module AOI(A, B, C, D, F);          //模块名 AOI（端口列表 A, B, C, D, F）
    output F;                       //定义模块的输出端口 F
    input A,B,C,D;                  //定义模块的输入端口 A, B, C, D
    assign F=~((A&B) | (C&D));      //定义模块内的逻辑描述
endmodule
```

从上面的例子可知，电路图符号的引脚也就是程序模块的端口，在程序模块内描述了电路图符号所实现的逻辑功能。上面模块中的第 2 行和第 3 行说明接口的信号流向，第 4 行说明了模块的逻辑功能。Verilog HDL 结构完全嵌在 module 和 endmodule 两个语句之间，每个 Verilog 程序包括 4 个主要部分，即端口定义、I/O 说明、信号类型声明和功能描述。

（1）模块的端口定义

模块的端口声明了模块的输入端口与输出端口，其格式如下：

```
module 模块名(端口 1，端口 2，端口 3，……);
```

（2）模块内容

模块内容包括 I/O 说明、信号类型声明和功能定义。

1）I/O 说明的格式如下。

输入口：input 端口名 1，端口名 2，端口名 3，……，端口名 N；

输出口：output 端口名 1，端口名 2，端口名 3，……，端口名 N；

2）信号类型声明是说明逻辑描述中所用信号的数据类型及函数声明。

如 led2.v 程序中：

```
reg[7:0]  ledout;                              //定义 ledout 的数据类型为寄存器型
```

（3）逻辑功能定义

1）用 assign 语句，如：assign F=～（（A&B）|（C&D））；

这种方法的语句较简单，只需写一个 assign 语句，后面再加一个分号即可。assign 语句一般适合于对组合逻辑进行赋值，称为连续赋值方式。

2）用元器件例化，如：and myand3(f,a,b,c)；

这个语句利用 Verilog HDL 提供的与门库，定义了一个三输入的与门。采用实例元件方法同在电路图输入方式下调入库元器件一样，键入元器件的名字和引脚的名字即可。但每个实例元器件的名字必须是唯一的。

思考：对于 $F = \overline{AB + CD}$ 电路设计，如何用元器件例化的方法编写程序？

3）用 always 块语句，在 led2.v 源程序的模块中：

```
always                    //过程
    begin
        ledout=8'b10101010;      //输出 0xaa
    end
```

always 块可用于产生各种逻辑，常用于描述时序逻辑。在 always 块中可用多种语句来表达相关的逻辑。本 always 块被循环执行，因为 always 关键词后没有敏感信号表达式；若有敏感表达式，则执行与否由敏感表达式的值决定。

综上所述，可总结出 Verilog HDL 模块的模板如下：

```
module <顶层模块名>(<输入/输出端口列表>);
output 输出端口列表;                //输出端口声明
input 输入端口列表;                 //输入端口声明
/*定义数据, 信号的类型, 函数声明, 用关键字 wire,reg,task,function 等定义*/
//用 assign 语句定义逻辑功能
wire 结果信号名;
assign <结果信号名>=<表达式>;
//使用 always 块描述逻辑功能
always@(<敏感信号表达式>)
    begin
        //过程赋值
        //if 语句
        //case 语句
        //while,repeat,for 循环语句
        //task,function 调用
    end
endmodule
```

2.1.2　Verilog HDL 数据类型

1. 常量

在程序运行过程中，其值不能被改变的量称为常量。常用的常量可分为数字常量和符号常量。

（1）数字常量

Verilog HDL 中的数字常量由以下 4 个基本的值组成：

- 1：代表逻辑 1 或真状态；
- 0：代表逻辑 0 或假状态；
- X（或 x）：代表逻辑不定态；
- Z（或 z）：代表高阻态。

常量按照其数值类型可以划分为整数和实数两种。Verilog HDL 的整数可以是十进制、十六进制、八进制或二进制。整数定义的格式为：

<位宽>'<基数><数值>

位宽：描述常量所含二进制数的位数，用十进制整数表示，是可选项，如果该项默认，则可以从常量的值推算出。

基数：可选项，可以是 b(B)，o(O)，d(D)，h(H)，分别表示二进制、八进制、十进制和十六进制。基数默认为十进制数。

数值：由基数所决定的表示常量真实值的一串 ASCII 码。如果基数定义为 b 或 B，数值可以是 0、1、X（或 x）、Z（或 z）。对于基数是 d 或 D 的情况，数值符可以是从 0~9 的任何十进制数，但不可以是 X 或 Z。举例如下：

15——（十进制 15）。

'h15——（十进制 21，十六进制 15，二进制 00010101）。

5'b10001——（十进制 17，二进制 10001）。

12'h01F——（十进制 31，十六进制 01F，二进制 000000011111）。

'b01x——（无十进制值，二进制 01x）。

（2）符号常量

在 Verilog HDL 中，用 parameter 来定义常量，即用 parameter 来定义一个标志符，代表一个常量，称为符号常量，其功能类似于 C 语言中的 const 关键词。其定义格式如下：

```
parameter 参数名1=表达式，参数名2=表达式，……；
```

例如：

```
parameter sel=8,code=8'ha3;
//分别定义参数sel为常数8(十进制)，参数code为常数a3(十六进制)
```

再如：

```
parameter width=8,code=width*2;
```

2. 变量

Verilog HDL 中的变量可分为两种：一种为线型变量，另一种为寄存器型变量。

（1）线型变量

线型变量是指输出始终根据输入的变化而更新其值的变量，它一般指的是硬件电路中的各种物理连接。Verilog HDL 中提供了多种线型变量，如表 2-3 所示。

表 2-3　线型变量

类　　型	功　能　说　明
wire,tri	连线类型
wor,trior	具有线或特性的连线
wand,triand	具有线与特性的连线
tri1,tri0	分别为上拉电阻和下拉电阻
supply1,supply0	分别为电源（逻辑 1）和地（逻辑 0）

　　wire 型变量是一种常用的线型变量，wire 型数据常用来表示以 assign 语句赋值的组合逻辑信号。Verilog HDL 模块中的输入/输出信号类型默认时自动定义为 wire 型。wire 型信号可以用作任何方程式的输入，也可以用作 assign 语句和实例元器件的输出。其值可以为 1、0、x、z。wire 型变量的定义格式如下：

```
wire 数据名 1，数据名 2，……，数据名 n；
wire[n-1:0] 数据名 1，数据名 2，……，数据名 n；
```

　　例如：

```
wire a,b;                //定义了两个 wire 型变量 a,b;这两个变量的宽度均是 1 位
wire[7:0] in,out;        //定义了两个 8 位 wire 型变量 in,out
```

　　（2）寄存器型变量

　　寄存器型变量对应的是具有状态保持作用的电路元器件，如触发器、寄存器等。寄存器型变量与线型变量的根本区别在于，寄存器型变量需要被明确地赋值，并且在被重新赋值前一直保持原值。在设计中，必须将寄存器型变量放在过程块语句中，通过过程赋值语句赋值。另外，在 always、initial 等过程块内被赋值的每一个信号都必须定义成寄存器。reg 型变量是最常用的一种寄存器型变量，它的定义格式与 wire 型类似，具体格式为：

```
reg 数据名 1，数据名 2，……，数据名 n；
reg[n-1:0] 数据名 1，数据名 2，……，数据名 n；
```

　　例如：

```
reg a,b;              //定义了两个 reg 型变量 a,b;这两个变量的宽度均是 1 位
reg [7:0] ledout;     //定义了 1 个 8 位 reg 型变量 ledout
```

　　3. 数组

　　若干个相同宽度的向量构成数组，寄存器型数组变量即为 buffer 型变量，即可定义存储器型数据。如：

```
reg[7:0]  buffer[1023:0];
```

　　该语句定义了一个 1024 字节、每字节宽度为 8 位的存储器。若对该存储器中的某个单元赋值，则采用如下方式：

```
buffer[7]=5;     //将 buffer 存储器中的第 8 个存储单元赋值为 5
buffer[1][7]=1; //将 buffer 存储器中的第 2 个存储单元的第 8 位赋值为 1
```

　　此时要注意数组与变量的区别。若如下定义：

```
reg[7:0] buffer; //定义一个 8 位的寄存器型变量
```

　　再赋值为：

```
buffer[7]=1; //将 buffer 寄存器型变量的第 8 位赋值为 1
```

 注意：在 Verilog HDL 中，变量名和参数名等标志符是区分大小写字母的。

2.1.3　Verilog HDL 运算符及表达式

Verilog HDL 源代码是由大量的基本语法元素构成的，从语法结构上看，Verilog HDL 与 C 语言有许多相似之处，继承和借鉴了 C 语言的多种操作符和语法结构。Verilog HDL 的基本语法元素包括空格、注释、运算符、数值、字符串、标志符和关键字。

微课 2-5
Verilog HDL
运算符及表达式

1. 注释

在代码中添加注释行，可以提高代码的可读性和可维护性，Verilog HDL 中注释行与 C 语言完全一致，分为两类：一类是单行注释，以"//"开头；另一类是多行注释，以"/*"开始，以"*/"结束。

2. 运算符

由于 Verilog HDL 是在 C 语言基础上开发的，因此两者的运算符也十分类似，在此将主要介绍与 C 语言不同的运算符功能。

（1）相等与全等运算符

相等与全等运算符有 4 个：= =、!=、= = =、!= =，这 4 个运算符的比较过程完全相同，不同之处在于不定态（即"x"）或高阻态（即"z"）的运算。在相等运算中，如果任何一个操作数中存在不定态或高阻态，结果将是不定态；而在全等运算中，则是将不定态和高阻态看作是逻辑状态的一种，同样参与比较。当两个操作数的相应位都是 X 或 Z 时，认为全等关系成立；否则，运算结果为 0。举例如下：

```
bx==bx 表达式值为 x；
bx===bx 表达式的值为 1；
bz!=bx 表达式值为 x；
bz!==bx 表达式的值为 1；
A==2'b1x 当 A 为 2'b1x 时，表达式的值为 x；
A===2'b1x 当 A 为 2'b1x 时，表达式的值为 1；
A===2'b1x 当 A 为 2'bx1 时，表达式的值为 0；
```

（2）位运算符

Verilog HDL 中的位运算符与单片机 C 语言位运算符相同：&（与）、|（或）、~（非），<<（左移），>>（右移）。需要注意的是，当两个不同长度的数据进行与、或、非位运算时，会自动地将两个操作数按右端对齐，位数少的操作数会在高位用 0 补齐；当进行移位运算时，移出的空位用 0 填补。举例如下：

```
4'b1001<<1 表达式的值为 4'b0010；
4'b1001<<2 表达式的值为 4'b0100；
4'b1001>>1 表达式的值为 4'b0100；
4'b1001>>4 表达式的值为 4'b0000。
```

（3）位拼接运算符

Verilog HDL 中的位拼接运算符为{}。位拼接运算符是将两个或多个信号的某些位拼接起来，例如：

{a,b[3:0],w,3'b101}={a, b[3],b[2],b[1],b[0],w,1'b1, 1'b0, 1'b1}

（4）缩减运算符

Verilog HDL 中的缩减运算符是单目运算符，包括以下几种：

&　——　与　　　　　　　　　～&　　——　与非

|　——　或　　　　　　　　　～|　　——　或非

^　——　异或　　　　　　　～ ^,^ ～　——　同或

缩减运算符与位运算符的逻辑运算法则一样，但要注意 C 语言中的复合运算符与 Verilog HDL 中缩减运算符的区别，缩减运算符是对单个操作数进行与、或、非递推运算的。例如：

```
reg[2:0] a;
b=&a;等效于b=（a[0]&a[1]）&a[2];
```

例如：若 B=6'b111110，则：&B 结果为 0; |B 结果为 1。

（5）运算符的优先级

运算符的优先级如表 2-4 所示。为避免出错，同时也为了增加程序的可读性，建议在编写程序时尽量用"()"来控制运算的优先级。

表 2-4　运算符的优先级

类　　别	运　算　符	优　先　级
逻辑、位运算符	!　　～	高
算术运算符	*　/　%	
	+　-	
移位运算符	<<　>>	
关系运算符	<　<=　>　>=	
等式运算符	==　!=　===　!==	
缩减、位运算符	&　～&	
	^　^ ～	
		～		
逻辑运算符	&&	
	‖	低
条件运算符	?:	

2.1.4　Verilog HDL 基本语句

1. 赋值语句

（1）两种赋值语句的语法及应用

1）连续赋值语句。assign 为连续赋值语句，用于对线型变量进行赋值。其基本的描述语法为：

assign #[delay] <线型变量>=<表达式>

微课 2-6
Verilog HDL
基本语句之
赋值语句

2）过程赋值语句。过程赋值语句用于对寄存器类型变量赋值，没有任何先导的关键词，而且只能够在 always 语句或 initial 语句的过程块中赋值。其基本的描述语法为：

<寄存器变量>=<表达式>；//描述方式<1>

或　　　　**<寄存器变量><=<表达式>；//描述方式<2>**

过程赋值语句有两种赋值形式：阻塞型过程赋值（即描述方式<1>）和非阻塞型过程赋值（即描述方式<2>）。

3）过程赋值与连续赋值的比较。

```
module assignment(in1,in2,out1,out2);
    input[1:0]  in1,in2;
    output[1:0]  out1,out2;
    wire[1:0]  out1;
    reg[1:0]  out2;
    wire[1:0]  in1,in2;
    //连续赋值语句部分
    assign out1=in1&in2;
    //阻塞过程赋值语句部分
    always@(in1 or in2)
      out2=in1&in2;
    //非阻塞过程赋值语句部分
    always@(in1 or in2)
      out2<=in1&in2;
endmodule
```

（2）两种赋值语句的区别

赋值语句是 Verilog HDL 中对线型变量和寄存器型变量赋值的主要方式，根据赋值对象的不同，分为连续赋值语句和过程赋值语句，两者的主要区别如下。

1）赋值对象不同。连续赋值语句用于给线型变量赋值；过程赋值语句用于对寄存器变量赋值。

2）赋值过程实现方式不同。线型变量一旦被连续赋值语句赋值后，赋值语句右端表达式中的信号有任何变化，都将实时地反映到左端的线型变量中；过程赋值语句只有在语句被执行到时，赋值过程才能够进行一次，而且赋值过程的具体执行时间还受到各种因素的影响。

3）语句出现的位置不同。连续赋值语句不能出现在任何一个过程块中；而过程赋值语句只能出现在过程块中。

4）语句结构不同。连续赋值语句以关键词 assign 为先导；而过程赋值语句不需要任何先导的关键词，但是，语句的赋值分为阻塞型和非阻塞型。

2. 条件语句

Verilog HDL 中的条件语句有两种，即 if-else 语句和 case 语句。Verilog HDL 中的 if-else 语句与 C 语言中的基本相同，不同的是，Verilog HDL 中的条件表达的值为 1、0、x 和 z。当条件表达式的值为 1（即条件表达成立）时，执行后面的块语句；当条件表达式的值为 0、x 或 z（即条件表达不成立）时，不执行后面的块语句。

微课 2-7 Verilog HDL 基本语句之条件语句和循环语句

（1）if-else 语句

if-else 语句有 3 种格式，具体如下。

1）只有一个 if 的格式。

```
if（条件）  表达式;         //条件成立时，只执行一条语句
if（条件）                  //条件成立时，执行多条语句
  begin                    //这些语句应写在begin…end块中
      表达式1;
      表达式2;
```

```
        …
    end
```

例：

```
    if(en==1)    q = d;                //en 为 1 时执行此句
```

2）if…else 格式。

```
    if（条件）
        begin
            表达式 1；
            表达式 2；
            …
        end
    else                               //条件为 0、x 和 z 时，执行以下语句
        表达式 3；
```

例：

```
    if(sel==1)
        out = a;                       //sel 为 1 时执行此句
    else
        out = b;                       //sel 非 1 时执行此句
```

3）if…else 嵌套格式。

```
    if（条件 1）                         //if…else 可以无限嵌套
        begin
            表达式 1；
            表达式 2；
            …
        end
    else if（条件 2）
        表达式 3；
    …
    else if（条件 N）
        …
    else
        …
```

例：

```
        if(score < 60)
            total_c = total_c + 1;   //score 小于 60 时执行此句
        else if(score < 75)
            total_b = total_b + 1;   //score 大于或等于 60 且小于 75 时执行此句
        else
            total_a = total_a + 1;   //score 大于或等于 75 时执行此句
```

（2）case 语句

case 语句用于有多个选择分支的情况，通常用于译码，它的一般格式如下：

```
        case（表达式）
            表达式值 1：语句 1；
            表达式值 2：
                begin
                    语句 2；
                    语句 3；
```

```
        ...
      end
    ...
    分支表达式 n：语句 n；
    default：语句 n + 1；
  endcase
```

case 后面括号中的表达式称为控制表达式，case 语句总是执行与控制表达式值相同的分支语句。例如：

```
case（sel）
    0：out = b；
    1：out = a；
endcase
```

和 case 语句功能类似的还有 casex 和 casez 语句。这两条语句用于处理条件分支比较过程中存在 x 和 z 的情形，casez 语句将忽略值为 z 的位，而 casex 语句则忽略值为 x 或 z 的位。具体解析见第 3 章。

3. 循环语句

Verilog HDL 中有以下 4 种类型的循环语句，用来控制执行语句的执行次数。

1）forever 语句：连续的执行语句，用于仿真测试信号。

2）repeat 语句：连续执行语句 n 次。

3）while 语句：和 C 语言的 while 语句类似。执行语句直到循环条件不成立。若初始时条件就不成立，则语句一次都不执行。

4）for 语句：和 C 语言的 for 语句类似。通过控制循环变量，当循环变量满足判定表达式时，执行语句，否则跳出循环。

以下对 while 语句和 for 语句进行详细介绍。

（1）while 语句

while 语句的格式如下：

```
while（表达式）    语句；
```

或

```
while（表达式）
    begin
        多条语句；
    end
```

下面举例用 while 语句对 8 位二进制数中值为 1 的位进行计数。

```
reg[7:0]  temp；
integer  count = 0；
temp = rega；
while（temp）
    begin
        if（temp[0]）    count = count + 1；
        temp = temp >> 1；
    end
```

（2）for 语句

for 语句的格式如下：

```
for（表达式 1；表达式 2；表达式 3）        语句；
```

for 语句通过 3 个步骤来实现语句的循环执行。

1）求解表达式 1，给循环变量赋初值。

2）判定表达式 2，如果为真，执行循环语句；如果为假，则结束循环。

3）执行一次循环语句后，修正循环变量，然后返回第 2 步。

在 for 语句中循环变量的修正不仅限于常规的加减。下面举例用 for 语句对 8 位二进制数中值为 1 的位进行计数。

```
reg[7:0]  temp;
integer  count = 0;
for(temp = rega; temp!=0; temp = temp >>1)
    if(temp[0])
        count = count + 1;
```

微课 2-8
Verilog HDL
基本语句之
结构说明语句

4. 结构说明语句

Verilog HDL 中，所有的描述都是通过以下 4 种结构之一实现的，即 initial 块语句、always 块语句、task 任务和 function 函数。

在一个模块内部可以有任意多个 initial 块语句和 always 块语句，两者都是从仿真的起始时刻开始执行的，但是 initial 块语句只执行一次，而 always 块语句则循环地重复执行，直到仿真结束。下面给出 initial 块语句和 always 块语句的应用解析。

（1）initial 块语句

initial 块语句的格式如下。

```
initial
    begin
        语句1;
        语句2;
        ……
        语句n;
    end
```

（2）always 块语句

1）always 块语句在仿真过程中是不断重复执行的，描述格式如下。

```
always@ <敏感信号表达式>
    begin
        语句1;
        语句2;
        ……
        语句n;
    end
```

敏感信号表达式又称为事件表达式或敏感表达式，当该表达式的值改变时，就会执行一遍块内语句。因此，在敏感信号表达式中应列出影响块内取值的所有信号（一般是输入信号），若有两个或两个以上信号时，它们之间用"or"连接。

注意：电平敏感事件是指指定信号的电平发生变化时发生指定的行为。下面是电平触发事件控制的语法和实例。

第一种：@（<电平触发事件>）行为语句。

第二种：@（<电平触发事件 1> or <电平触发事件 2> or …… or <电平触发事件 n>）行为语句。

例：电平沿触发计数器。

```
reg [4:0] cnt;
always @(a or b or c)
begin
    if (reset)
        cnt <= 0;
    else
        cnt <= cnt +1;
end
```

其中，只要 a、b、c 信号的电平有变化，信号 cnt 的值就会加 1，这可以用于记录 a、b、c 变化的次数。

2）基本类型。在前面的源代码中已多次出现过 always 块语句，以下是 always 块语句的基本类型。

① 不带时序控制的 always 块语句。由于没有时延控制，而 always 块语句是重复执行的，因此下面的 always 块语句将在 0 时刻无限循环。

```
always
begin
    clock=~clock;
end
```

② 带时序控制的 always 块语句。产生一个 50MHz 的时钟。

```
always
begin
    #100  clock=~clock;
end
```

③ 带事件控制的 always 块语句。在时钟上升沿，对数据赋值。

```
always@(posedge clock)
begin
    ledout_reg=8'b010101;
end
```

④ posedge 与 negedge 关键字。对于时序电路，事件是由时钟边沿触发的。边沿触发事件是指指定信号的边沿信号跳变时发生指定的行为，分为信号的上升沿和下降沿控制。上升沿用 posedge 关键字来描述，下降沿用 negedge 关键字描述。边沿触发事件控制的语法格式如下。

第一种：@(<边沿触发事件>) 行为语句。

第二种：@(<边沿触发事件 1> or <边沿触发事件 2> or …… or <边沿触发事件 n>)行为语句。

例如：

```
always@(posedge clock)
begin
    ledout_reg=8'b010101;
end
```

posedge clock 表示时钟信号 clock 的上升沿，只有当时钟信号上升沿到来时才执行一遍后面的块语句。若 negedge clock，则表示时钟信号 clock 的下降沿。

再如，边沿触发事件计数器。

```
reg [4:0] cnt;
always @(posedge clk)
begin
   if (reset)
      cnt <= 0;
   else
      cnt <= cnt +1;
end
```

这个例子表明：只要 clk 信号有上升沿，cnt 信号就会加 1，完成计数的功能。这种边沿计数器在同步分频电路中有着广泛的应用。

5. 实训思考

编程实现：统计一个 8 位二进制数中值为 "0" 的个数，统计的个数值通过 8 个二极管小灯显示，即有几个 0 则亮几盏灯，注：二进制数中不出现 X（或 x）或 Z（或 z）。

同步训练 2-1

一、单选题

1. 目前应用最广泛的硬件描述语言是（   ）。
    A. VHDL   B. Verilog HDL   C. 汇编语言   D. C 语言
2. 下列 Verilog HDL 语言中寄存器类型数据定义与注释矛盾的是（   ）。
    A. reg[3:0] sat   //sat 为 4 位寄存器
    B. reg cnt   //cnt 为 1 位寄存器
    C. reg[3:0] mymen[63:0]   //mymen 为 64 个 4 位寄存器的数组
    D. reg[5:0] dig   //dig 为 4 位寄存器
3. 已知"a=1'b1; b=3'b001;"，那么 {a,b} =（   ）。
    A. 4'b0011   B. 3'b001   C. 4'b1001   D. 3'b101
4. 在下列 Verilog HDL 运算符中，属于三目运算符的是（   ）。
    A. &&   B. !==   C. ?:   D. ===
5. 下面的语句中，当 a<0 时，s 的值是（   ）。
    ```
    assign s=(a>2)?1:(a<0)?2:0;
    ```
    A. 0   B. 1   C. 2   D. 其他
6. VerilogHDL 使用的逻辑是（   ）。
    A. 二值逻辑   B. 四值逻辑
    C. 三值逻辑   D. 八值逻辑
7. 关于过程块以及过程赋值语句的描述，下列正确的是（   ）。
    A. 在过程赋值语句中表达式左边的信号一定是寄存器类型
    B. 过程块中的语句一定是可综合的
    C. 在过程块中，使用过程赋值语句给 wire 赋值不会产生错误
    D. 过程赋值语句以关键词 assign 为先导
8. 在 Verilog 中，下列语句（   ）不是分支语句。
    A. if...else   B. case   C. casez   D. repeat

9. 下列关于 Verilog HDL 语言的描述中，不正确的选项是（　　）。

　　A．Verilog HDL 可实现并行计算，C 语言只是串行计算

　　B．Verilog HDL 语言可以描述电路结构，C 语言仅仅描述算法

　　C．Verilog HDL 语言源于 C 语言，包括它的逻辑和延迟

　　D．Verilog HDL 可以编写测试向量进行仿真和测试

10. Verilog HDL 语言中，标识符的作用范围是（　　）

　　A．本模块　　　　　　　　　　B．外部模块

　　C．所有模块　　　　　　　　　D．全局模块

二、填空题

1. 用 Verilog HDL 描述的电路设计称为_____，即该电路的 Verilog HDL 模型。

2. 一个电路的 Verilog HDL 模块的定义是以关键字_____开始，以关键字_____结束。

3. 一个电路的 Verilog HDL 模块声明包括_____和_____。

4. 除了 endmodule 语句外，每个语句的最后必须有结束符_____。

5. Verilog 语言规定了逻辑电路中信号的 4 种状态，分别是 0，1，X 和 Z，其中 0 表示低电平状态，1 表示高电平状态，X 表示_____，Z 表示_____。

6. 如果 a=1,b=1，则逻辑表达式（a^b）|（~b& a）的值是_____。

三、判断题

1. 连续赋值语句用于给 wire 型变量赋值，wire 型变量如果不赋值，默认值为 z。（　　）

2. 在 Verilog 中，使用 parameter 关键词来定义参数常量，可增加代码的可读性和可维护性。　　　　　　　　　　　　　　　　　　　　　　　　　　　　　　（　　）

3. Verilog HDL 常用变量数据类型为 wire 型与 reg 型。　　　　　　　　　（　　）

4. 在 Verilog HDL 语言中，reg 类型的变量一定综合成寄存器。　　　　　（　　）

5. 在 Verilog HDL 语言中，阻塞赋值的数据传输立即发生，不存在任何延时行为。（　　）

6. 组合逻辑建模通常使用阻塞赋值，时序逻辑建模通常使用非阻塞赋值。（　　）

7. 阻塞赋值是串行执行的，而非阻塞赋值是并行执行的。　　　　　　　　（　　）

8. 组合逻辑电路都可以使用 assign 和 always 两种方法建模，建模最终效果会有所区别。　　　　　　　　　　　　　　　　　　　　　　　　　　　　　　　（　　）

9. initial 过程块只执行一次，可以用来建模真实电路，并且可以被综合出来。（　　）

2.2 Verilog HDL 设计闪烁灯和流水灯

学习目标

1. 能力目标

1）会分别应用 initial 和 always 块进行 Verilog HDL 的初步编程。

2）会运用 Verilog HDL 设计闪烁灯和流水灯等简单输入、输出的程序，以达到对 Verilog HDL 的编程框架及基本语句的熟练运用。

2. 知识目标

1）掌握带有时序和不带有时序的 always 块语句的应用。

2）掌握 Verilog HDL 的基本语句及编程结构的综合应用。

3. 素质目标

1）积极主动地学习。

2）培养读者实验仿真及下载的技能。

情境设计

本节主要通过设计闪烁灯和流水灯这两类实例，介绍 CPLD/FPGA 开发实验板的发光二极管模块与 EPM1270T144C5N 核心芯片引脚的对应关系，重点介绍 Verilog HDL 的 always 块语句及基本编程结构，并最终将这两类程序下载到实验板调试运行。具体教学情境设计如表 2-5 所示。

表 2-5　教学情境设计

教 学 情 境	技 能 训 练	知 识 要 点	学 时 数
情境 1：闪烁灯设计	1. 熟悉实验板上 8 个发光二极管与 EPM1270T144C5N 芯片的引脚对应关系 2. 会编写实现 L1～L8 周期性的闪亮的程序代码	1. L1～L8 发光二极管，在实验板上与 EPM1270T144C5N 芯片的引脚连接 2. 掌握 Verilog HDL 的程序基本语句及时钟模块编程 3. Verilog HDL 的基本语法	2
情境 2：流水灯设计	1. 在闪烁灯程序的基础上改写代码，以实现不同的功能 2. 知识迁移能力锻炼	1. 根据软件设计确定芯片引脚与 L1～L8 发光二极管输出的对应关系 2. 学会编程下载步骤 3. Verilog HDL 程序编写方法	2

2.2.1　闪烁灯设计

1. 任务 1

在 CPLD/FPGA 开发实验板上实现 L1～L8 周期性（如：1s）的闪亮。

微课 2-9
闪烁灯设计任务 1

（1）要求

通过此案例的编程和下载运行，让用户初步了解和掌握 Verilog HDL 的 always 块语句及基本编程结构。

（2）分析

在 CCIT CPLD/FPGA 实验仪上已经为用户准备了 8 个发光二极管 L1～L8，其硬件原理图在点亮发光二极管的实例中已给出，此处不再分析其连接关系。在 CCIT CPLD/FPGA 实验仪中，标号 LED1～LED8 分别与芯片的 29～32、37～40 引脚相连，因此只要正确锁定引脚，在 LED1～LED8 引脚上就会周期性地输出高电平"1"和低电平"0"，但为了观察方便，闪亮速率最好在 1Hz 左右。为了产生 1Hz 的时钟脉冲，此处使用了一个寄存器对基准时钟脉冲（频率为 24MHz）CLK 进行计数，计数器每一个时钟周期即 1/（24×1000×1000）s 计数一次，当计数器计数到 24 位十进制数 12 000 000 时，则刚好为 0.5s，此时将 8 个发光二极管的状态取反后输出，即可实现以上任务中要实现的功能。在 CCIT CPLD/FPGA 实验仪上有一个无源脉冲发生电路，晶振电路原理图如图 2-3 所示。输出脉冲 clock 与 EPM1270T144C5N 芯片的 18 脚相连。

图 2-3　晶振电路原理图

（3）程序设计

文件名 light1.v（算法级描述）。

```
module light1(ledout,clk);          //模块名 light
    output[7:0] ledout;             //定义发光二极管输出口
    input clk;                      //定义时钟输入口
    reg[7:0] ledout;                //定义发光二极管输出口为寄存器
    reg[23:0] counter;              //定义分频计数器

    always@(posedge clk)            //过程，每1/（24×1000×1000）s 执行一次
        begin
            counter = counter +1;        //计数器加1
            if (counter ==24'd12000000)  //是0.5s 吗?
                begin
                    ledout=~ledout;      //是，则输出相反状态
                    counter =0;          //计数器清零
                end
        end
endmodule
```

文件名 light2.v（RTL 描述）。

```
module light2(CLK, Led_Out);                //定义模块名
    input CLK;                              //定义 I/O
    output[7:0] Led_Out;
    parameter T_500MS  = 24'd12000000;      //定义时长常量0.5s
    reg[23:0] Count1;                       //定义24位寄存器 Count1
    reg[7:0] rLed;                          //定义灯状态寄存器

    always@(posedge CLK)
        if(Count1 == T_500MS - 1'b1)        //到0.5s，计数器清零
            Count1 <= 24'd0;
        else
            Count1 <= Count + 1'b1;
    always@(posedge CLK )
        if(Count1 == T_500MS - 1'b1)        //到0.5s，灯闪烁
            rLed <= ~rLed;
    assign Led_Out = rLed;                  //将灯状态输出到 I/O
endmodule
```

说明：light2.v 采用 RTL（寄存器传输级）描述，即通过对寄存器行为的描述实现对电路功能的描述。由题意可得，需要两个寄存器才能实现此电路。

1）24 位寄存器 Count1 用于计时。Count1 的计数范围为 0～24'd12_000_000 − 1，计数 12M 个晶振脉冲，即 0.5s。

2）1 位寄存器 rLed 用于描述灯状态。当 Count1 计到 0.5s 时，rLed 取反以实现闪烁。

（4）下载运行

1）双击 Quartus Ⅱ 软件快捷图标，进入 Quartus Ⅱ 集成开发环境，新建工程项目文件 light1.qpf，并在该项目下新建 Verilog 源程序文件 light1.v，输入上面的程序代码并保存。

2）为该工程项目选择一个目标器件，并对相应的引脚进行锁定，所选择的器件应该是 Altera 公司的 EPM1270T144C5N 芯片，引脚锁定表如表 2-6 所示。

表 2-6　引脚锁定表

引　脚　号	引　脚　名	引　脚　号	引　脚　名
29	ledout0	38	ledout5
30	ledout1	39	ledout6
31	ledout2	40	ledout7
32	ledout3	18	clk
37	ledout4		

3）对该工程文件进行编译处理，若在编译过程中发现错误，则找出并更正错误，直至成功为止。

4）读者若需要对所建的工程项目进行验证，则需输入必要的波形仿真文件，然后进行波形仿真模拟。观察模拟仿真结果并与预期的目标相比较，看是否符合设计要求，若不满足用户要求，则更正程序的相关部分。

5）使用 USB-Blaster 下载电缆，将开发板 JTAG 口与 USB-Blaster 下载口相连，接通开发板电源，再打开工作电源，执行下载命令把程序下载到 CCIT CPLD/FPGA 实验仪的 EPM1270T144C5N 器件中，能看到 CCIT CPLD/FPGA 实验仪上的 L1～L8 正在闪亮吗？

2. 任务 2

在 CPLD/FPGA 开发实验板上实现 L1～L8 周期性 0.5s 的交替闪亮。样式如 00110011、11001100，0 代表亮，1 代表灭。

微课 2-10
闪烁灯设计任务 2

（1）要求

通过此案例的编程和下载运行，让用户初步了解和掌握 Verilog HDL 的 always 块语句及基本编程结构。

（2）分析

对比任务 1、任务 2 中灯的花色发生了变化，可在初始时给 L1～L8 赋初值 00110011。LED 闪亮的周期变为 0.5s，即 2Hz。为了产生 2Hz 的信号，在此，使用了一个寄存器对基准时钟脉冲（频率为 24MHz）CLK 进行计数，计数器每一个时钟周期即 1/(24×1000×1000)s 计数一次，当计数器计数到 22 位十进制数 6 000 000 时，则刚好为 0.25s，此时将 8 个发光二极管的状态取反后输出，即可实现以上任务中要求的功能。

（3）程序设计

文件名 light3.v。

```
module light3(ledout,clk);        //模块名 light3
    output[7:0] ledout;           //定义发光二极管输出口
```

```
    input clk;                    //定义时钟输入口
    reg[7:0] ledout;              //定义发光二极管输出口为寄存器
    reg[22:0] counter;            //定义分频计数器

    initial
        ledout = 8'b00110011;     //初始化灯状态
    always@(posedge clk)          //过程，每1/（24×1000×1000）s执行一次
        begin
            counter = counter +1;      //计数器加1
            if (counter ==23'd6000000) //是0.25s吗?
                begin
                    ledout=~ledout;    //是，则输出相反状态
                    counter =0;        //计数器清零
                end
        end
endmodule
```

（4）下载运行

略，过程参见任务 1 的下载运行部分。

2.2.2　闪烁灯设计技能实训

在 CCIT CPLD/FPGA 实验仪上实现闪烁灯。要求：实现 L1、L2、L3 分别以 0.25s、0.5s 和 1s 的时钟周期闪烁，编写代码并下载到 CCIT CPLD/FPGA 实验仪验证。

1. 实训目标

1）增强专业意识，培养良好的职业道德和职业习惯。

2）培养自主创新的学习能力和良好的实践操作能力。

3）进一步熟悉实验仪、Quartus II 软件的使用和 CPLD/FPGA 设计的基本流程。

4）重点掌握 L1～L8 发光二极管，在实验板上与 EPM1270T144C5N 芯片的引脚连接。

5）掌握 Verilog HDL 的程序基本语句及时钟模块编程。

6）Verilog HDL 的基本语法。

2. 实训设备

1）实验仪 CCIT-CPLD。

2）Quartus II 13.1 软件开发环境。

3. 实训内容与步骤

1）分析题意。

L1 的闪烁周期为 0.25s，即在一个周期里，L1 点亮 0.125s，熄灭 0.125s。可使用计数器 counter 对 24MHz 晶振脉冲计数，当 counter 计数到 0.125s 时，令 L1 状态取反，即可实现实训要求。同理可实现 L2 和 L3 闪烁灯。

2）频率计算。

根据题意，L1、L2、L3 闪烁周期 0.25s、0.5s 和 1s，利用灯状态取反实现闪烁，因此需要计时半周期的时长，即 0.125s、0.25s 和 0.5s，分别用 counter1、counter2 和 counter3 计时。实验仪上提供的基准时钟为 24MHz，意味着历时 1s 需要 24M 个基准脉冲。

历时 0.5s，需要_____个基准脉冲。

历时 0.25s，需要_____个基准脉冲。

历时 0.125s，需要_____个基准脉冲。

3）新建工程。

启动 Quartus Ⅱ 软件，新建工程，选择菜单"File"→"New Project Wizard..."命令，启动新项目向导，利用向导，建立一个新项目，这里将工程名取为 light，顶层文件名取为 light.v。

4）芯片设置。

在 Family 栏目设置为"MAX Ⅱ"，选中"Specific device selected in 'Available devices' list"选项，在 Available device 窗口选中所使用的器件的具体型号，这里以 EPM1270T144C5N 为例。

5）编写程序代码。

新建 Verilog HDL 文件 light.v，打开 Verilog HDL 编辑器，输入程序代码并保存。

```verilog
module light (ledout,clk);
    output[2:0] ledout;                          //定义发光二极管输出口
    input clk;                                   //定义时钟输入口
    reg L1,L2,L3;                                //定义寄存器
    reg[23:0] counter1,counter2,counter3;        //定义分频计数器

    /* always 块实现 L1 闪烁灯 */
    always@(posedge clk)                         //每个时钟周期执行一次
    begin
        counter1=counter1+1;
        if(counter1==_____)               //0.125s 执行一次
        begin
            counter1=24'd0;                      //计数器 1 清零
            L1 = ~L1;                            //L1 取反
        end
    end

    /* always 块实现 L2 闪烁灯 */
    always@(posedge clk)                         //每个时钟周期执行一次
    begin
        counter2=counter2+1;
        if(counter2==_____)               //0.25s 执行一次
        begin
            _____;                        //计数器 2 清零
            _____;                        //L2 取反
        end
    end

    /* always 块实现 L3 闪烁灯 */
    always@(posedge clk)
    begin
        _____;
        _____;
        _____;
        _____;
        _____;
        _____;
    end
```

```
        assign ledout={L3,L2,L1};
    endmodule
```

6）编译并改正语法错误。

7）设置芯片引脚。

在表 2-7 中指定芯片的引脚，并设置不用的引脚。

表 2-7　引脚锁定表

引　脚　名	引　脚　号	引　脚　名	引　脚　号
ledout0		ledout2	
ledout1		clk	

8）重新编译，使得引脚设置生效。

9）下载并运行。

使用 USB 下载电缆，将 USB-Blaster 的一端与计算机 USB 口连接，另一端通过 10 脚线缆与 CCIT-CPLD 实验仪的 JTAG 口相连，接通开发板电源。选择菜单"Tools"→"Programmer"命令，打开 Quartus II Programmer 工具。单击"Hardware Setup"按钮，进行下载线设置，选择所用的下载线型号，单击"Add File…"按钮，将 light.pof 文件加入进来。选中"Program/Configure"选项，单击"Start"按钮，将文件 light.pof 下载到开发板上。

10）调试过程。

观察小灯的亮灭，是否符合题意。

4. 实训注意事项

1）根据 CCIT-CPLD 实验仪原理图,明确小灯的逻辑电平。

2）理解时钟模块的编程，特别是频率的计算。

5. 实训考核

请读者根据表 2-8 所示的实训考核要求，进行实训操作，保持良好的实训操作规划，熟悉整个工程的新建、程序代码编写、开发环境设置和编译下载调试的过程。

表 2-8　实训考核要求

项　目	内　容	分　值	考核要求	得　分
职业素养	1. 实训的积极性 2. 实训操作规范 3. 纪律遵守情况	10	积极参加实训，遵守安全操作规程，有良好的职业道德和敬业精神	
程序设计思路及代码编写规范	1. 新建工程的流程 2. 代码语法的规范 3. 时钟模块的编程 4. 芯片引脚的指定	40	熟练新建工程、规范编写代码、改正语法错误、掌握 initial、always 语句，正确指定引脚	
调试过程	1. 程序下载 2. 实验仪的使用 3. 操作是否规范	30	能下载程序，实验仪的规范使用，实验现象是否合理	
项目完成度和准确度	1. 实现题意要求 2. 操作和现象合理	20	该项目的所有功能是否能实现	

2.2.3　流水灯设计

微课 2-11
流水灯设计任务 1

1. 任务 1

利用 CPLD/FPGA 开发实验板上的 L1～L8，实现流水灯发光二极管显示。

（1）要求

通过此案例的编程和下载运行，让读者初步了解和掌握 Verilog HDL 语言的 always 块语句及基本编程结构。

（2）分析

与闪烁灯实现原理基本相同，所不同的是，当计数到 0.5s 时，输出流水灯一次，即若原来输出数据是"11111100"，表示点亮 L1 和 L2，流水一次后输出的数据应该为"11111000"，而此时则点亮 L1、L2、L3 三个 LED 发光二极管，依此类推。

（3）程序设计

文件名 ledwater1.v。

```verilog
module ledwater1(ledout,clk);           //模块名 ledwater1
    output[7:0] ledout;                 //定义发光二极管输出口
    input clk;                          //定义时钟输入口
    reg[7:0] ledout;                    //定义寄存器
    reg[23:0] counter;                  //定义分频计数器
    /* initial 块对小灯进行初始化，初始值为 8'b11111111 */
    initial
        ledout=8'b11111111;             //赋初值
    /* always 块实现右流水灯 */
    always@(posedge clk)                //每个时钟周期执行一次
        begin
            counter = counter +1;   //计数器加 1
            if (counter ==24'd12_000_000)           //是 0.5s 吗?
                begin
                    if(ledout==8'b00000000)          //循环完毕?
                        ledout=8'b11111111;          //是，则重新赋初值
                    else
                        ledout=ledout<<1;            //否，则左移 1 位
                    counter=0;                       //计数器清零，重新计数
                end
        end
endmodule
```

思考：如何实现左流水灯？

（4）下载运行

1）双击 Quartus Ⅱ软件快捷图标，进入 Quartus Ⅱ集成开发环境，新建工程项目文件 ledwater.qpf，并在该项目下新建 Verilog 源程序文件 ledwater.v，输入上面的程序代码并保存。

2）为该工程项目选择一个目标器件，并对相应的引脚进行锁定，所选择的器件应该是 Altera 公司的 EPM1270T144C5N 芯片，引脚锁定表如表 2-9 所示。

表 2-9　引脚锁定表

引　脚　号	引　脚　名	引　脚　号	引　脚　名
29	ledout0	38	ledout5
30	ledout1	39	ledout6
31	ledout2	40	ledout7
32	ledout3	18	clk
37	ledout4		

3）对该工程文件进行编译处理，若在编译过程中发现错误，则找出并更正错误，直至成功为止。

4）读者若需要对所建的工程项目进行验证，则需输入必要的波形仿真文件，然后进行波形仿真模拟。观察模拟仿真结果并与预期的目标相比较，看是否符合设计要求，若不满足用户要求，则更正程序相关部分。

5）使用 USB-Blaster 下载电缆，将开发板 JTAG 口与 USB-Blaster 下载口相连，再打开工作电源，执行下载命令把程序下载到 CCIT CPLD/FPGA 实验仪的 EPM1270T144C5N 器件中，此时，看到流水灯了吗？

分频方法解析

若基准时钟为 24MHz，则时钟周期计算方法：$T=1/F$；T 为周期，F 为时钟频率。若要得到 1Hz（即周期为 1s）的脉冲信号，则需要分频，分频系数：$K=(24×1000×1000)/2=12\ 000\ 000$；所以在 Verilog HDL 中通过定义计数器来进行分频，always@(posedge clk)表示在时钟上升沿执行后面的块语句，也就是每 $1/(24×1000×1000)$s 执行一次。每执行一次，则 counter 计数器加 1，当 counter 达到$(24×1000×1000)/2$ 次时，则程序共运行了 0.5s。这时才对发光二极管输出信号进行取反处理，使该输出信号的周期为 1s，从而利用该输出信号驱动小灯，达到 1s 闪烁一次的效果。

2. 任务 2

利用 CPLD/FPGA 开发实验板上的 L1～L8，实现发光二极管循环流水，即同一时间只有一个 LED 点亮，点亮的位置循环左移。每个 LED 点亮时间为 1s。

微课 2-12
流水灯设计任务 2

（1）要求

通过此案例的编程和下载运行，让读者初步了解和掌握 Verilog HDL 的 always 块语句及基本编程结构。

（2）分析

与流水灯基本相同，所不同的是当计数到 1s 时输出流水灯一次，即若原来输出数据是"11111110"表示点亮 L1，流水一次后输出的数据应该为"11111101"，而此时则点亮 L2，视觉上好像灯在左移，依次类推。

（3）程序设计

文件名 ledwater2.v（算法级描述）。

```verilog
module ledwater2(ledout,clk);        //模块名 ledwater2
    output[7:0] ledout;              //定义发光二极管输出口
    input clk;                       //定义时钟输入口
    reg[7:0] ledout;                 //定义寄存器
    reg[24:0] counter;               //定义分频计数器
/* initial 块对小灯进行初始化，初始值为 8'b11111110 */
initial
    ledout=8'b11111110;              //赋初值
/* always 块实现左流水 */
always@(posedge clk)                 //每个时钟周期执行一次
    begin
        counter = counter +1;        //计数器加 1
        if (counter ==25'd24000000)  //是 1s 吗？
```

```
        begin
            ledout={ledout[6:0],ledout[7]};//拼接运算实现灯状态循环左移
            counter=0;                    //计数器清零,重新计数
        end
    end
endmodule
```

（4）下载运行

略，过程参见任务 1 的下载运行部分。

3．任务 3

利用 CPLD/FPGA 开发实验板上的 L1～L8，实现发光二极管花色流水灯。

（1）要求

通过此案例的编程和下载运行，让读者初步了解和掌握 Verilog

微课 2-13
流水灯设计任
务 3

HDL 的 always 块语句、case 分支语句及基本编程结构。

（2）分析

与上述任务中的实现原理基本相同，所不同的是当计数到 0.5s 时输出流水灯花色发生改变，而花色的变化没有规律（花色按用户喜好设计）。可在程序开始时，定义若干常量来表示不同花色，每隔 0.5s 换一个花色。设计好花色变换的顺序，统计花色全部循环流水一遍需要多少个步骤。定义一个寄存器 i 用来累计流水步骤，每经历 0.5s，i 加 1，然后利用 case 语句，根据 i 值，输出对应的花色。

（3）程序设计

文件名 ledwater3.v。

```
module ledwater3(ledout,clk);              //模块名 ledwater3
    output[7:0] ledout;                    //定义发光二极管输出口
    input clk;                             //定义时钟输入口
    reg[7:0] ledout;                       //定义寄存器
    reg[23:0] counter;                     //定义分频计数器
    reg[2:0] i;                            //定义灯状态计数器
    parameter  PATTERN_0 = 8'b1111_1111;//常量,花色 0
    parameter  PATTERN_1 = 8'b1111_1100;//常量,花色 1
    parameter  PATTERN_2 = 8'b1111_0011;//常量,花色 2
    parameter  PATTERN_3 = 8'b1100_1111;//常量,花色 3
    parameter  PATTERN_4 = 8'b0011_1111;//常量,花色 4
    /* initial 块对小灯进行初始化,初始值为 8'b11111111 */
    initial
        ledout= PATTERN_0;                 //赋初值
    /* always 块实现花色流水灯 */
    always@(posedge clk)                   //每个时钟周期执行一次
        begin
            counter = counter +1;          //计数器加 1
            if (counter ==24'd12_000_000) //是 0.5s 吗?
                begin
                    counter=0;                      //计数器清零,重新计数
                    i = i + 1;                      //花色计数器加 1
                    if(i == 7)  i = 1;              //当计到 7 时,修正为 1
                    case(i)
                        1: ledout= PATTERN_1;
                        2,6: ledout= PATTERN_2;
                        3,5: ledout= PATTERN_3;
```

```
                          4: ledout= PATTERN_4;
                          default: ledout= PATTERN_0;
                     endcase
                end
          end
     endmodule
```

思考：想象夜晚街边的霓虹灯，能设计出其他的花色灯吗？

（4）下载运行

略，过程参见任务 1 的下载运行部分。

2.2.4　流水灯设计技能实训

在 CCIT CPLD/FPGA 实验仪上实现流水灯。要求：小灯从中间向两边亮，再从两边向中间亮，如此循环……，状态变换间隔为 2s。

1. 实训目标

1）增强专业意识，培养良好的职业道德和职业习惯。

2）培养自主创新的学习能力和良好的实践操作能力。

3）进一步熟悉实验仪、Quartus II 软件的使用和 CPLD/FPGA 设计的基本流程。

4）重点掌握 L1～L8 发光二极管，在实验板上与 EPM1270T144C5N 芯片的引脚连接。

5）掌握 Verilog HDL 的程序基本语句及时钟模块编程。

6）Verilog HDL 的基本语法。

2. 实训设备

1）实验仪 CCIT-CPLD。

2）Quartus II 13.1 软件开发环境。

3. 实训内容与步骤

1）分析题意。

假定计数到 2s 时，流水灯变化一下。假设开始 L1～L8 状态为"11100111"，当每次计数到 2s 时，L1～L8 输出的状态依次为 11011011、_____、_____、10111101、_____、11100111、_____、_____。

2）频率计算。

实验仪上提供的基准时钟为 24MHz，则时钟周期计算方法：$T=1/f$；T 为周期，f 为时钟频率。要得到 0.5Hz（即周期为 2s）的脉冲信号，则要分频，分频系数：

K=_____。

3）新建工程。

启动 Quartus II 软件，新建工程，选择菜单"File"→"New Project Wizard…"命令，启动新项目向导，利用向导，建立一个新项目，这里将工程名取为 ledwater，顶层文件名取为 ledwater.v。

4）芯片设置。

在 Family 栏目设置为"MAX II"，选中"Specific device selected in 'Available devices' list"选项，在 Available device 窗口中选中所使用的器件的具体型号，这里以 EPM1270T144C5N 为例。

5）编写程序代码。

新建 Verilog HDL 文件 ledwater.v，打开 Verilog HDL 编辑器，输入程序代码并保存。

```verilog
module ledwater (ledout,clk);
    output[7:0] ledout;                        //定义发光二极管输出口
    input clk;                                 //定义时钟输入口
    reg[7:0] ledout;                           //定义寄存器
    reg[25:0] counter;                         //定义分频计数器
    reg flag;                                  //定义循环一遍结束标志
    /* initial 块对小灯进行初始化*/
    initial
    begin
        ledout=_____;
        flag=1;                                //从中间向两边
    end


    /* always 块实现循环流水灯 */
    always@(posedge clk)                       //每个时钟周期执行一次
    begin
        counter=counter+1;
        if(counter== _____ )            //2s 执行一次
        begin
            if(flag==1)
            begin
                ledout[7:4]= _____ ;
                ledout[3:0]= (ledout[3:0]>>1) +8;
            end
            else
            begin
                ledout[7:4]= (ledout[7:4]>>1) +8;
                ledout[3:0]= _____ ;
            end
            if(ledout==8'b11111111)
            begin
                if(flag==1)                    //从中间向两边循环结束
                begin
                    ledout=8'b10111101;
                    flag=_____;
                end
                else                           //从两边向中间循环结束
                begin
                    ledout=_____;
                    flag=~flag;
                end
            end
            counter=0;
        end
    end
endmodule
```

6）编译并改正语法错误。

7）设置芯片引脚。

指定芯片的引脚，并设置不用的引脚，引脚锁定表如表 2-10 所示。

表 2-10　引脚锁定表

引　脚　名	引　脚　号	引　脚　名	引　脚　号
ledout0		ledout5	
ledout1		ledout6	
ledout2		ledout7	
ledout3		clk	
ledout4			

8）重新编译，使得引脚设置生效。

9）下载并运行。

使用 USB 下载电缆，将 USB-Blaster 的一端与计算机 USB 口连接，另一端通过 10 脚线缆与 CCIT-CPLD 实验仪的 JTAG 口相连，接通开发板电源。选择菜单"Tools"→"Programmer"命令，打开 Quartus Ⅱ Programmer 工具。单击"Hardware Setup"按钮，进行下载线设置，选择所用的下载线型号，单击"Add File…"按钮，将 ledwater.pof 文件加入进来。选中"Program/onfigure"选项，单击"Start"按钮，将文件 ledwater.pof 下载到开发板上。

10）调试过程。

观察小灯的亮灭，是否符合题意。

4. 实训注意事项

1）根据 CCIT-CPLD 实验仪原理图，明确小灯的逻辑电平。

2）理解时钟模块的编程，特别是频率的计算。

5. 实训考核

请读者根据表 2-11 所示的实训考核要求，进行实训操作，保持良好的实训操作规划，熟悉整个工程的新建、程序代码编写、开发环境设置和编译下载调试的过程。

表 2-11　实训考核要求

项　　目	内　　容	分　值	考核要求	得　　分
职业素养	1. 实训的积极性 2. 实训操作规范 3. 纪律遵守情况	10	积极参加实训，遵守安全操作规程，有良好的职业道德和敬业精神	
程序设计思路及代码编写规范	1. 新建工程的流程 2. 代码语法的规范 3. 时钟模块的编程 4. 芯片引脚的指定	40	熟练新建工程、规范编写代码、改正语法错误、掌握 initial、always 语句，正确指定引脚	
调试过程	1. 程序下载 2. 实验仪的使用 3. 操作是否规范	30	能下载程序，实验仪的规范使用，实验现象是否合理	
项目完成度和准确度	1. 实现题意要求 2. 操作和现象合理	20	该项目的所有功能是否能实现	

6. 实训思考

试一下，能否实现一个小灯从左向右流水，再从右向左流水……如此循环？

同步训练 2-2

一、单选题

1．时钟周期计算方法：$T=1/F$；T 为周期，F 为时钟频率，4Hz 的时钟脉冲对应的周期为（　　）。

　　A．2s　　　　　　B．4s　　　　　　C．0.5s　　　　　　D．0.25s

　　2．若基准时钟 CLK 为 24MHz，为了产生 1Hz 的时钟脉冲，使用一个寄存器对基准时钟脉冲 CLK 进行计数，计数器每一个时钟周期即 1/（24×1000×1000）s 计数一次，当计数器计数到十进制数（　　）时，则刚好为 0.5s。

　　　　A．12 000 000　　　　　　　　　　B．24 000 000

　　　　C．6 000 000　　　　　　　　　　　D．3 000 000

　　3．若基准时钟 CLK 为 24MHz，为了产生 0.5Hz 的时钟脉冲，使用一个寄存器对基准时钟脉冲 CLK 进行计数，计数器每一个时钟周期即 1/（24×1000×1000）s 计数一次，当计数器计数到十进制数 6 000 000 时，则刚好为 0.25s，程序设计时定义分频计数器的语句正确的是（　　）。

　　　　A．reg[24:0] counter;　　　　　　　B．reg[23:0] counter;

　　　　C．reg[22:0] counter;　　　　　　　D．reg[21:0] counter;

　　4．在流水灯设计中，若原来输出数据是 "11111100" 表示点亮 L1 和 L2，流水一次后输出的数据为 "11110011"，则此时点亮的 LED 发光二极管为（　　）。

　　　　A．L1、L2　　　　　　　　　　　　B．L3、L4

　　　　C．L5、L6　　　　　　　　　　　　D．L7、L8

　　二、填空题

　　1．基准时钟 CLK 为 24MHz，要产生 1Hz 的时钟脉冲，则要分频，分频系数 K=＿＿＿＿＿＿。

　　2．在流水灯设计中，若原来输出数据是 "01111110" 表示点亮 L1 和 L8，流水两次后输出的数据为 "11011011"，则此时点亮的 LED 发光二极管为＿＿＿＿＿＿和＿＿＿＿＿＿。

　　三、判断题

　　1．Verilog 语言的 3 种描述方式分别是：数据流描述、行为描述和结构化描述。　　（　　）

　　2．RTL 级描述指的是用寄存器这一级别的描述方式来描述电路的数据流方式。　　（　　）

2.3　Verilog HDL 设计分频器

学习目标

　　1．能力目标

　　1）分别应用 initial 和 always 块进行 Verilog HDL 语言的初步编程。

　　2）运用 Verilog HDL 语言设计偶分频、奇分频和任意分频等案例，深刻认识分频器的功能，熟悉使用 Verilog HDL 语言设计分频器的方法。

　　2．知识目标

　　1）掌握带有时序和不带有时序的 always 块语句的应用。

　　2）掌握 Verilog HDL 语言的基本语句及编程结构的综合应用。

　　3．素质目标

　　1）培养积极主动学习的能力。

　　2）培养实验仿真及下载的技能。

情境设计

分频器是指使输出信号频率为输入信号频率整数分之一的电子电路。在许多电子设备如电子钟、频率合成器中，需要各种不同频率的信号协同工作，常用的方法是以稳定度高的晶体振荡器为主振源，通过变换得到所需要的各种频率成分，分频器是一种主要变换手段。早期的分频器多为正弦分频器，随着数字集成电路的发展，脉冲分频器（又称数字分频器）逐渐取代了正弦分频器。下面以 Verilog HDL 语言为基础介绍占空比为 50% 的分频器。

本节主要通过设计偶分频、奇分频和任意分频的实例，介绍 CPLD/FPGA 开发实验板的分频模块与 EPM1270T144C5N 核心芯片引脚的对应关系，重点介绍 Verilog HDL 语言的 always 块语句及基本编程结构，深化运用 Verilog HDL 语言设计分频器的方法。具体教学情境设计如表 2-12 所示。

表 2-12　教学情境设计

教 学 情 境	技 能 训 练	知 识 要 点	学 时 数
情境1：偶分频、奇分频设计	1．熟悉实验板上晶振电路模块与 EPM1270T144C5N 芯片的引脚对应关系 2．会编写实现奇偶分频的程序代码	1．晶振电路模块，晶振输入信号在实验板上与 EPM1270T144C5N 芯片的引脚连接 2．掌握 Verilog HDL 语言的程序基本语句及时钟模块编程	2
情境2：任意占空比的任意分频设计	1．在奇偶分频程序的基础上改写代码，以实现任意分频的功能 2．知识迁移能力锻炼	1．学会编程下载步骤 2．Verilog HDL 程序综合编写方法	2

2.3.1　奇偶分频设计

1. 任务 1

对 CPLD/FPGA 开发实验板上的 18 脚输入时钟源进行偶分频。

微课 2-14
奇偶分频设计

（1）要求

通过此案例的编程和下载运行，初步了解和掌握 Verilog HDL 语言进行分频设计的方法。

（2）分析

在 CCIT CPLD/FPGA 实验仪上已经准备了一个 24MHz 的基准时钟源发生电路，其电路原理图如图 2-3 所示，输出脉冲 clock 与 EPM1270T144C5N 芯片的 18 脚相连。

（3）程序设计

偶分频比较简单，假设为 N 分频，只需计数到 N/2-1，然后时钟翻转、计数清零，如此循环就可以得到 N（偶）分频，代码如下：

```verilog
module fp_even(clk_out,clk_in,rst);
    output clk_out;
    input clk_in;
    input rst;
    reg [1:0] cnt;
    reg clk_out;
    parameter N=6;
    always@(posedge clk_in or negedge rst)
    begin
        if(!rst)
```

```
        begin
            cnt=0;
            clk_out=0;
        end
        else
        begin
            if(cnt==N/2-1)
            begin
                clk_out=~clk_out;
                cnt=0;
            end
            else
                cnt=cnt+1;
        end
    end
endmodule
```

说明：可以通过改变分频系数 N 的值和计数变量 cnt 的位宽实现任意偶分频。

2. 任务 2

对 CPLD/FPGA 开发实验板上的 18 脚输入时钟源进行奇分频。

（1）要求

通过此案例的编程和下载运行，进一步了解和掌握 Verilog HDL 语言进行分频设计的方法。

（2）分析

继续运用 CCIT CPLD/FPGA 实验仪上 18 脚提供的一个 24MHz 的基准时钟源发生电路，对其输入时钟频率进行奇数分频。

（3）程序设计

实现奇数（N）分频，分别用上升沿计数到（N-1)/2，再计数到 N-1；用下降沿计数到（N-1)/2，再计数到 N-1，得到两个波形，然后把它们相或即可得到 N 分频。代码如下：

```
module fp_odd(clk_out,clk_in,rst);
    output clk_out;
    input clk_in , rst;
    reg [2:0] cnt_p, cnt_n;
    reg clk_p,clk_n;
    parameter N=5;

    always@(posedge clk_in  or  negedge rst)
    begin
        if(!rst)
            cnt_p= 0;
        else
            if(cnt_p==N-1)
                cnt_p=0;
            else
                cnt_p=cnt_p+1;
    end

    always@(posedge clk_in  or  negedge rst)
    begin
        if(!rst)
```

```
                clk_p=0;
            else
                if(cnt_p==(N-1)/2)
                        clk_p= ~clk_p;
                else
                    if(cnt_p==N-1)
                        clk_p=~clk_p;
    end

    always@(negedge clk_in  or  negedge rst)
    begin
        if(!rst)
            cnt_n=0;
        else
            if(cnt_n==N-1)
                cnt_n=0;
            else
                cnt_n=cnt_n+1;
    end

    always@(negedge clk_in  or  negedge rst)
    begin
        if(!rst)
            clk_n=0;
        else
            if(cnt_n==(N-1)/2)
                clk_n =~clk_n;
            else
                if(cnt_n==N-1)
                    clk_n=~clk_n;
    end
    assign  clk_out=clk_p | clk_n;
endmodule
```

> 说明：可以通过改变分频系数 N 的值和计数变量 cnt_p 和 cnt_n 的位宽实现任意奇分频。

2.3.2　任意分频设计

对 CPLD/FPGA 开发实验板上的 18 脚输入时钟源进行任意分频。

（1）要求

通过此案例的编程和下载运行，深入了解和掌握用 Verilog HDL
语言进行分频设计的方法。

微课 2-15
任意分频设计

（2）分析

在 Verilog HDL 程序设计中，经常要对一个频率进行任意分频，而且占空比也有一定的要求，现在在前面奇偶分频的基础上，实现对一个频率的任意占空比的任意分频。

例如：实验板上的系统时钟是 24MHz，而要产生的频率是 880Hz，则需要对系统时钟进行分频。很容易想到用计数的方式来分频：24 000 000/880≈27 272。显然这个数字不是 2 的整数次方，那么可以设定一个参数，让它到 27 272 的时候重新计数就可以实现了。

（3）程序设计

1）任意分频。任意分频代码如下：

```verilog
module div1(clk, clk_div);
    input clk;
    output clk_div;
    reg [14:0] counter;
    always@(posedge clk)
        if(counter==27272)
            counter= 0;
        else
            counter=counter+1;
    assign clk_div=counter[14];
endmodule
```

分频的应用很广泛，一般的做法是先用高频时钟计数，然后使用计数器的某一位输出作为工作时钟进行其他的逻辑设计，上面的程序就是一个体现。

2）占空比。下面算一下它的占空比：这个输出波形在 counter 为 0～16383 的时候为低，在16384～27271 的时候为高，占空比约为 40%，如果需要占空比为 50%，那么需要再设定一个参数，使它为 27272 的一半，使达到它的时候波形翻转，就可以实现结果了。程序如下。

```verilog
module div2(clk, clk_div);
    input clk;
    output clk_div;
    reg [14:0] counter;
    reg clk_div;

    always@(posedge clk)
        if(counter==13636)
        begin
            clk_div =~clk_div;
            counter=0;
        end
        else
            counter=counter+1;
endmodule
```

3）任意占空比。在此基础上，再来分析一下如何实现任意占空比，例如，还是由 24MHz 分频产生 880Hz，而分得到的信号的占空比为 30%，则分频系数为：24 000 000/880×30%≈ 8182。

```verilog
module div3(clk,reset,clk_div);
    input clk,reset;
    output clk_div;
    reg [14:0] counter;
    reg clk_div;
    always@(posedge clk)
        if(!reset)
            counter=0;
        else
            if(counter==27272)
                counter=0;
            else
                counter=counter+1;
    always@(posedge clk)
```

```
    if(!reset)
        clk_div=0;
    else
        if(counter<8182)
            clk_div=1;
        else
            clk_div=0;
endmodule
```

程序中 reset 为复位信号，低电平有效，当复位信号有效时，输出占空比为 30%的时钟信号禁止。

总结：任意占空比的分频系数为：时钟源频率/目标频率×N%，其中 N 为占空比值。

（4）实训思考

如何设计一个占空比从 1%到 100%变化的输出信号，变化频率为 1Hz，即 1s 占空比递增 1%？要求：输出信号锁定到 L1 二极管小灯，并观察实验现象。

同步训练 2-3

一、单选题

系统时钟频率为 24MHz，分频至 880Hz，占空比为 30%。如果希望占空比为 60%，如下程序中，if(counter<8182)这条语句要改成 counter 小于（　　　）。

```
module div(clk,reset,clk_div);        always@(posedge clk)
    input clk,reset;                  if(!reset)
    output clk_div;                       clk_div=0;
    reg [14:0] counter;               else
    reg clk_div;                          if(counter<8182)
    always@(posedge clk)                    clk_div=1;
    if(!reset)                            else
        counter=0;                          clk_div=0;
    else                              endmodule
        if(counter==27272)
            counter=0;
        else
            counter=counter+1;
```

　　A．996　　　　　B．13800　　　　　C．16364　　　　　D．19575

二、填空题

1. 要设计 12 分频分频器，程序中可以计数到＿＿＿＿＿＿＿，时钟翻转，计数器清零。

2. N 分频时（N 为奇数），上升沿先计数到＿＿＿＿＿＿，再计数到＿＿＿＿＿＿；下降沿先计数到＿＿＿＿＿＿，再计数到＿＿＿＿＿＿，得到 2 个波形，再将这两个波形相＿＿＿＿＿＿（与/或），得到 N 分频。

3. 下面程序是一个分频器的 Verilog HDL 代码，试补充完整。

```
module fpq(clkin,clkout);
    ___①___  clkin ;
    ___②___  reg clkout;
    ___③___  [2:0] counter;
    always @(___④___ clkin )
    begin
```

```
        if (     ⑤     ==3'd4)
        begin
            counter <=     ⑥     ;
            clkout<=~clkout;
        end
        else
        begin
            counter <= counter + 1'b1;
        end
    end
    ⑦
```

三、编程题

试用 Verilog HDL 语言编程实现一分频电路。要求如下：

1）输入时钟是 50MHz，要得到一个 8kHz 的时钟。

2）输出时钟的占空比为 50%。

3）要求系统异步复位。

4）输入时钟信号的名称为 clk50m，输出时钟信号的名称为 clk8k，异步复位信号名称为 reset。

第 3 章

基于 CPLD/FPGA 的单元项目开发

3.1 项目1 设计基本逻辑门电路

学习目标

微课 3-1
设计基本逻辑
门电路（一）

1. 能力目标

1）能应用门级描述、连续赋值语句描述及过程赋值语句描述等方式进行基本门电路的设计。

2）能掌握几种描述方式的异同之处，并在设计过程中加以灵活运用。

2. 知识目标

1）掌握门级描述的基本门原语及元件例化的方法。

2）掌握连续赋值语句描述和过程赋值语句描述的基本结构及相关语法。

3. 素质目标

1）培养灵活运用门级电路进行设计的能力。

2）培养实验仿真及下载的技能。

情境设计

本节主要通过设计 $F = \overline{AB} + BCD$ 组合门电路的实例，介绍一般组合门电路设计的方法，重点介绍用门级描述、连续赋值语句描述及过程赋值语句描述等方式进行基本门电路的设计过程。具体教学情境设计如表 3-1 所示。

表 3-1 教学情境设计

教 学 情 境	技 能 训 练	知 识 要 点	学时数
情境：设计 $F = \overline{AB} + BCD$ 组合门电路	1. 将逻辑函数映射成对应的逻辑电路 2. 会用门原语设计该组合门电路 3. 会用连续赋值语句描述、过程赋值语句设计该组合门电路	1. 〈K1〉～〈K8〉键盘在实验板上与 EPM1270T144C5N 芯片的引脚连接 2. 掌握门级描述、连续赋值语句描述、过程赋值语句描述的结构及语法	2

1. 任务

用门级描述、连续赋值语句描述、过程赋值语句描述 3 种方式设计 F=!(AB)+BCD 组合门电路。

2. 要求

通过此案例的编程和下载运行，初步了解和掌握组合门电路设计的一般方法。

3. 分析

在 CCIT CPLD/FPGA 实验仪上已经准备了 8 个拨码开关，其硬件原理图如图 1-28 所示。

在 CCIT CPLD/FPGA 实验仪中用标号 SW0～SW7 分别与芯片的 71～78 引脚相连。这样读者可以把 SW0、SW1、SW2 和 SW3 当作输入 A、B、C、D；而 F 可以用 L1 发光二极管来表示。

4. 程序设计

1）门级描述：文件名 gate1.v。

```
module gate1(A,B,C,D,F);          //模块名 gate1
    output F;                      //定义输出口
    input A,B,C,D;                 //定义输入口
    wire F1,F2;                    //定义线型中间变量
    nand(F1,A,B);                  //调用门原语
    and(F2,B,C,D);
    or(F,F1,F2);
endmodule
```

2）assign 连续赋值语句描述：文件名 gate2.v。

```
module gate2(A,B,C,D,F);          //模块名 gate2
    output F;                      //定义输出口
    input A,B,C,D;                 //定义输入口
    assign F=~(A&B)|(B&C&D);       //连续赋值
endmodule
```

3）过程赋值语句描述：文件名 gate3.v。

```
module gate3(A,B,C,D,F);          //模块名 gate3
    output F;                      //定义输出口
    input A,B,C,D;                 //定义输入口
    reg F;                         //定义寄存器
    always@(A or B or C or D)      //过程赋值
        begin
            F=~(A&B)|(B&C&D);
        end
endmodule
```

5. 下载运行

1）双击 Quartus Ⅱ 软件快捷图标，进入 Quartus Ⅱ 集成开发环境，新建工程项目文件 gate.qpf，并在该项目下新建 Verilog 源程序文件 gate1.v 或 gate2.v 或 gate3.v，分别输入上面的程序代码并保存。

2）为该工程项目选择一个目标器件，并对相应的引脚进行锁定，所选择的器件应该是 Altera 公司的 EPM1270T144C5N 芯片，引脚锁定表如表 3-2 所示。

表 3-2　引脚锁定表

引 脚 号	引 脚 名	引 脚 号	引 脚 名
71	A	74	D
72	B	29	F
73	C		

3）对该工程文件进行编译处理，若在编译过程中发现错误，则需找出并更正错误，直至成功为止。

4）若要对所建的工程项目进行验证，则需输入必要的波形仿真文件，然后进行波形仿真模拟。观察模拟仿真结果并与预期的目标相比较，看是否符合设计要求，若不满足用户要求，则更正程序相关部分。

5）使用 USB-Blaster 下载电缆，将开发板 JTAG 口与 USB-Blaster 下载口相连，再打开工作电源，执行下载命令把程序下载到 CCIT CPLD/FPGA 实验仪的 EPM1270T144C5N 器件中。当〈SW2〉或〈SW3〉键拨到"ON"时，能看到 CCIT CPLD/FPGA 实验仪上的 L1 灯亮了吗？此时为什么发光管 L1 被点亮了呢？请读者自己分析一下。

门元件实例化的方法

门元件实例化的定义格式：

　　　门类型关键字 <例化的门名称> (<端口列表>);

端口列表按下列顺序列出：

　　　（输出，输入 1，输入 2，输入 3，……）;

例如：　　and myand(out,in1,in2,in3);　　//三输入与门，例化的门名称为 myand
　　　　　and(out,in1,in2);　　　　　　//二输入与门，无例化的门名称

常用的门类型关键字如表 3-3 所示。

表 3-3　常用的门类型关键字

门类型关键字	功　能	门类型关键字	功　能
not	非门	nor	或非门
and	与门	xor	异或门
nand	与非门	xnor	同或门
or	或门	buf	缓冲器

下面以 2 选 1 的电路设计为例来说明 Verilog HDL 的门级描述和行为描述的方法。

（1）Verilog HDL 的门级描述

微课 3-2
设计基本逻辑
门电路（二）

```
//调用门原语实现 2 选 1
module mux2_1(out,in1,in2,ctrl);
    output out;                //定义输出口
    input in1,in2,ctrl;        //定义输入口
    wire notctrl,x,y;          //定义线型变量
    /* 以下为引用门原语以实现 2 选 1 的逻辑功能*/
    not(notctrl,ctrl);
    and(x,notctrl,in1);
    and(y,ctrl,in2);
    or(out,x,y);
endmodule
```

（2）Verilog HDL 的行为描述

下面分别用逻辑功能、case 语句、条件运算符等行为描述方式来实现 2 选 1。

1）逻辑功能描述。

```
module mux2_1(out,in1,in2,ctrl);
    output out;                    //定义输出口
```

```
    input in1,in2,ctrl;                //定义输入口
    assign out=(in1&ctrl)|(in2&~ctrl); //连续赋值语句实现 2 选 1 的逻辑功能
endmodule
```

2）case 语句描述。

```
module mux2_1(out,in1,in2,ctrl);
    output out;                        //定义输出口
    input in1,in2,ctrl;                //定义输入口
    reg out;                           //定义输出口为寄存器型
    /* 以下用 always 块语句及 CASE 语句以实现逻辑功能 */
    always@(in1 or in2 or ctrl)        //当 in1、in2、ctrl 中有一个值发生变化则执行一次
                                       //语句块
    begin
        case(ctrl)                     //用 case 语句实现 2 选 1 的逻辑功能
            1'b0:out=in2;
            1'b1:out=in1;
            default:out=1'bx;
        endcase
    end
endmodule
```

3）条件运算符。

```
module mux2_1(out,in1,in2,ctrl);
    output out;                        //定义输出口
    input in1,in2,ctrl;                //定义输入口
    assign out=ctrl?in1:in2;           //用条件运算符及连续赋值语句实现 2 选 1 的逻辑功能
endmodule
```

同步训练 3-1

一、单选题

1. 在一个 Verilog HDL 设计中，idata 的数据类型为 wire，试指出下面（　　）赋值语句是正确的。

    A. idata =1011   B. idata<=4b'1011;

    C. idata<=X"AB"   D. assign idata=4b'1011;

2. 以下语句中不可被综合的语句是（　　）。

    A. if-else   B. always   C. initial   D. assign

3. 下列语句中，不属于并行语句的是（　　）。

    A. 非阻塞赋值语句   B. assign 语句

    C. 实例元件调用语句   D. case 语句

4. 下列 Verilog 的基本门级元件，（　　）不是多输入门。

    A. nand   B. nor   C. and   D. not

5. 用 Verlog HDL 的 assign 语句建模的方法称为（　　）。

    A. 连续赋值   B. 并行赋值

    C. 串行赋值   D. 函数赋值

6. 用 Verilog HDL 的元件实例化方式建模来完成的设计属于（　　）描述方式。

    A. 行为　　　　　B. 结构　　　　　　C. 功能　　　　　　　D. 行为和结构

7. 代码 wire [5:0] addr; assign addr=8'b10110011;执行后，addr 值为（　　）。

    A. 4'b1100　　　　　　　　　　　B. 6'b101100

    C. 6'b110011　　　　　　　　　　D. 以上都不对

8. 在 Verilog HDL 语言中，下列对过程（always）语句的语句结构及语法规则的描述中，正确的是（　　）。

    A. always 过程语句为一无限循环语句，敏感信号发生更新时启动过程，执行完成后，等待下一次过程启动

    B. 敏感信号参数表中，应列出过程中使用的所有输入信号

    C. 过程由说明部分、结构体部分和敏感信号参数表 3 部分组成

    D. 当前过程中声明的信号也可用于其他过程

二、判断题

1. 组合逻辑电路都可以使用 assign 和 always 两种方法建模，建模最终结果没有任何区别。　　　　　　　　　　　　　　　　　　　　　　　　　　　　　　　　（　　）

2. 硬件的特性是并行的，这意味着 Verilog HDL 程序的所有并行语言结构可以并行执行，与程序中的书写顺序无关。　　　　　　　　　　　　　　　　　　　　　　　　（　　）

3. CCIT CPLD/FPGA 实验仪上已经为用户准备了 8 个拨码开关，拨码开关拨到左边，表示输入高电平。　　　　　　　　　　　　　　　　　　　　　　　　　　　　　　（　　）

3.2　项目 2　译码器设计

学习目标

1. 能力目标

1）应用 Verilog HDL 进行有关译码电路的设计。

2）用 case 语句进行 3-8 译码器及 8 段 LED 数码管译码电路的设计。

2. 知识目标

1）掌握译码器的基本电路。

2）用 case 语句进行有关组合器件的编程设计。

3. 素质目标

1）掌握组合逻辑电路的设计方法。

2）建立互帮互助的同学关系。

情境设计

本节主要通过两个实例，即 3-8 译码电路及数码管译码显示电路，来介绍一般译码电路的设计方法，重点讲解 3-8 译码电路及数码管译码显示电路的设计过程。具体教学情境设计如表 3-4 所示。

表 3-4 教学情境设计

教学情境	技能训练	知识要点	学时数
情境 1: 设计 3-8 译码器	1. 能将 3-8 译码电路映射成对应的端口 2. 会用 case 语句设计组合逻辑器件	1. SW0~SW2 拨码开关按键及 L1~L8 发光二极管在实验板上与 EPM1270T144C5N 芯片的引脚连接 2. 掌握 case 语句的结构及语法定义	2
情境 2: 设计 8 段 LED 数码管译码电路	1. 能将八段 LED 数码管译码电路映射成对应的输出端口 2. 会用 case 语句设计八段 LED 数码管译码电路	1. SW0~SW3 拨码开关按键键盘及 1 位共阴数码管在实验板上与 EPM1270T144C5N 芯片的引脚连接 2. 掌握 case 语句的结构及语法定义	2

3.2.1 设计 3-8 译码器

译码器概念

微课 3-3
设计 3-8 译码器

译码器是组合逻辑电路的一类重要的器件，其可以分为变量译码和显示译码两类。

变量译码一般是一种较少输入变为较多输出的器件，一般分为 2n 译码和 8421BCD 码译码两类。

显示译码主要解决二进制数显示成对应的十或十六进制数的转换功能，一般其可分为驱动 LED 和驱动 LCD 两类。

译码是编码的逆过程，在编码时，每一种二进制代码，都赋予了特定的含义，即都表示了一个确定的信号或者对象。把代码状态的特定含义"翻译"出来的过程叫作译码，实现译码操作的电路称为译码器。或者说，译码器是可以将输入二进制代码的状态翻译成输出信号，以表示其原来含义的电路。有一些译码器设有一个和多个使能控制输入端，又称为片选端，用来控制允许译码或禁止译码。

根据需要，输出信号可以是脉冲，也可以是高电平或者低电平。

典型应用：

74138 是一种 3-8 译码器，3 个输入端 CBA 共有 8 种状态组合（000~111），可译出 8 个输出信号 Y0~Y7。这种译码器设有 3 个使能输入端，根据这 3 个使能端的状态，可让译码器处于工作状态，输出低电平；或处于禁止状态，输出高电平。

BCD 八段显示译码器电路，LED 数码管将显示与 BCD 码对应的十进制数 0~9。若显示译码器电路输出高电平，则应该采用共阴极 LED 数码管，否则相反。

1. 任务

在 Verilog HDL 中，用 case 语句设计一个 3-8 译码器。

2. 要求

通过此案例的编程和下载运行，让读者初步了解译码电路设计的一般方法。

3. 分析

在 CCIT CPLD/FPGA 实验仪上，已经准备了一个 8 位拨码开关及 8 个 LED 发光二极管，其硬件原理图前面都已经介绍过，此处不再介绍。在 CCIT CPLD/FPGA 实验仪中 SW0~SW7 分别与芯片的 71~78 引脚相连，L1~L8 分别与芯片 29~32、37~40 引脚相连。这样可以把 SW0、SW1、SW2 当作 3-8 译码器的 3 个输入端口，L1~L8 分别当作 3-8 译码器的 8 个输出端口。

4. 程序设计

3-8 译码器，文件名 decoder_38.v。

```verilog
module decoder_38 (out,in);              //模块名 decoder_38
    output[7:0] out;                     //定义输出口
    input[2:0] in;                       //定义输入口
    reg[7:0] out;                        //定义寄存器

    always@(in)                          //当输入有变化时，则执行一次语句体
        begin
            case(in)                     //根据三个拨码键的状态，点亮相应发光二极管
                3'd0:out=8'b11111110;
                3'd1:out=8'b11111101;
                3'd2:out=8'b11111011;
                3'd3:out=8'b11110111;
                3'd4:out=8'b11101111;
                3'd5:out=8'b11011111;
                3'd6:out=8'b10111111;
                3'd7:out=8'b01111111;
            endcase
        end
endmodule
```

5. 下载运行

1）双击 Quartus Ⅱ 软件快捷图标，进入 Quartus Ⅱ 集成开发环境，新建工程项目文件 decoder_38.qpf，并在该项目下新建 Verilog 源程序文件 decoder_38.v，输入上面的程序代码并保存。

2）为该工程项目选择一个目标器件，并对相应的引脚进行锁定，所选择的器件应该是 Altera 公司的 EPM1270T144C5N 芯片，引脚锁定表如表 3-5 所示。

表 3-5　引脚锁定表

引　脚　号	引　脚　名	引　脚　号	引　脚　名
71	in0	73	in2
72	in1	29	out0
30	out1	38	out5
31	out2	39	out6
32	out3	40	out7
37	out4		

3）对该工程文件进行编译处理，若在编译过程中发现错误，则找出并更正错误直至成功为止。

4）用户若需要对所建的工程项目进行验证，输入必要的波形仿真文件，然后进行波形仿真模拟。观察模拟仿真结果并与预期的目标相比较，看是否符合设计要求，若不满足用户要求，则更正程序相关部分。

5）使用 USB-Blaster 下载电缆，将开发板 JTAG 口与 USB-Blaster 下载口相连，再打开工作电源，执行下载命令把程序下载到 CCIT CPLD/FPGA 实验仪的 EPM1270T144C5N 器件中。当 SW0、SW1 和 SW2 键按照如表 3-6 中的要求被按下时，能看到 CCIT CPLD/FPGA 实验仪上的相应发光二极管被点亮了吗？为什么对应的发光二极管被点亮了呢？请读者自己思考一下。

3-8 译码器对应的实验现象如表 3-6 所示。

表 3-6 3-8 译码器对应的实验现象

SW0	SW1	SW2	L1	L2	L3	L4	L5	L6	L7	L8
0	0	0	亮	灭	灭	灭	灭	灭	灭	灭
0	0	1	灭	亮	灭	灭	灭	灭	灭	灭
0	1	0	灭	灭	亮	灭	灭	灭	灭	灭
0	1	1	灭	灭	灭	亮	灭	灭	灭	灭
1	0	0	灭	灭	灭	灭	亮	灭	灭	灭
1	0	1	灭	灭	灭	灭	灭	亮	灭	灭
1	1	0	灭	灭	灭	灭	灭	灭	亮	灭
1	1	1	灭	灭	灭	灭	灭	灭	灭	亮

条件语句解析 2

Verilog HDL 中的条件语句有两种：if-else 语句和 case 语句。Verilog HDL 中的 if-else 语句与 C 语言中的基本相同，不同的是，Verilog HDL 中的条件表达的值是 1,0,x 和 z。当条件表达式的值为 1 时（即条件表达成立），执行后面的块语句；当条件表达式的值为 0,x 或 z 时（即条件表达不成立），不执行后面的块语句。

Verilog HDL 中的 case 语句多用于多条件译码电路的描述中，如译码器、数据选择器等。Verilog HDL 共提供了 3 种形式的 case 语句。

1. case（敏感表达式）

```
值 1:     块语句 1;
值 2:     块语句 2;

    ……

值 n:     块语句 n;
default: 块语句 n+1;
endcase
```

2. casez（敏感表达式）

```
值 1:     块语句 1;
值 2:     块语句 2;

    ……

值 n:     块语句 n;
default: 块语句 n+1;
endcase
```

3. casex（敏感表达式）

```
值 1:     块语句 1;
值 2:     块语句 2;
    ……
值 n:     块语句 n;
default: 块语句 n+1;
endcase
```

这 3 种语句的描述方式唯一的区别就是对敏感表达式的判断，其中，第 1 种（case）要求敏感表达式的值与给定的值 1、值 2……或值 n 中的一个全等时，执行后面相应的块语句；如果均不等，则执行 default 语句。第 2 种（casez）则认为，如果给定的值中有某一位（或某几位）是高阻态（z），则认为该位为 "真"，敏感表达式与其比较时不予判断，只需比较其他位。第 3 种

（casex）则认为，如果给定的值中有某一位（或某几位）是高阻态（z）或不定态（x），同样则认为该位为"真"，敏感表达式与其比较时不予判断。

此外，还有另外一种标识 x 或 z 的方式，即用表示无关值的"?"来表示。

下面是一个采用 casez 语句描述并使用了符号"?"的数据选择器的例子。

```verilog
module mux_z(out,a,b,c,d,select);
output out;
input a,b,c,d;
input[3:0]select;
reg out;
always@(select or a or b or c or d)
    begin
        casez(select)
            4'b???1:out=a;
            4'b??1?:out=b;
            4'b?1??:out=c;
            4'b1???:out=d;
        endcase
    end
endmodule
```

3.2.2　设计八段 LED 数码管译码电路

微课 3-4
设计八段 LED
数码管译码电路

1 位数码管

数码管是工程设计中使用较广的一种输出显示器件，一个八段数码管分别由 a、b、c、d、e、f、g 位段，外加一个小数点的位段 h（或记为 dp）组成。常见的数码管有共阴和共阳两种，共阴数码管是将 8 个发光二极管的阴极连接在一起作为公共端，而共阳数码管是将 8 个发光二极管的阳极连接在一起作为公共端，称公共端为位码，而其他的 8 位称作段码，共阴和共阳数码管如图 3-1 所示，数码管外形图如图 3-2 所示。按驱动方式可以分为静态和动态两种显示方式。

图 3-1　共阴和共阳数码管

a) 共阴极　b) 共阳极

图 3-2　数码管外形图

共阴八段数码管的信号端高电平有效，只要在各个位段上加上相应的信号即可使相应的位段发光，比如：要使 a 段发光，则在 a 段加上高电平即可。共阳极的数码管则相反，在相应的位段加上低电平即可使该位段发光。因而，一个八段数码管就必须有 8 位（即 1 字节）数据来控制各个位段的亮灭。比如：对共阴极八段数码管，当 seg0～seg7 分别接 a～g、dp，即 seg=8'b10000000 时，dp 段亮；当 seg=8'b01111111 时，除了 dp 段不亮，其余段均亮。

1. 任务

用 case 语句实现七段 LED 数码管译码显示功能。

2．要求

通过此案例的编程和下载运行，让读者初步了解数码管译码显示电路设计的一般方法。

3．分析

在 CCIT CPLD/FPGA 实验仪上已经为用户准备了一个 1 位静态的共阴数码管，1 位共阴数码管原理图如图 3-3 所示。

SEG				
SEG_E	1		6	SEG_B
SEG_D	2		7	SEG_A
GND	3		8	GND
SEG_C	4		9	SEG_F
SEG_DP	5		10	SEG_G

图 3-3　1 位共阴数码管原理图

其中段码线 SEG_E～SEG_DP 分别与芯片的 119～127 引脚相连，具体分配如下：

引脚	119	120	121	122	123	124	125	127
名称	SEG_E	SEG_D	SEG_C	SEG_DP	SEG_B	SEG_A	SEG_F	SEG_G

只要在对应引脚上一直输出高电平"1"，这时数码管的对应段就被点亮。

4．程序设计

七段 LED 数码管译码显示，文件名 decoder_37.v。

```
module decoder_37 (seg,sw);              //模块名 decoder_37
    output[7:0] seg;                     //定义输出口
    input[2:0] sw;                       //定义输入口
    reg[7:0] seg_reg;                    //定义输出口为寄存器型
    always@(sw)                          //拨码开关 SW 发生变化时，执行一次语句体
        begin
            case(sw)                     //根据 SW 值，向 1 位数码管发送相应段码
                3'd0:seg_reg=8'h3f;      //显示 0
                3'd1:seg_reg=8'h06;      //显示 1
                3'd2:seg_reg=8'h5b;      //显示 2
                3'd3:seg_reg=8'h4f;      //显示 3
                3'd4:seg_reg=8'h66;      //显示 4
                3'd5:seg_reg=8'h6d;      //显示 5
                3'd6:seg_reg=8'h7d;      //显示 6
                3'd7:seg_reg=8'h07;      //显示 7
                default: seg_reg=8'h00;  //不显示
            endcase
        end
    assign seg=seg_reg;
endmodule
```

5．下载运行

1）双击 Quartus Ⅱ软件快捷图标，进入 Quartus Ⅱ集成开发环境，新建工程项目文件 decoder_37.qpf，并在该项目下新建 Verilog 源程序文件 decoder_37.v，输入上面的程序代码并保存。

2）为该工程项目选择一个目标器件，并对相应的引脚进行锁定，所选择的器件应该是 Altera 公司的 EPM1270T144C5N 芯片，引脚锁定表如表 3-7 所示。

表 3-7　引脚锁定表

引　脚　号	引　脚　名	引　脚　号	引　脚　名
124	seg0	127	seg6
123	seg1	122	seg7
121	seg2	71	sw0
120	seg3	72	sw1
119	seg4	73	sw2
125	seg5		

3）对该工程文件进行编译处理，若在编译过程中发现错误，则找出并更正错误，直至成功为止。

4）用户若需要对所建的工程项目进行验证，则需输入必要的波形仿真文件，然后进行波形仿真模拟。观察模拟仿真结果并与预期的目标相比较，看是否符合设计要求，若不满足用户要求，则更正程序相关部分。

使用 USB-Blaster 下载电缆，将开发板 JTAG 口与 USB-Blaster 下载口相连，再打开工作电源，执行下载命令把程序下载到 CCIT CPLD/FPGA 实验仪的 EPM1270T144C5N 器件中。当 SW0、SW1 和 SW2 拨码开关键按照如表 3-8 中的要求拨动时，能看到 CCIT CPLD/FPGA 实验仪上的 1 位数码管上显示的数字吗？为什么会显示对应的数据呢？请自己思考。

实验现象如表 3-8 所示。

表 3-8 实验现象

SW0	SW1	SW2	1 位数码管显示
0	0	0	均显示 "0"
0	0	1	均显示 "1"
0	1	0	均显示 "2"
0	1	1	均显示 "3"
1	0	0	均显示 "4"
1	0	1	均显示 "5"
1	1	0	均显示 "6"
1	1	1	均显示 "7"

3.2.3 技能实训

在 CCIT CPLD/FPGA 实验仪上用 SW0～SW3 这 4 个拨码键控制在 1 位共阴数码管上显示 "0～9、A、b、C、d、E、F" 十六进制数字，当 SW4 键处于 "OFF" 时，显示 "H"。

1. 实训目标

1）增强专业意识，培养良好的职业道德和职业习惯。

2）培养自主创新的学习能力和良好的实践操作能力。

3）掌握八段 LED 数码管译码电路，在实验板上与 EPM1270T144C5N 芯片的引脚连接。

4）掌握 case 语句的结构及语法定义。

2. 实训设备

1）实验仪 CCIT-CPLD。

2）Quartus Ⅱ 13.1 软件开发环境。

3. 实训内容与步骤

1）分析题意。

根据题意可知，用户通过 SW4～SW0 将数据输入译码器，经过译码后，电路将共阴字段码输出。SW4 的优先级最高，只有当 SW4 为 1 时，电路才能正常译码，SW4 实际上是译码电路的使能端。请按照题意，完成表 3-9。

表 3-9 真值表

SW4	SW3	SW2	SW1	SW0	显示数字	seg7～seg0
1	0	0	0	0	0	00111111
1	0	0	0	1	1	
1	0	0	1	0	2	
					3	
					4	
					5	
					6	
					7	
					8	
					9	
					A	
					b	
					C	
					d	
					E	
					F	
0	×	×	×	×	H	

2）新建工程。

启动 Quartus II 软件，新建工程，选择菜单"File"→"New Project Wizard…"命令，启动新项目向导，利用向导，建立一个新项目，这里将工程名取为 decoder_SMG，顶层文件名取为 decoder_SMG.v。

3）芯片设置。

在 Family 栏目设置为"MAX II"，选中"Specific device selected in 'Available devices' list"选项，在 Available devices 窗口中选中所使用的器件的具体型号，这里以 EPM1270T144C5N 为例。

4）编写程序代码。

新建 Verilog HDL 文件 decoder_SMG.v，打开 Verilog HDL 编辑器，输入程序代码并保存。

```
module decoder_SMG(seg,sw);
    output[7:0] seg;                    //定义输出口
    input[4:0] sw;                      //定义输入口
    reg[7:0] seg_reg;                   //定义输出口为寄存器型
    always@(sw)                         //拨码开关 SW 发生变化时，执行一次语句体
        begin
        _____

        _____

        _____

        _____

        _____

        _____

        _____

        _____
        end
    assign seg=seg_reg
endmodule
```

5）编译并改正语法错误。

6）设置芯片引脚。

指定芯片的引脚，并设置不用的引脚。引脚锁定表如表 3-10 所示。

表 3-10 引脚锁定表

引 脚 名	引 脚 号	引 脚 名	引 脚 号
seg0		seg7	
seg1		SW0	
seg2		SW1	
seg3		SW2	
seg4		SW3	
seg5		SW4	
seg6			

7）重新编译，使得引脚设置生效。

8）下载并运行。

使用 USB 下载电缆，将 USB-Blaster 的一端与计算机 USB 口连接，另一端通过 10 脚线缆与 CCIT-CPLD 实验仪的 JTAG 口相连，接通开发板电源。选择菜单 " Tools " → "Programmer" 命令，打开 Quartus Ⅱ Programmer 工具。单击 "Hardware Setup" 按钮，进行下载线设置，选择所用的下载线型号，单击 "Add File⋯" 按钮，将 decoder_SMG.pof 文件加入进来。选中 "Program/Configure" 选项，单击 "Start" 按钮，将文件 decoder_SMG.pof 下载到开发板上。

9）调试过程。

拨动 SW0～SW4，观察数码管，实训结果表填写表 3-11，对比其与真值表 3-9 是否一致。

表 3-11 实训结果表

SW4	SW3	SW2	SW1	SW0	数码管显示数字

4. 实训注意事项

1）明确 LED 数码管是共阴极还是共阳极。

2）注意 case 语句的书写。

5. 实训考核

请根据表 3-12 所示的实训考核要求，进行实训操作，保持良好的实训操作规划，熟悉整个工程的新建、程序代码编写、开发环境设置和编译下载调试的过程。

表 3-12　实训考核要求

项　目	内　容	分　值	考核要求	得　分
职业素养	1. 实训的积极性 2. 实训操作规范 3. 纪律遵守情况	10	积极参加实训，遵守安全操作规程，有良好的职业道德和敬业精神	
Quartus Ⅱ软件的使用及程序的编写	1. 新建工程的流程 2. 代码语法的规范、case 语句的掌握 3. 芯片引脚的指定	40	能熟练新建工程、规范编写代码、改正语法错误、掌握 case 语句的结构及语法定义，正确指定引脚	
调试过程	1. 程序下载 2. 实验仪的使用 3. 操作是否规范	30	能下载程序，实验仪的规范使用，实验现象是否合理	
项目完成度和准确度	1. 实现题意要求 2. 操作和现象合理	20	该项目的所有功能是否能实现	

6. 实训思考

如果是共阳极数码管，该如何实现？

同步训练 3-2

一、单选题

1. 分析以下程序，当 sel=11 时，y 的值为（　　）。

```
casex (sel)
    2'b00:    y = a;
    2'b01:    y = b;
    2'bx0:    y = c;
    2'b1x:    y = d;
    2'bz0:    y = e;
    2'b1?:    y = f;
    default : y = g;
endcase
```

　　A. a 　　　　　　B. d 　　　　　　C. f 　　　　　　D. g

2. 1 位静态的共阴极数码管上要显示数字 8，需要输入的八位二进制数是（　　）。

　　A. 01111111 　　　B. 10000000 　　C. 00111111 　　　D. 11111111

3. 下列关于 case 语句的说法不正确的是（　　）。

　　A. 条件语句中的选择值或标识符所代表的值必须在表达式的取值范围内

　　B. case 语句中必须有 default 语句

C．case 语句中的选择值只能出现一次，且不允许有相同的选择值的条件语句出现

D．case 语句执行必须选中，且只能选中所列条件语句中的一条

二、填空题

1．3-8 译码器，正常译码时，对任意一组输入代码，其有效输出的个数为_____。

2．在 CCIT CPLD/FPGA 实验仪上用 SW0～SW3 这 4 个拨码键控制在 1 位共阴数码管上显示"0～9、A、b、C、d、E、F"十六进制数字，SW4 作为使能端，当 SW4 为 1 时，电路才能正常译码控制。此时，如果想要数码管显示数字 C，SW[4:0]输入应该为二进制数_____，seg[7:0]输出应该为二进制数_____。

三、判断题

1．casez 语句中的表达式情况有 3 种：0、1、x。不用关心 z，z 可以和任何数值相等，即 z =0，z=1，z=x。　　　　　　　　　　　　　　　　　　　　　　　　　　　（　　）

2．在 case 语句中，敏感表达式与各项值之间的比较，是一种全等比较。每一位都必须相同才认为匹配。　　　　　　　　　　　　　　　　　　　　　　　　　　（　　）

3.3　项目 3　编码器设计

学习目标

1．能力目标

会根据 if-else 语句或 casex 语句的特点，进行 8-3 优先编码器电路设计。

2．知识目标

1）掌握 Verilog HDL 进行编码电路设计。

2）掌握模块实例引用的方法。

3．素质目标

1）培养组合逻辑电路综合设计的能力。

2）培养实验仿真及下载的技能。

情境设计

本节主要通过 8-3 优先编码器电路设计实例，介绍一般编码电路设计的方法。具体教学情境设计如表 3-13 所示。

表 3-13　教学情境设计

教 学 情 境	技 能 训 练	知 识 要 点	学时数
情境：设计 8-3 编码器	1．将 8-3 编码电路映射成对应的端口 2．会用 if-else 语句或 casex 语句设计编码电路	1．SW0～SW7 拨码开关键及发光二极管 VL 在实验板上与 EPM1270T144C5N 芯片的引脚连接 2．掌握 if-else 和 casex 语句的结构及语法定义	2

3.3.1　设计 8-3 优先编码器

优先编码器概念

微课 3-5
设计 8-3 优先编码器

编码与译码的过程刚好相反。通过编码器可对一个有效输入信号生成一组二进制代码。有的编码器设有使能端，用来控制允许编码或禁止编码。

优先编码器的功能是允许同时在几个输入端有输入信号，编码器按输入信号排定的优先顺序，只对同时输入的几个信号中优先权最高的一个进行编码。

典型应用：例如，74147 为 BCD 优先编码器，输入和输出都是低电平有效。为了取得有效输出高电平，可在每个输出端连接一个反相器。

1. 任务

用 if-else 语句和 casex 语句实现一个 8-3 优先编码器。

2. 要求

通过此案例的编程和下载运行，初步了解编码电路设计的一般方法。

3. 分析

在 CCIT CPLD/FPGA 实验仪上已经准备了一个 8 位拨码开关按键及 8 个发光二极管，其硬件原理图前面已经介绍过，此处不再介绍。在 CCIT CPLD/FPGA 实验仪中，SW0～SW7 分别与芯片的 71～78 引脚相连，L1～L8 分别与芯片 29～32、37～40 引脚相连。这样读者可以把 SW0～SW7 当作 8-3 优先编码器的 8 个输入端口，L1～L3 分别为 8-3 优先编码器的 3 个输出端口。SW7 的优先级最高，SW0 最低；低电平有效。

4. 程序设计

1）利用 casex 语句编写 8-3 优先编码器，文件名 encode_83casex.v。

```
module encode_83casex (out,in);     //模块名 encode_83casex
    output[2:0] out;                //定义输出口
    input[7:0] in;                  //定义输入口
    reg[2:0] out;                   //定义寄存器
    always@(in)                     //8 位拨码开关状态有变，则执行一次语句体
        begin
            casex(in)
                8'b0???????:out=3'b111;  //当 SW7 为低电平时，无论 SW0～SW6 为何值，
                                         //输出均为 7
                8'b10??????:out=3'b110;  //当 SW7 为高电平，且 SW6 为低电平时，无
                                         //论 SW0～SW5 为何值，输出均为 6
                8'b110?????:out=3'b101;
                8'b1110????:out=3'b100;
                8'b11110???:out=3'b011;
                8'b111110??:out=3'b010;
                8'b1111110?:out=3'b001;
                8'b11111110:out=3'b000;
            endcase
        end
endmodule
```

2）利用 if-else 语句编写 8-3 优先编码器，文件名 encode_83if.v。

```
module encode_83if (out,in);                //模块名 encode_83if
```

```
output[2:0] out;                      //定义输出口
input[7:0] in;                        //定义输入口
reg[2:0] out;                         //定义寄存器
always@(in)                           //8 位拨码开关状态有变，则执行一次语句体
begin
        if（!in[7]）out=3'b111;  //当 SW7 为低电平时，无论 SW0～SW6 为何值，
                                      //则输出为 7
        else if（!in[6]）out=3'b110; //当 SW7 为高电平时，且 SW6 为低电平时，
                                      //无论 SW0～SW5 为何值，则输出为 6
        else if（!in[5]）out=3'b101;
        else if（!in[4]）out=3'b100;
        else if（!in[3]）out=3'b011;
        else if（!in[2]）out=3'b010;
        else if（!in[1]）out=3'b001;
        else if（!in[0]）out=3'b000;
end
endmodule
```

5. 下载运行

1）双击 Quartus Ⅱ 软件快捷图标，进入 Quartus Ⅱ 集成开发环境，新建工程项目文件 encode_83casex.qpf，并在该项目下新建 Verilog 源程序文件 encode_83casex.v 或 encode_83if.v，输入上面的程序代码并保存。

2）为该工程项目选择一个目标器件，并对相应的引脚进行锁定，所选择的器件应该是 Altera 公司的 EPM1270T144C5N 芯片，引脚锁定表如表 3-14 所示。

表 3-14 引脚锁定表

引 脚 号	引 脚 名	引 脚 号	引 脚 名
71	in0	77	in6
72	in1	78	in7
73	in2	29	out0
74	in3	30	out1
75	in4	31	out2
76	in5		

3）对该工程文件进行编译处理，若在编译过程中发现错误，找出并更正错误直至成功为止。

4）若要对所建的工程项目进行验证，则需输入必要的波形仿真文件，然后进行波形仿真模拟。观察模拟仿真结果并与预期的目标相比较，看是否符合设计要求，若不满足读者要求，则更正程序相关部分。

5）使用 USB-Blaster 下载电缆，将开发板 JTAG 口与 USB-Blaster 下载口相连，再打开工作电源，执行下载命令把程序下载到 CCIT CPLD/FPGA 实验仪的 EPM1270T144C5N 器件中。当 SW0～SW7 按照如表 3-15 中的要求被按下时，能看到 CCIT CPLD/FPGA 实验仪上的相应二极管小灯亮被点亮了吗？为什么对应的发光管小灯被点亮了呢？请自己思考一下。

实验现象如表 3-15 所示。

表 3-15　实验现象

SW0	SW1	SW2	SW3	SW4	SW5	SW6	SW7	L1	L2	L3
?	?	?	?	?	?	?	0	灭	灭	灭
?	?	?	?	?	?	0	1	亮	灭	灭
?	?	?	?	?	0	1	1	灭	亮	灭
?	?	?	?	0	1	1	1	亮	亮	灭
?	?	?	0	1	1	1	1	灭	灭	亮
?	?	0	1	1	1	1	1	亮	灭	亮
?	0	1	1	1	1	1	1	灭	亮	亮
0	1	1	1	1	1	1	1	亮	亮	亮

3.3.2　技能实训

在 CCIT CPLD/FPGA 实验仪上，设计一个 8-3 优先编码器，并在单个共阴数码管上显示输出值。

1. 实训目标

1）增强专业意识，培养良好的职业道德和职业习惯。

2）培养自主创新的学习能力和良好的实践操作能力。

3）掌握 8-3 编码电路工作原理。

4）熟悉八段 LED 数码管译码电路例化。

5）掌握 if-else 语句和 casex 语句的带优先级设计要点。

2. 实训设备

1）实验仪 CCIT-CPLD。

2）Quartus Ⅱ 13.1 软件开发环境。

3. 实训内容与步骤

1）分析题意。

根据题意可知，通过 SW7～SW0 将数据输入编码器，电路将编码值用共阴字段码输出。SW7 的优先级最高，SW0 的优先级最低，设低电平有效。请按照题意，完成表 3-16。

表 3-16　真值表

SW7	SW6	SW5	SW4	SW3	SW2	SW1	SW0	显示数字	seg7～seg0
								7	00000111
								6	
								5	
								4	
								3	
								2	
								1	
								0	

2）新建工程。

启动 QuartusⅡ软件，新建工程，选择菜单"File"→"New Project Wizard…"命令，启动新项目向导，利用向导，建立一个新项目，这里将工程名取为 encoder，顶层文件名取为 encoder.v。

3）芯片设置。

在 Family 栏目设置为"MAX Ⅱ"，选中"Specific device selected in 'Available devices' list"选项，在 Available devices 窗口中选中所使用的器件的具体型号，这里以 EPM1270T144C5N 为例。

4）编写程序代码。

新建 Verilog HDL 文件 encoder.v，打开 Verilog HDL 编辑器，输入程序代码并保存。

```
module encoder(in,seg);
    output[7:0] seg;              //定义输出口
    input[7:0] in;                //定义输入口
    reg[2:0] code;                //编码值，寄存器型
    reg[7:0] seg;                 //7 段显示码，寄存器型

    /*always 语句实现 8-3 优先编码*/
    always@(in)                   //拨码开关 SW 发生变化时，执行一次语句体
        begin
            _____
            _____
            _____
            _____
            _____
            _____
            _____
        end

    /*always 语句实现 7 段显示译码*/
    always@(code)                 //编码值 code 发生变化时，执行一次语句体
        begin
            _____
            _____
            _____
            _____
            _____
            _____
        end
endmodule
```

5）编译并改正语法错误。

6）设置芯片引脚。指定芯片的引脚，并设置不用的引脚。引脚锁定表如表 3-17 所示。

表 3-17 引脚锁定表

引 脚 名	引 脚 号	引 脚 名	引 脚 号
seg0		in0	
seg1		in1	
seg2		in2	
seg3		in3	
seg4		in4	
seg5		in5	
seg6		in6	
seg7		in7	

7）重新编译，使得引脚设置生效。

8）下载并运行。

使用 USB 下载电缆，将 USB-Blaster 的一端与计算机 USB 口连接，另一端通过 10 脚电缆与 CCIT-CPLD 实验仪的 JTAG 口相连，接通开发板电源。选择菜单 "Tools" → "Programmer" 命令，打开 Quartus II Programmer 工具。单击 "Hardware Setup" 按钮，进行下载线设置，选择所用的下载线型号，单击 "Add File…" 按钮，将 encoder.pof 文件加入进来。选中 "Program/Configure" 选项，单击 "Start" 按钮，将文件 encoder.pof 下载到开发板上。

9）调试过程。

拨动 SW0~SW7，观察数码管，实训结果表填写表 3-18，对比其与真值表 3-16 是否一致。

表 3-18 实训结果表

SW7	SW6	SW5	SW4	SW3	SW2	SW1	SW0	数码管显示数字

4. 实训注意事项

1）明确优先编码器的逻辑关系。

2）明确输入、输出端口的对应关系。

5. 实训考核

请根据表 3-19 所示的实训考核要求，进行实训操作，保持良好的实训操作规划，熟悉整个工程的新建、程序代码编写、开发环境设置和编译下载调试的过程。

表 3-19　实训考核要求

项　目	内　容	分　值	考核要求	得　分
职业素养	1. 实训的积极性 2. 实训操作规范 3. 纪律遵守情况	10	积极参加实训，遵守安全操作规程，有良好的职业道德和敬业精神	
Quartus Ⅱ软件的使用及程序的编写	1. 新建工程的流程 2. 代码语法的规范、case 语句和 if-else 语句的掌握 3. 芯片引脚的指定	40	能熟练新建工程、规范编写代码、改正语法错误、掌握 case 语句的结构及语法定义，正确指定引脚	
调试过程	1. 程序下载 2. 实验仪的使用 3. 操作是否规范	30	能下载程序，实验仪的规范使用，实验现象是否合理	
项目完成度和准确度	1. 实现题意要求 2. 操作和现象合理	20	该项目的所有功能是否能实现	

同步训练 3-3

一、单选题

1. 关于优先编码器说法正确的是（　　　）。

　　A. 优先编码器允许同时在多个输入端有信号，编码器对所有的输入信号按优先顺序排队，只对优先权高的信号进行编码

　　B. 优先编码器只允许任意时刻一个输入信号出现，如果同时有输入端有多个信号，会出现错误

　　C. 优先编码器只对输入信号中的低电平进行编码

　　D. 优先编码器只对输入信号中的高电平进行编码

2. 二进制数 1110010 转化为 8421 编码的 BCD 码是（　　　）。

　　A. 0001_0001_0100　　　　　　　　B. 0001_0100

　　C. 1000_0001_0100　　　　　　　　D. 0001_0501_100

3. 下列代码描述的是一个（　　　）。

```
module encode ( a,b,c, z );
    input a,b,c;
    output z;reg z;
    reg [2:0] sel;
    always @ (a or b or c or sel)
    begin
        sel = {a,b,c};
        case ( sel )
            3'b100 : z = 3'b100;
            3'b010 : z = 3'b010;
```

```
            3'b001 : z = 3'b001;
            default: z = 3'b000;
        endcase
    end
endmodule
```

  A．有优先级的编码器　　　　B．没有优先级的编码器

  C．有优先级的译码器　　　　D．没有优先级的译码器

二、填空题

1．优先编码器的功能是允许同时在几个输入端有输入信号，编码器按输入信号排定的优先顺序，只对同时输入的几个信号中优先权最高的_____个进行编码。

2．若在编码器中有 60 个编码对象，则其输出二进制代码位数应为_____位。

三、判断题

1．Verilog HDL 中的 case 语句分为 case、casez、casex 三种，其中 case 语句最为常用。

                      （　　）

2．如果要描述一个优先级的编码器，通常用 case 语句，而不用 if 语句。　（　　）

3．普通编码器和优先编码器的区别是，同一时刻有效输入端的个数不同。　（　　）

3.4　项目 4　数据选择器设计

学习目标

1．能力目标

能用模块实例引用的方法，设计 2-1 和 4-1 数据选择器电路。

2．知识目标

1）掌握 Verilog HDL 语言进行数据选择器电路设计。

2）掌握模块实例引用的方法。

3．素质目标

1）培养组合逻辑电路综合设计的能力。

2）培养实验仿真及下载的技能。

情境设计

  本节主要通过 4-1 数据选择器电路设计的实例，介绍模块实例引用的方法。具体教学情境设计如表 3-20 所示。

表 3-20　教学情境设计

教 学 情 境	技 能 训 练	知 识 要 点	学时数
情境：设计 4-1 数据选择器	由 2-1 数据选择器通过模块实例引用的方法实现 4-1 数据选择器设计	1．能将 4-1 数据选择器电路映射成对应的 SW0～SW5 拨码开关键及发光二极管 VL 2．掌握模块实例引用的方法	2

3.4.1 设计 4-1 数据选择器

数据选择器概念

微课 3-6
设计 4-1 数据
选择器

在多路数据传送过程中，能够根据需要将其中任意一路选出来
的电路，叫作数据选择器(MUX)，也称为多路选择器或多路开关。数据分配器是数据选择器的
相反过程。

数据选择器的逻辑功能是在地址选择信号的控制下，从多路数据中选择一路数据作为输出
信号，4 选 1 数据选择器原理示意图如图 3-4 所示。

有 4 选 1 数据选择器、8 选 1 数据选择器（型号为
74151、74LS151）、16 选 1 数据选择器（可以用两片
74151 连接起来构成）等。

1. 任务

用模块实例引用的方法实现 4-1 数据选择器功能。

2. 要求

通过此案例的编程和下载运行，初步掌握模块实例引
用的方法。

图 3-4 4 选 1 数据选择器原理示意图

3. 分析

在 CCIT CPLD/FPGA 实验仪上已经准备了一个 8 位拨码开关按键及 8 个 LED 发光二极
管。这样读者可以把 SW0～SW5 当作 4-1 数据选择器的 6 个输入端口：in0、in1、in2、in3 和
s0、s1。L1 作为 4-1 数据选择器的 1 个输出端口 y。

4. 程序设计

1）2-1 数据选择器，文件名 MUX2_1.v。

```
module MUX2_1 (a,b,s,out);            //模块名 MUX2_1
    output out;                       //定义输出口
    input a,b,s;                      //定义输入口
    assign out=s?b:a;                 //连续赋值语句实现 2 选 1 功能
endmodule
```

2）4-1 数据选择器，文件名 MUX4_1.v。

```
module MUX4_1 (in,s,y);               //模块名 MUX4_1
    output y;                         //定义输出口
    input[3:0] in;                    //定义输入口
    input[1:0] s;                     //定义选择信号输入
    wire y0,y1;
    MUX2_1 Q1(in[0], in[1],s[0],y0);  //引用2选1模块，从 in[0], in[1]中选1路
    MUX2_1 Q2(in[2], in[3],s[0],y1);  //引用2选1模块，从 in[2], in[3]中选1路
    MUX2_1 Q3(y0, y1,s[1],y);         //引用2选1模块，从 y0,y1 中选1路
endmodule
```

5. 下载运行

1）双击 Quartus Ⅱ软件快捷图标，进入 Quartus Ⅱ集成开发环境，新建工程项目文件
MUX4_1.qpf，并在该项目下新建 Verilog 源程序文件 MUX2_1.v 和 MUX4_1.v，分别输入上面
的程序代码并保存。

2）将 MUX4_1.v 选定为该工程项目的当前文件，选择一个目标器件并对其相应的引脚进行锁定，所选择的器件应该是 Altera 公司的 EPM1270T144C5N 芯片，引脚锁定表如表 3-21 所示。

表 3-21 引脚锁定表

引 脚 号	引 脚 名	引 脚 号	引 脚 名
71	in0	75	s0
72	in1	76	s1
73	in2	29	y
74	in3		

3）对该工程文件进行编译处理，若在编译过程中发现错误，则需找出并更正错误，直至成功为止。

4）若要对所建的工程项目进行验证，输入必要的波形仿真文件，然后进行波形仿真模拟。观察模拟仿真结果并与预期的目标相比较，看是否符合设计要求，若不满足要求，则更正程序相关部分。

5）使用 USB-Blaster 下载电缆，将开发板 JTAG 口与 USB-Blaster 下载口相连，再打开工作电源，执行下载命令把程序下载到 CCIT CPLD/FPGA 实验仪的 EPM1270T144C5N 器件中。当看到 L1 灯被点亮时，能总结出与 SW0～SW5 中的哪些键有关系？有什么样的对应关系？能从观察到的实验现象中总结出什么结论？

实验现象如表 3-22 所示。

表 3-22 实验现象

SW0	SW1	SW2	SW3	SW4	SW5	L1
1	?	?	?	0	0	灭
0	?	?	?	0	0	亮
?	1	?	?	1	0	灭
?	0	?	?	1	0	亮
?	?	1	?	0	1	灭
?	?	0	?	0	1	亮
?	?	?	1	1	1	灭
?	?	?	0	1	1	亮

模块实例引用解析

模块实例用来复制一个已知模块的逻辑电路对象，并定义组件在电路中的连接方式，此时这个逻辑电路对象即称为实例引用组件，其定义结构为：

<模块名称><实例名称>(引脚 1，引脚 2，……)；

上面的结构用已知的"模块名称"产生"实例名称"这个实例组件及相应的引脚关系列表。其中每一个引脚用"，"隔开，任一引脚的宽度必须与其在已知模块所对应端口的宽度一致。

MUX4_1.v 程序中引用模块实例 MUX2_1 时采用顺序的连接方式，即引脚关系列表中的引脚连接是按顺序的方式实现的。其中以 MUX2_1 产生 Q1，并将 in[0]接至 MUX2_1 的输入引脚 a，in[1] 接至 MUX2_1 的输入引脚 b，s[0] 接至 MUX2_1 的输入引脚 s，y0 接至 MUX2_1 的输出引脚 out。这样程序中引用 3 个 MUX2_1 建立的实例组件 Q1、Q2 及 Q3，并按顺序方式连接，完成了 4 选 1 多路输入选择器的电路设计。

3.4.2　技能实训

在 CCIT CPLD/FPGA 实验仪上，先设计一个 1-2 多路输出选择器电路组件，然后按照实例化方式设计一个 1-4 多路输出选择器电路。

1. 实训目标

1）增强专业意识，培养良好的职业道德和职业习惯。

2）培养自主创新的学习能力和良好的实践操作能力。

3）掌握多路数据选择器设计方法。

4）掌握实例化电路的设计方法。

5）熟练使用 assign 语句和条件语句设计多路逻辑。

2. 实训设备

1）实验仪 CCIT-CPLD。

2）Quartus II 13.1 软件开发环境。

3. 实训内容与步骤

1）分析题意。

根据题意可知，可先构造 1-2 多路选择器，然后实例化 3 个 1-2 多路器构造 1-4 多路选择器，如图 3-5 所示。

2）新建工程。

启动 Quartus II 软件，新建工程，选择菜单"File"→"New Project Wizard…"命令，启动新项目向导，利用向导，建立一个新项目，这里将工程名取为 mux1_4，顶层文件名取为 mux1_4.v。

3）芯片设置。

在 Family 栏目设置为"MAX II"，选中"Specific device selected in 'Available devices' list"选项，在 Available devices 窗口中选中所使用的器件的具体型号，这里以 EPM1270T144C5N 为例。

4）编写程序代码。

新建 Verilog HDL 文件 mux1_4.v，打开 Verilog HDL 编辑器，输入程序代码并保存。

图 3-5　1-4 多路选择器

```
module mux1_2 (in,out,sel);
    input in,sel;                     //定义输入口
    output[1:0] out;                  //定义输出口
    assign out = sel ? {in,1'bz} : {1'bz,in};    //条件语句
endmodule

module mux1_4 (in,out,sel);
    input in;                         //定义输入口
    input[1:0] sel;
    output[3:0] out;                  /定义输出口
    wire[1:0] u1out;
    mux1_2  U1(in,u1out,sel[1]);      //实例化 1-2 多路选择器 U1
    _____;              //实例化 1-2 多路选择器 U2
    _____;              //实例化 1-2 多路选择器 U3
```

```
    endmodule
```

5）编译并改正语法错误。

6）设置芯片引脚。

mux1_4 的输入端接拨码开关，输出端接发光二极管。指定芯片的引脚，并设置不用的引脚。引脚锁定表如表 3-23 所示。

表 3-23　引脚锁定表

引 脚 名	引 脚 号	引 脚 名	引 脚 号
in		out2	
sel1		out1	
sel0		out0	
out3			

7）重新编译，使得引脚设置生效。

8）下载并运行。

使用 USB 下载电缆，将 USB-Blaster 的一端与计算机 USB 口连接，另一端通过 10 脚电缆与 CCIT-CPLD 实验仪的 JTAG 口相连，接通开发板电源。选择菜单"Tools"→"Programmer"命令，打开 Quartus Ⅱ Programmer 工具。单击"Hardware Setup"按钮，进行下载线设置，选择所用的下载线型号，单击"Add File…"按钮，将 mux1_4.pof 文件加入进来。选中"Program/Configure"选项，单击"Start"按钮，将文件 mux1_4.pof 下载到开发板上。

9）调试过程。

拨动 SW0～SW2，观察发光二极管，验证电路是否符合要求。

4. 实训注意事项

1）明确多路器的逻辑关系。

2）明确输入、输出端口的对应关系。

5. 实训考核

请根据表 3-24 所示的实训考核要求，进行实训操作，保持良好的实训操作规划，熟悉整个工程的新建、程序代码编写、开发环境设置和编译下载调试的过程。

表 3-24　实训考核要求

项　　目	内　　容	分　　值	考 核 要 求	得　　分
职业素养	1. 实训的积极性 2. 实训操作规范 3. 纪律遵守情况	10	积极参加实训，遵守安全操作规程，有良好的职业道德和敬业精神	
Quartus Ⅱ软件的使用及程序的编写	1. 新建工程的流程 2. 代码语法的规范，assign 语句和实例化语句的掌握 3. 芯片引脚的指定	40	能熟练新建工程、规范编写代码、改正语法错误、掌握实例化语句的用法，正确指定引脚	
调试过程	1. 程序下载 2. 实验仪的使用 3. 操作是否规范	30	能下载程序，实验仪的规范使用，实验现象是否合理	
项目完成度和准确度	1. 实现题意要求 2. 操作和现象合理	20	该项目的所有功能是否能实现	

同步训练 3-4

一、单选题

1. 下列模块的实例化正确的是（   ）。

   A. Mydesign design(sin(sin),sout(sout));

   B. Mydesign design(.sin(sin),.sout(sout));

   C. Mydesign design(.sin(sin),.sout(sout););

   D. Mydesign design(.sin(sin);.sout(sout));

2. 下列关于 Verilog HDL 语言中模块的实例化说法错误的是（   ）。

   A. 在引用模块时，有些信号要被输入到引用模块中，有些信号要从引用模块中输出

   B. 在引用模块时，必须严格按照模块定义的端口顺序来连接

   C. 在引用模块时，可以用 "." 符号，表明原模块是定义时规定的端口名，用端口名和被引用模块的端口相对应，提高程序的可读性和可移植性

   D. 在语句 "Mydesign design(.port1(port1),.port2(port2));" 中，被引用的模块为 Mydesign

3. 代码 wire [5:0] addr,assign addr=8'b10110011 执行后，addr 值为（   ）。

   A. 4'b1100   B. 6'b101100   C. 6'b110011   D. 以上都不对

4. s=1, p0=1, p1=0, 执行下方语句后，f 的取值为（   ）。

   ```
   assign f = (s==1'b0) ? p0 : p1;
   ```

   A. 0   B. x   C. 1   D. 以上都不正确

二、填空题

模块实例引用中，连接信号到模块端口的两种常用方法是_____和_____。

3.5 项目 5 触发器设计

学习目标

1. 能力目标

1）会设计基本触发器。

2）会设计时钟触发器：D 型触发器、RS 触发器、JK 触发器和 T 型触发器。

3）会设计置位、复位、异步及同步等触发器。

2. 知识目标

1）掌握触发器的基本知识。

2）掌握触发器在数字系统中的应用。

3. 素质目标

1）培养编程技巧及利用触发器进行时序逻辑电路设计的能力。

2）遵守纪律，团结协作。

情境设计

本节主要通过时钟触发器的设计实例，介绍触发器的基本功能及在时序逻辑电路中的应用设计。具体教学情境设计如表 3-25 所示。

表 3-25　教学情境设计

教 学 情 境	技 能 训 练	知 识 要 点	学时数
情境：触发器设计	1. 理解时钟触发器的工作原理 编制程序，设计 D 触发器、RS 触发器、JK 触发器和 T 触发器 2. 编制程序，设计置位、复位、异步、同步等触发器	1. 基本触发器和时钟触发器的基本功能 2. 掌握 Verilog HDL 设计时钟触发器的方法及时钟触发器的应用	2

3.5.1　触发器概述

微课 3-7
触发器概述和识别基本触发器

数字电路是由组合逻辑电路和时序逻辑电路两部分组成的。全加器、译码器以及数据选择器等电路属于组合逻辑电路，它们的输出只取决于当前输入，与过去的输入是没有关系的，这是组合逻辑电路的基本特征。此处还会需要一些与过去输入有关（或者说是与以前的状态有关）的电路，比如在电子钟项目里，就需要计数器电路，而计数器的输出，显然与它前面的状态密切相关。如果计数器前面计数值是 5，在收到一个计数脉冲后，它的输出数值就变成 6；计数器前面计数值是 3，在收到一个计数脉冲后，它的输出数值就变成 4……

像计数器一类的电路就属于时序逻辑电路，而构成时序逻辑电路的"细胞"就是触发器，它类似于组合逻辑电路中的与门、或门等基本逻辑门电路。

3.5.2　识别基本触发器

触发器总是有两种状态，分别叫作"状态 0"和"状态 1"，在一定的输入情况下，两个状态可以相互切换，在另一些输入情形下，其状态又可以保持不变。

基本触发器是其他触发器的基础，但是它也具备上述特性，通常它由与非门或者或非门构成。

如图 3-6 所示是一个用与非门构成的基本触发器。当 Q 输出为 0、Qn 输出为 1 时，称为状态 0；当 Q 输出为 1、Qn 输出为 0 时，称为状态 1。Sn 和 Rn 是这个触发器的两个输入引脚。

图 3-6　一个用与非门构成的基本触发器

当 Sn、Rn 输入为 10 时（不管原来的状态如何），一定是 Q 输出为 0、Qn 输出为 1（触发器一定进入状态 0）；当 Sn、Rn 输入为 01 时（不管原来的状态如何），一定是 Q 输出为 1、Qn 输出为 0（触发器一定进入状态 1）。

若 Sn、Rn 输入都是 1 时，如果触发器原来处于状态 1，就仍然维持在状态 1；如果触发器原来处于状态 0，就仍然维持在状态 0。

表 3-26 是这个触发器的真值表。

表 3-26 触发器的真值表

Sn	Rn	Q^n	Q^{n+1}
0	0	0	x
0	0	1	x
0	1	0	1
0	1	1	1
1	0	0	0
1	0	1	0
1	1	0	0
1	1	1	1

其中，Q^n 表示触发器原来的状态，Q^{n+1} 表示触发器后来的状态。

从这张表中可以看出，当 Sn、Rn 输入为 11 时，触发器状态不变；Sn、Rn 输入为 10 时，触发器状态清 0；Sn、Rn 输入为 01 时，触发器状态置 1，这个触发器的输入端不应该同时为 0（这时输出端同时为 1）。

用 Verilog HDL 编写的程序如下。

```
module trigger(Sn,Rn,Q,Qn);
    input Sn,Rn;                    //定义基本触发器的输入端
    output Q,Qn;                    //定义基本触发器的输出端
    assign Q=~(Sn&Qn);             //连续赋值语句实现基本触发器输出
    assign Qn=~(Rn&Q);
endmodule
```

3.5.3 识别触发器的逻辑功能

触发器按照逻辑功能分类，可以分成 D 触发器、RS 触发器、JK 触发器和 T 触发器。

微课 3-8
识别触发器的
逻辑功能

1. D 触发器

D 触发器有一个数据输入信号端——D 输入端，其逻辑功能可以用特性方程

$$Q^{n+1} = D$$

表示。它表示下一个时刻的状态就等于前一时刻输入端的数值。

2. RS 触发器

RS 触发器有两个数据输入信号端——R 输入端和 S 输入端，其逻辑功能可以用特性方程

$$\begin{cases} Q^{n+1} = S + \overline{R} \cdot Q^n \\ S \cdot R = 0 \end{cases}$$

表示。其第二行是约束条件，表示输入端应该至少有一个为 0，第一行表示：当输入端 S 为 1，或者输入端 R 为 0 而原状态是状态 1，下一时刻的状态是状态 1；而其他情况下，触发器下一时刻的状态是状态 0。

3. JK 触发器

JK 触发器有两个数据输入信号端——J 输入端和 K 输入端，其逻辑功能可以用特性方程

$$Q^{n+1} = J\overline{Q^n} + \overline{K}Q^n$$

表示。它表示：当输入端 J、K 为 00 时，下一时刻的状态维持原来的状态不变；当输入端 J、K 为 01 时，下一时刻的状态是状态 0；当输入端 J、K 为 10 时，下一时刻的状态是状态 1；当输入端 J、K 为 11 时，下一时刻的状态与原状态相反。

4. T 触发器

JK 触发器有一个数据输入信号端——T 输入端，其逻辑功能可以用特性方程

$$Q^{n+1} = T\overline{Q^n} + \overline{T}Q^n$$

表示。它表示：当输入端 T 为 0 时，下一时刻的状态维持原来的状态不变；当输入端 T 为 1 时，下一时刻的状态与原状态相反。

3.5.4　设计时钟触发器

在电路中实际使用的触发器是时钟触发器，即触发器另有一个时钟信号的输入端，触发器的状态改变不仅取决于数据输入信号，还取决于时钟信号是否满足条件。一般是把时钟信号的上升沿或下降沿作为触发条件。

微课 3-9
设计时钟触发器

下面的程序描述一个上升沿触发的 D 触发器。

```
module  D_trigger(clk,D,Q,Qn);
    input      clk,D;            //定义 D 触发器的输入口
    output     Q,Qn;            //定义 D 触发器的输出口
    reg Q,Qn;
    always @(posedge clk)        //每个时钟周期上升沿输出/输入口的值
    begin
        Q<=D;
        Qn<=~D;
    end
endmodule
```

这个触发器状态的改变只有在 clk 信号上升沿到来后才可能发生。

下面的程序描述一个下降沿触发的 JK 触发器。

```
module  JK_trigger(clk,J,K,Q);
    input      clk,J,K;          //定义 JK 触发器的输入口
    output     Q;               //定义 JK 触发器的输出口
    reg  Q;
    always @(negedge clk)        //每个时钟周期下降沿输出
        Q<=J&(~Q)|(~K)&Q;
endmodule
```

3.5.5　设计直接置位复位触发器

实际的触发器往往还需要直接置位、直接复位的输入端，用于触发器的强制置位（即强制进入状态 1）或强制复位（即强制进入状态 0）。下面的程序描述带直接置位和直接复位的 D 触发器。

微课 3-10
设计直接置位复位触发器

```
module  D_trigger(clk,D,Rdn,Sdn,Q);
    input        clk,D,Rdn,Sdn;        //定义置位、复位 D 触发器的输入口
    output  Q;                         //定义置位、复位 D 触发器的输出端
    reg  Q;
    always @(posedge clk)              //每个时钟周期上升沿执行语句体一次
    begin
        if(Sdn==1'b0)                  //置"1"操作
            Q<=1'b1;
        else if(Rdn==1'b0)             //复位操作
            Q<=1'b0;
        else
            Q<=D;                      //D 触发器正常输出
    end
endmodule
```

在上述 D 触发器中，当时钟信号上升沿来到后，触发器的状态优先取决于 Sdn 和 Rdn 的输入情况，只有它们都是 1 时，触发器的状态才取决于特性方程的 D 输入端。上述 Sdn 和 Rdn 被称为同步置位端和同步复位端，即触发器状态的改变与时钟信号是同步的，只有在 clk 上升沿来到时，触发器的状态才可能改变。

还有一种被称为异步置位端和异步复位端的直接置位、复位输入信号端，在这种输入端上输入了有效信号后，触发器的状态可能立即改变，而不管当前是否有时钟触发信号。

以下程序描述了一个带异步清零端的 D 触发器。

```
module  trigger(clk,D,Rdn,Q);
    input        clk,D,Rdn;            //定义异步清零 D 触发器的输入口
    output  Q;                         //定义异步清零 D 触发器的输出口
    reg  Q;
    always @(posedge clk or negedge Rdn)    //时钟上升沿或按键下降沿执行语句体
    begin
        if(Rdn==1'b0)                  //按键按下，则清零
            Q<=1'b0;
        else
            Q<=D;                      //D 触发器正常输出
    end
endmodule
```

3.5.6　转换不同逻辑功能的触发器

查找集成电路的手册会发现，触发器只有 D 触发器和 JK 触发器两种逻辑功能芯片，如果需要得到其他逻辑功能的触发器，就必须用 D 触发器或 JK 触发器实现其功能，下面进行分析。

微课 3-11
转换不同逻辑功能的触发器

1. 用 JK 触发器实现 T 触发器的逻辑功能

T 触发器的特性方程是 $Q^{n+1} = T\overline{Q^n} + \overline{T}Q^n$，而 JK 触发器的特性方程是 $Q^{n+1} = J\overline{Q^n} + \overline{K}Q^n$，通过对比发现，只要把 T 触发器的输入端 T 分别接 JK 触发器的 J、K 两个输入端就实现了将 JK 触发器转换成 T 触发器，如图 3-7 所示。

2.　用 D 触发器实现 RS 触发器的逻辑功能

RS 触发器的特性方程是 $\begin{cases} Q^{n+1} = S + \overline{R} \cdot Q^n \\ S \cdot R = 0 \end{cases}$，而 D 触发器的特性方程是 $Q^{n+1} = D$，通过对比

发现，如果把 $S + \overline{R} \cdot Q^n$ 的逻辑式赋给 D 触发器的数据输入端，就可以把 D 触发器转换成 RS 触发器，图 3-8 是实现的电路。

图 3-7　JK 触发器转换成 T 触发器　　　　图 3-8　D 触发器转换成 RS 触发器

3.5.7　技能实训

设计一个带异步清零端的 JK 触发器，并在 CCIT CPLD/FPGA 实验仪上验证。

1.　实训目标

1）增强专业意识，培养良好的职业道德和职业习惯。

2）培养自主创新的学习能力和良好的实践操作能力。

3）掌握触发器的设计方法。

4）熟练使用 always 语句描述时序逻辑。

5）明确异步清零，同步置数等概念。

2.　实训设备

1）实验仪 CCIT-CPLD。

2）Quartus II 13.1 软件开发环境。

3.　实训内容与步骤

1）分析题意。

JK 触发器有两个数据输入信号端——J 输入端和 K 输入端，其逻辑功能可以用特性方程 $Q^{n+1} = J\overline{Q^n} + \overline{K}Q^n$ 表示。它表示：当输入端 J、K 为 00 时，下一时刻的状态维持原来的状态不变；当输入端 J、K 为 01 时，下一时刻的状态是状态 0；当输入端 J、K 为 10 时，下一时刻的状态是状态 1；当输入端 J、K 为 11 时，下一时刻的状态与原状态相反。

先使用 always 语句完成对一般 JK 触发器的逻辑描述，然后加上异步复位功能的描述，从而实现此设计。

2）新建工程。

启动 Quartus II 软件，新建工程，选择菜单 "File" → "New Project Wizard…" 命令，启动新项目向导，利用向导，建立一个新项目，这里将工程名取为 JK_FF，顶层文件名取为 JK_FF.v。

3）芯片设置。

在 Family 栏目设置为"MAX Ⅱ",选中"Specific device selected in 'Available devices' list"选项,在 Available devices 窗口中选中所使用的器件的具体型号,这里以 EPM1270T144C5N 为例。

4)编写程序代码。

新建 Verilog HDL 文件 JK_FF.v,打开 Verilog HDL 编辑器,输入程序代码并保存。

```verilog
module JK_FF (CLK,J,K,Q,RSTn);
    input CLK,J,K,RSTn;                //定义输入端
    output Q;                          //定义输出端
    reg Q;                             //定义寄存器
    always@(posedge CLK or _____ )
        if(_____)
            Q <= 0;                    //异步复位
        else
            Q <=_____ ;
endmodule
```

5)编译并改正语法错误。

6)设置芯片引脚。

JK_FF 的 J、K、CLK 和 RSTn 输入端接拨码开关,输出端接发光二极管。指定芯片的引脚,并设置不用的引脚,引脚锁定表如表 3-27 所示。

表 3-27　引脚锁定表

引 脚 名	引 脚 号	引 脚 名	引 脚 号
J		RSTn	
K		Q	
CLK			

7)重新编译,使得引脚设置生效。

8)下载并运行。

使用 USB 下载电缆,将 USB-Blaster 的一端与计算机 USB 口连接,另一端通过 10 脚电缆与 CCIT-CPLD 实验仪的 JTAG 口相连,接通开发板电源。选择菜单"Tools"→"Programmer"命令,打开 Quartus Ⅱ Programmer 工具。单击"Hardware Setup"按钮,进行下载线设置,选择所用的下载线型号,单击"Add File…"按钮,将 JK_FF.pof 文件加入进来。选中"Program/Configure"选项,单击"Start"按钮,将文件 JK_FF.pof 下载到开发板上。

9)调试过程。

① 明确触发器的现态 Q^n。

② 拨动拨码开关,设置 J 和 K。

③ 拨动拨码开关,使 CLK 端输入上升沿,并观察现象,填写表格 3-28 触发器次态 Q^{n+1}。

④ 重复步骤①、②多次,完成对 JK 触发器的置数、置零、翻转和保持功能的验证。

⑤ 先将触发器现态设置成 1 状态,然后拨动拨码开关,使 RSTn 端输入下降沿,观察现象,验证触发器的异步复位功能。

触发器的真值表如表 3-28 所示。

表 3-28　触发器的真值表

J	K	Q^n	CLK	RSTn	Q^{n+1}
0	0	0			
0	0	1			
0	1	0			
0	1	1			
1	0	0			
1	0	1			
1	1	0			
1	1	1			

4. 实训注意事项

1）明确触发器的时序逻辑。

2）明确输入、输出端口的对应关系。

5. 实训考核

请读者根据表 3-29 所示的实训考核要求，进行实训操作，保持良好的实训操作规划，熟悉整个工程的新建、程序代码编写、开发环境设置和编译下载调试的过程。

表 3-29　实训考核要求

项　目	内　容	分　值	考核要求	得　分
职业素养	1. 实训的积极性 2. 实训操作规范 3. 纪律遵守情况	10	积极参加实训，遵守安全操作规程，有良好的职业道德和敬业精神	
Quartus Ⅱ 软件的使用及程序的编写	1. 新建工程的流程 2. 代码语法的规范、触发器时序描述正确 3. 芯片引脚的指定	40	能熟练新建工程、规范编写代码、改正语法错误、掌握触发器的描述，正确指定引脚	
调试过程	1. 程序下载 2. 实验仪的使用 3. 操作是否规范	30	能下载程序，实验仪的规范使用，实验现象是否合理	
项目完成度和准确度	1. 实现题意要求 2. 操作和现象合理	20	该项目的所有功能是否能实现	

6. 实训思考

若使 JK 触发器的时钟输入端接 0.5Hz 的方波信号，电路该如何设计？

同步训练 3-5

一、多选题

触发器按照逻辑功能分类，可以分成（　　　）。

A. D 触发器　　　　　　　　　　　　B. RS 触发器

C. JK 触发器　　　　　　　　　　　　D. T 触发器

二、单选题

1. 在数字系统设计中，下列哪一个器件是最基本的延时单元（　　）。

    A．RAM   B．计数器

    C．触发器   D．移位寄存器

2. 具有"清 0""置 1""保持"和"翻转"功能的触发器叫（　　）。

    A．RS 触发器   B．D 触发器

    C．T 触发器   D．JK 触发器

3. 下列模块描述的是（　　）触发器。

```
module dff_2(data,clk,reset,q);
    input  data,clk,reset;
    output q; reg q;
    always@(posedge clk or negedge reset)
    begin
        if(reset==1'b0)
            q<=1'b0;
        else
            q <= data;
    end
endmodule
```

    A．带异步复位上升沿触发的 D 触发器   B．带异步复位下降沿触发的 D 触发器

    C．带同步复位上升沿触发的 D 触发器   D．带同步复位下降沿触发的 D 触发器

4. 下列描述的是一个带同步复位上升沿触发的 D 触发器，触发条件为（　　）。

```
    always@(    )
begin
    if(reset==1'b0) q<=1'b0;
    else    q <= data;
end
```

    A．posedge clk or negedge reset   B．posedge clk

    C．negedge clk   D．negedge clk or negedge reset

5. 为实现将 JK 触发器转换为 D 触发器，应使（　　）。

    A．J=D，K=~D   B．J=~D，K=D

    C．J=D，K=D   D．J=~D，K=~D

6. 将 D 触发器改造成 T 触发器，图 3-9 所示电路中的虚线框内应是（　　）。

    A．或非门   B．与非门

    C．异或门   D．同或门

图 3-9　题 6 电路

三、填空题

1. 在 Verilog HDL 中，使用关键词_____表示上升沿触发，使用关键词_____表示下降沿触发。

2. 时钟触发器也称同步触发器，其状态的变化不仅取决于_____信号的变化，还取决于_____信号的作用。

3. 分析以下程序，可以得出 Rdn 不受时钟信号的控制，为_____复位端。

```
begin
```

```
    if(Rdn==1'b0)
        Q<=1'b0;
    else
        Q<=D;
end
```

3.6　项目 6　全加器设计

学习目标

1．能力目标

1）会编制程序：用与非门构成一位全加器。

2）会编制程序：用多个一位全加器构成串行进位的多位加法器。

3）会编制程序：用多位加法器和异或门构成减法器。

4）会编制程序：实现先行进位的加法器。

2．知识目标

1）掌握全加器的基本逻辑功能。

2）掌握串行进位和先行进位的概念。

3．素质目标

1）克服困难，努力学习。

2）遵守纪律，团结协作。

情境设计

本节主要通过全加器设计的实例，介绍全加器设计的方法和先行进位加法器的方法。具体教学情境设计如表 3-30 所示。

表 3-30　教学情境设计

教 学 情 境	技 能 训 练	知 识 要 点	学时数
情境：1 位、串行进位、先行进位全加器设计	1．编制程序：使用与非门，实现一位全加器 2．编制程序：用多个一位全加器构成串行进位的多位加法器 3．编制程序：用加法器和异或门构成减法器 4．编制程序：构成先行进位的加法器	1．全加器和全减器的互换 2．先行进位的加法器	2

3.6.1　设计一位全加器

1．任务

设计一位全加器。

2．分析

在计算机电路中，加法器是必不可少的部件，而加法器通常是由一位全加器串接而成的。一位全加器就是完成两个一位二进制数据和一个进位数据之和计算的基础单元电路，它有被加数、加数、低位来的进位 3 个输入端，还有本位和、向高位进位的两个输出端。一位全加器的真值表如表 3-31 所示。

表 3-31　一位全加器的真值表

被加数 a	加数 b	低位的进位 ci	本位和 s	向高位进位 co
0	0	0	0	0
0	0	1	1	0
0	1	0	1	0
0	1	1	0	1
1	0	0	1	0
1	0	1	0	1
1	1	0	0	1
1	1	1	1	1

根据真值表，可以得出本位和与向高位进位的逻辑表达式：

$$s = \overline{a} \cdot \overline{b} \cdot ci + \overline{a} \cdot b \cdot \overline{ci} + a \cdot \overline{b} \cdot \overline{ci} + a \cdot b \cdot ci$$

$$co = a \cdot b + a \cdot ci + b \cdot ci$$

3. 程序设计

```
module adc_1(a,b,ci,s,co);              //模块名
    input a,b,ci;                       //被加数、加数、低位来的进位
    output s,co;                        //本位和、向高位的进位
    assign      s=~a&~b&ci|~a&b&~ci|a&~b&~ci|a&b&ci;
    assign      co=a&b|a&ci|b&ci;
endmodule
```

3.6.2　设计串行进位加法器

1. 任务

编制程序实现一个多位串行进位的加法器。

2. 分析

可以用模块实例引用的方法完成一个多位串行进位的加法器，如果已经编制完成了一位全加器的模块 adc_1，则 4 位加法器可以通过实例引用实现。

微课 3-13
设计串行进位
加法器

3. 程序设计

```
module adc_4_1 (a,b,ci,s,co);
    input[3:0]   a,b;                           //被加数、加数
    input ci;                                   //低位来的进位
    output[3:0] s;                              //本位和
    output co;                                  //向高位的进位
    wire[2:0]   c;
    adc_1adc_1a(a[0],b[0],ci,s[0],c[0]);        //引用一位全加器，计算低位
    adc_1adc_1b(a[1],b[1],c[0],s[1],c[1]);      //引用一位全加器，计算次低位
    adc_1adc_1c(a[2],b[2],c[1],s[2],c[2]);      //引用一位全加器，计算第3位
    adc_1adc_1d(a[3],b[3],c[2],s[3],co);        //引用一位全加器，计算高位
endmodule
```

4 位加法器原理图如图 3-10 所示。

程序可以更加简化，代码如下：

```verilog
module adc_4_2 (a,b,ci,s,co);
    input[3:0]   a,b;           //被加数、加数
    input ci;                   //低位来的进位
    output[3:0] s;              //本位和
    output co;                  //向高位的进位
    assign {co,s}=a+b+ci;
endmodule
```

图 3-10　4 位加法器原理图

3.6.3　设计先行进位加法器

1. 任务

实现一个 4 位的先行进位加法器。

2. 分析

采用串行进位的加法器的每一位结构都是相同的，而且十分简

微课 3-14
设计先行进位
加法器

单，但是如果由它构成一个多位的加法器，其高位的计算必须等待从低位来的进位结果。如果加法器的位数达到 32 位或者 64 位，则其速度的延迟是十分明显的。所以我们必须找到一种更好的方法，这就是下面介绍的先行进位的加法器。

此处再仔细地分析一位全加器的 co。

$$co = a \cdot b + a \cdot ci + b \cdot ci = a \cdot b + a \cdot \bar{b} \cdot ci + a \cdot b \cdot ci + a \cdot b \cdot ci + \bar{a} \cdot b \cdot ci = a \cdot b + (a \oplus b) \cdot ci$$

$$s = \bar{a} \cdot \bar{b} \cdot ci + \bar{a} \cdot b \cdot \overline{ci} + a \cdot \bar{b} \cdot \overline{ci} + a \cdot b \cdot ci = \left(\bar{a} \cdot b + a \cdot \bar{b}\right) \cdot \overline{ci} + \left(\bar{a} \cdot \bar{b} + a \cdot b\right) \cdot ci$$

$$= a \oplus b \cdot \overline{ci} + \overline{a \oplus b} \cdot ci$$

设：
$$p = a \cdot b$$
$$q = a \oplus b$$

则有：
$$s = q \cdot \overline{ci} + \overline{q} \cdot ci = q \oplus ci$$
$$co = p + q \cdot ci$$

先行进位加法器的基本思想是：如果某位的被加数、加数都是 1，则该位的进位输出一定是 1，而不必等待低位的进位输入。现在设计一个 4 位的先行进位加法器。

$$c0 = p0 + q0 \cdot ci$$
$$c1 = p1 + q1 \cdot c0 = p1 + q1p0 + q1 \cdot q0 \cdot ci$$
$$c2 = p2 + q2 \cdot c1 = p2 + q2 \cdot p1 + q2 \cdot q1 \cdot p0 + q2 \cdot q1 \cdot q0 \cdot ci$$
$$co = p3 + q3 \cdot c2 = p3 + q3 \cdot p2 + q3 \cdot q2 \cdot p1 + q3 \cdot q2 \cdot q1 \cdot p0 + q3 \cdot q2 \cdot q1 \cdot q0 \cdot ci$$

3. 程序设计

```
module adc_4f(a,b,ci,s,co);
    input[3:0]    a,b;        //被加数、加数
    input ci;                 //低位来的进位
    output[3:0] s;            //本位和
    output co;                //向高位的进位
    wire[3:0]    p,q;
    wire[2:0]    c;
    assign       p=a&b;
    assign       q=a^b;
    assign       c[0]=p[0]|q[0]&ci;
    assign       c[1]=p[1]|q[1]&p[0]|q[1]&q[0]&ci;
    assign       c[2]=p[2]|q[2]&p[1]|q[2]&q[1]&p[0]|q[2]&q[1]&q[0]&ci;
    assign       co=p[3]|q[3]&p[2]|q[3]&q[2]&p[1]|q[3]&q[2]&q[1]&p[0]|q[3]&q[2]&
                 q[1]&q[0]&ci;
    assign       s[0]=q[0]^ci;
    assign       s[1]=q[1]^c[0];
    assign       s[2]=q[2]^c[1];
    assign       s[3]=q[3]^c[2];
endmodule
```

4 位的先行进位加法器原理图如图 3-11 所示。从图中可以看出，电路的结构比较复杂，如果要构成位数更多的加法器，显然要构成更多位的加法器，则结构必然更复杂，所以通常先行进位的加法器只做到 4 位，更多位的加法器由 4 位先行进位加法器串接而成。

3.6.4　设计加减法器

1. 任务

完成一个 4 位的加减运算器设计。

微课 3-15
设计加减法器

2. 分析

在计算机电路中，通常既要进行加法运算，也要进行减法运算，此处当然可以用一套加法电路和一套减法电路完成上述要求，但是那样做就会使电路的复杂度增加一倍。此处希望有一套电路，它既可以计算加法，也可以计算减法。

因为要计算 a-b 就等于计算 a+(-b)，所以只要给 a 加上-b 的补码，就可以完成减法任务了，而-b 的补码其实可以将 b 的各个位取反后再加 1 而成。

图 3-11　4 位的先行进位加法器原理图

3. 程序设计

```
module add_sub(a,b,ci,s,co,as);
    input[3:0]    a,b;               //被加(减)数、加(减)数
    input ci;                        //低位来的进位
    input as;                        //加减控制位
    output[3:0]   s;                 //本位和
    output co;                       //向高位的进位
    wire[3:0]     bn;
    wire cin;
    assign        bn=b^{as,as,as,as}; //as为0时bn=b，as为1时bn=(-b)的反码
    assign        cin=ci^as;          //as为0时cin=ci，as为1时cin=ci的反码
    assign        {co,s}=a+bn+cin;
endmodule
```

3.6.5 技能实训

在 CCIT CPLD/FPGA 实验仪上，设计一个 3 位串行进位的加减运算器，完成程序设计、电路仿真及下载调试工作，加减运算器的结果要显示在 1 位共阴数码管上。

1. 实训目标

1) 增强专业意识，培养良好的职业道德和职业习惯。

2) 培养自主创新的学习能力和良好的实践操作能力。

3) 掌握加法器的设计方法。

4) 掌握用加法器和异或门构成减法器。

2. 实训设备

1) 实验仪 CCIT-CPLD。

2) Quartus Ⅱ 13.1 软件开发环境。

3. 实训内容与步骤

1) 分析题意。

4 位加减运算器原理图如图 3-12 所示。从上述程序和电路原理图可以看到，当输入信号 as 为 0 时，$bn=b$、$cin=ci$，这时的电路就是一个加法器；当输入信号 as 为 1 时，$bn=\bar{b}$、$cin=\bar{ci}$，这时的电路就是一个减法器。

2) 新建工程。

启动 Quartus Ⅱ 软件，新建工程，选择菜单 "File" → "New Project Wizard…" 命令，启动新项目向导，利用向导，建立一个新项目，这里将工程名取为 add_sub，顶层文件名取为 add_sub.v。

3) 芯片设置。

在 Family 栏目设置为 "MAX Ⅱ"，选中 "Specific device selected in 'Available devices' list" 选项，在 Available devices 窗口中选中所使用的器件的具体型号，这里以 EPM1270T144C5N 为例。

4) 编写程序代码。

新建 Verilog HDL 文件 add_sub.v，打开 Verilog HDL 编辑器，输入程序代码并保存。

图 3-12   4 位加减运算器原理图

```verilog
module add_sub(a,b,ci, as,seg);
    input[2:0] a,b;                      //被加（减）数、加（减）数
    input ci;                            //低位来的进位
    input as;                            //加减控制位
    wire[2:0] s;                         //本位和
    wire co;                             //向高位的进位
    wire[3:0] temp;                      //存储运算结果
    output[7:0] seg;
    wire[2:0]  bn;
    wire cin;
    reg[7:0] seg;
    assign    bn=_____              //as 为 0 时 bn=b，as 为 1 时 bn=（-b）的反码
    assign    cin=_____             //as 为 0 时 cin=ci，as 为 1 时 cin=ci 的反码
    assign    temp=_____
    assign    {co,s}=_____

    /*always 过程实现数码显示译码器*/
    always@(_____)
    begin
        _____
        _____
        _____
        _____
        _____
        _____
        _____
        _____
    end
endmodule
```

5）编译并改正语法错误。

6）设置芯片引脚。

add_sub 的输入端 a、b、ci 和 as 接拨码开关，输出端 seg 接数码管。指定芯片的引脚，并设置不用的引脚，引脚锁定表如表 3-32 所示。

表 3-32　引脚锁定表

引　脚　名	引　脚　号	引　脚　名	引　脚　号
seg0		a2	
seg1		a1	
seg2		a0	
seg3		b2	
seg4		b1	
seg5		b0	
seg6		ci	
seg7		as	

7）重新编译，使得引脚设置生效。

8）下载并运行。

使用 USB 下载电缆，将 USB-Blaster 的一端与计算机 USB 口连接，另一端通过 10 脚电缆与 CCIT-CPLD 实验仪的 JTAG 口相连，接通开发板电源。选择菜单"Tools"→"Programmer"命令，打开 Quartus Ⅱ Programmer 工具。单击"Hardware Setup"按钮，进行下载线设置，选择所用的下载线型号，单击"Add File..."按钮，将 add_sub.pof 文件加入进来。选中"Program/Configure"选项，单击"Start"按钮，将文件 add_sub.pof 下载到开发板上。

9）调试过程。

拨动开关设置被加（减）数，加（减）数、加减控制位、低位来的进位，检查 LED 数码管上显示的和或差是否正确，以及向高位的进位是否正确，实验结果填写到表 3-33 中。

表 3-33　实验结果

as	a2	a1	a0	b2	b1	b0	ci	LED 数码管显示数字

4. 实训注意事项

1）明确加减计数器的实现方法。

2）明确输入、输出端口的对应关系。

5. 实训考核

请根据表 3-34 所示的实训考核要求，进行实训操作，保持良好的实训操作规划，熟悉整个工程的新建、程序代码编写、开发环境设置和编译下载调试的过程。

表 3-34　实训考核要求

项　目	内　容	分　值	考核要求	得　分
职业素养	1. 实训的积极性 2. 实训操作规范 3. 纪律遵守情况	10	积极参加实训，遵守安全操作规程，有良好的职业道德和敬业精神	
Quartus II 软件的使用及程序的编写	1. 新建工程的流程 2. 代码语法的规范、加法器描述正确 3. 芯片引脚的指定	40	能熟练新建工程、规范编写代码、改正语法错误、掌握加法器的描述，正确指定引脚	
调试过程	1. 程序下载 2. 实验仪的使用 3. 操作是否规范	30	能下载程序，实验仪的规范使用，实验现象是否合理	
项目完成度和准确度	1. 实现题意要求 2. 操作和现象合理	20	该项目的所有功能是否能实现	

同步训练 3-6

一、判断题

1. 多位加法器可以使用一位加法器串接而成。　　　　　　　　　　　　（　　）

2. 加法器有半加器和全加器两种。　　　　　　　　　　　　　　　　　（　　）

3. 如果加法器的位数达到 32 位或者 64 位，使用串行进位的加法器，其速度的延迟不是十分明显。　　　　　　　　　　　　　　　　　　　　　　　　　　　　　（　　）

4. 先行进位加法器的基本思想是：如果某位的被加数、加数都是 1，则该位的进位输出一定是 1，而不必等待低位的进位输入。　　　　　　　　　　　　　　　　　（　　）

二、填空题

1. 一位全加器就是完成两个一位二进制数据和一个进位数据之和计算的基础单元电路，它有被加数、加数、_____ 3 个输入端，还有本位和、_____两个输出端。

2. 完成以下全加器程序：

```
module adc_1(a,b,ci,s,co);   //模块名
    input a,b,ci;            //被加数、加数、低位来的进位
    output s,co;            //本位和、向高位的进位
    assign s=~a&~b&ci|~a&b&~ci|a&~b&~ci|a&b&ci;
    assign_____
endmodule
```

3. 对于串行进位加法器。每一位的相加结果都必须等到_____产生以后才能建立。

4. 加减法器既可以计算加法，也可以计算减法。在完成减法时，要计算 a-b 就等于计算 a+(-b)，所以只要给 a 加上-b 的_____。

5. 在加减法器设计中，设置一个加减法的控制位 as，当 as=_____时完成加法运算，as=_____时完成减法运算。

6. 设计一个 3 位串行进位的加法运算器，如果已经编制完成了一位全加器的模块 adc_1(a,b,ci,s,co);，则 4 位加法器可以通过实例引用实现，若使用顺序的连接方式实现最高位被加数 a[2]和加数 b[2]的相加，模块引用程序为：_____。

三、简答题

设计一个实现两个 16 位二进制数的加法运算器，要求在考虑运算速度的同时兼顾电路逻辑结构的复杂程度。请描述设计思路。

3.7　项目 7　计数器设计

学习目标

1. 能力目标

1）会编制程序：使用 D 触发器实现二进制计数器。

2）会编制程序：使用 JK 触发器实现七进制的同步计数器。

3）会编制程序：用异步复位的方法实现任意进制的计数器。

4）会编制程序：用同步置数的方法实现任意进制的计数器。

5）会用键盘和 LED 发光二极管进行简单的输入/输出电路设计。

6）能将按键与计数器结合起来实现键盘计数。

2. 知识目标

1）掌握计数器工作的基本原理。

2）掌握各种同步计数器和异步计数器的设计方法。

3）掌握键盘与 LED 综合设计方法。

4）掌握键盘与计数器综合设计方法。

3. 素质目标

1）克服困难，努力学习。

2）遵守纪律，团结协作。

 情境设计

本节首先通过二进制计数器设计和其他进制计数器设计的实例，介绍一般计数器电路设计的方法和模块实例引用的方法。接着通过两个键盘与 LED 综合的实例，介绍键盘扫描的方法，重点讲解输入/输出电路设计的过程。最后，将键盘与计数器相结合设计按键计数器。具体教学情境设计如表 3-35 所示。

表 3-35　教学情境设计

教学情境	技能训练	知识要点	学时数
情境 1：计数器设计	1. 编制程序构成二进制计数器 2. 编制程序构成七进制计数器 3. 编制程序，用异步复位和同步清零的方法实现 n 进制的计数器	1. 计数器的种类 2. 计数器的清零方法	2
情境 2：按键点灯设计之一	1. 会用 Verilog 编写键盘扫描程序 2. 会进行输入/输出的综合设计	1. K1~K8 键盘及 L1~L8 发光二极管在实验板上与 EPM1270T144C5N 芯片的引脚连接 2. 掌握键盘扫描的知识点	1
情境 3：按键点灯设计之二	能读取键值，并用 LED 显示出来	1. 键盘与 LED 的综合应用 2. 知识点的深化	1
情境 4：按键计数器设计	利用键盘实现计数功能	1. 按键去抖动的编程方法 2. 按键与计数器相结合	2

3.7.1 设计二进制计数器

1. 任务

实现同步二进制计数器和异步二进制计数器。

2. 要求

完成同步二进制计数器和异步二进制计数器的编程和下载任务。

3. 分析

在数字电路中,经常需要统计输入脉冲的个数,计数器就是用于统计脉冲个数的部件。

按照计数的数制分类,计数器可分成二进制计数器和非二进制计数器。二进制计数器是指计数器历经 2^n 个独立状态的计数器,如八进制计数器、十六进制计数器等。

按照计数值增减趋势分类,计数器可分成加计数器、减计数器和可逆计数器。加计数器是随着计数脉冲的到来,计数值不断增加的计数器;减计数器是随着计数脉冲的到来,计数值不断减少的计数器;可逆计数器是用一个引脚来控制计数器为加计数器或减计数器。

按照计数脉冲输入方式分类,计数器又可分成异步计数器和同步计数器。同步计数器是把计数脉冲输入到计数器中每一个寄存器的 CP 端的计数器。

如果不考虑计数器的具体实现方法,那么,实现一个二进制计数器是非常简单的。下面举例说明要构成一个 3 位二进制计数器的程序设计方法。

4. 程序设计

```
module COUNT2_1 (con,clk);          //COUNT2_1
    output[2:0] con;                //定义输出口
    input clk;                      //定义输入口
    reg[2:0] con;                   //把 con 定义为寄存器类型
    always @(negedge clk)           //每个时钟下降沿执行一次计数
        con=con+1'b1;
endmodule
```

3 位二进制计数器原理图如图 3-13 所示。

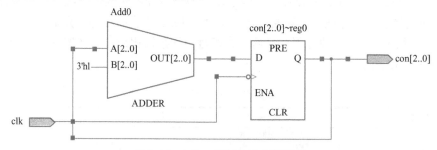

图 3-13　3 位二进制计数器原理图

> 💡 **注意**：电路由一个 3 位的加法器和 3 个 D 触发器（它们被画在一起）构成。加法器的一路输入是 "1"，另一路输入是触发器的输出，所以加法器的输出总是比这路输入大 1。而 D 触发器的数据输入端又连接在加法器的输出端上，所以随着 clk 的到来，输出就可以不断加 1。由于 clk 时钟输入端连接到这个电路的每个寄存器上，因此它是同步计数器。

如果希望实际电路更简单些,则可以构造成异步计数器电路。

```
module COUNT2_2 (con,clk);          //模块名 COUNT
```

```
    output[2:0] con;                    //定义输出口
    input clk;                          //定义输入口
    reg[2:0] con;                       //把 con 定义为寄存器类型
    always @(negedge clk)               //每个时钟下降沿执行一次计数
        con[0]=~con[0];                 //个位加 1
    always @(negedge con[0])            //个位有进位时，执行一次语句体
        con[1]=~con[1];                 //十位加 1
    always @(negedge con[1])            //十位有进位时，执行一次语句体
        con[2]=~con[2];                 //百位加 1
endmodule
```

3 位二进制计数器原理图如图 3-14 所示。

图 3-14　3 位二进制计数器原理图

这个电路因为没有加法器，所以更加简单。但是它也有缺点，就是当高位数据和要发生变化时（例如，数据从 3 加到 4 时），这个计数器电路的低位数据先改变，而高位数据后改变，不能同时变化。

3.7.2　设计七进制计数器

1. 任务
实现同步七进制计数器。
2. 要求
完成同步七进制计数器的编程和下载任务。
3. 程序设计

微课 3-17
设计七进制计数器

```
module COUNT7(con,clk);                 //模块名：COUNT7
    output[2:0] con;                    //定义输出口
    input clk;                          //定义输入口
    reg[2:0] con;                       //把 con 定义为寄存器类型
    always @(negedge clk)               //每个时钟下降沿执行一次计数
        if(con==3'h6)
            con=3'h0;
        else
            con=con+1'b1;
endmodule
```

3.7.3　采用异步置数和同步清零的方法设计七进制计数器

1. 任务
采用异步置数和同步清零的方法进行七进制计数器设计。

2．要求

完成采用异步置数和同步清零方法的七进制计数器的编程和下载任务。

3．分析

上述七进制计数器电路的电路构成如下：

从图 3-15 中的同步清零七进制计数器电路原理图可以看到，该计数器由 D 触发器、数据选择器、加法器和比较器构成。与前一个计数器电路类似：加法器的输出总是比 D 触发器的输入大 1。当计数器的计数值不等于 6 时，比较器的输出是"0"，数据选择器让加法器的输出传送到 D 触发器的输入端，于是计数器不断加 1；当计数器的计数值等于 7 时，比较器的输出是"1"，数据选择器使数据"0"传送到 D 触发器的输入端，于是计数器归零。

图 3-15　同步清零七进制计数器电路原理图

上述电路是采用同步清零的方式类实现计数值归零的。即在计数值到达 7 时，随着计数脉冲的到来，计数器归零动作立即发生，实现了计数器归零与计数信号的同步。

如果采用异步清零的方式进行，则可以用如下代码实现。

4．程序设计

```
module COUNT 7_2(con,clk);              //模块名
    output[2:0] con;                    //定义输出端
    input clk;                          //定义输入端
    reg[2:0] con;                       //把con定义为寄存器类型
    wire c;
    assign c=&con;                      //当c=1时，则con=3'b111
    always @(negedge clk or posedge c)  //时钟下降沿计数，c上升沿归0
        if(c)
            con=3'h0;
        else
            con=con+1'b1;
endmodule
```

该电路计数值归零是采用异步清零端实现的，当数值加到 7 时，与门输出为 1，使计数值归零。由于计数值的归零比计数脉冲的到来要滞后，计数值"7"将短暂出现一刹那，所以称这种电路为采用异步清零七进制计数器电路原理图，如图 3-16 所示。

图 3-16 异步清零七进制计数器电路原理图

3.7.4 十五进制计数器技能实训

在 CCIT CPLD/FPGA 实验仪上，设计一个十五进制的计数器（要求：每秒钟计数 1），计数结果在 1 位共阴数码管上显示（提示：分时显示个位和十位）。

1. 实训目标

1）增强专业意识，培养良好的职业道德和职业习惯。

2）培养自主创新的学习能力和良好的实践操作能力。

3）掌握任意进制计数器的设计方法。

4）掌握时序电路复位和置数的方法。

2. 实训设备

1）实验仪 CCIT-CPLD。

2）Quartus Ⅱ 13.1 软件开发环境。

3. 实训内容与步骤

1）分析题意。

根据题意，可知本题必须解决 3 个内容：①要掌握分频程序；②要完成一个十五进制的计数器；③要把计数器的结果分时显示在 1 位共阴数码管上，0.5s 显示十位，0.5s 显示个位。

2）新建工程。

启动 Quartus Ⅱ 软件，新建工程，选择菜单 "File" → "New Project Wizard…" 命令，启动新项目向导，利用向导，建立一个新项目，这里将工程名取为 counter15，顶层文件名取为 counter15.v。

3）芯片设置。

在 Family 栏目设置为 "MAX Ⅱ"，选中 "Specific device selected in 'Available devices' list" 选项，在 Available devices 窗口中选中所使用的器件的具体型号，这里以 EPM1270T144C5N 为例。

4）编写程序代码。

新建 Verilog HDL 文件 counter15.v，打开 Verilog HDL 编辑器，输入程序代码并保存。

```verilog
module counter15 (clk,seg);
    input clk;              //24MHz 时钟输入
    output[7:0] seg;        //7 段数码显示
    reg[3:0] con;           //把 con 定义为寄存器类型
    reg sec;                //定义分频标志秒
    reg[23:0] count;        //定义时钟计数器
```

```
reg[7:0] seg;              //定义 1 位数码管输出寄存器
reg[24:0] count2;          //定义时钟计数器 2



//从 CCIT CPLD/FPGA 实验仪上 24MHz 分频得到 1Hz 的程序
always@(negedge clk)
begin
    count=count+1;                    //一个时钟计数一次
    if(count== 24'd12000000)          //0.5s
    begin
        sec=_____;            //0.5s 变化一次状态
        count=0;
    end
end
/*十五进制计数器程序*/
always@(negedge clk)
    begin
        count2=count2+1;              //一个时钟计数一次
        if(count2==_____)           //1s
        begin
            if(con==_____)            //十五进制计数
                con=_____;
            else
                con=_____;
                count2=0;
        end
    end

/*always 过程实现数码显示译码器*/
always@(sec)
begin
    case(sec)
        1'b0:
            case(____)
                4'd0:seg=8'h3f;
                4'd1:seg=8'h06;
                4'd2:seg=8'h5b;
                4'd3:seg=8'h4f;
                4'd4:seg=8'h66;
                4'd5:seg=8'h6d;
                4'd6:seg=8'h7d;
                4'd7:seg=8'h07;
                4'd8:seg=8'h7f;
                4'd9:seg=8'h67;
            endcase

        1'b1:
            case(____)
                4'd0:seg=8'hbf;
                4'd1:seg=8'h86;
                4'd2:seg=8'hdb;
                4'd3:seg=8'hcf;
                4'd4:seg=8'he6;
```

```
                    4'd5:seg=8'hed;
                    4'd6:seg=8'hfd;
                    4'd7:seg=8'h87;
                    4'd8:seg=8'hff;
                    4'd9:seg=8'he7;
                endcase
            endcase
        end
    endmodule
```

5）编译并改正语法错误。

6）设置芯片引脚。

指定芯片的引脚，并设置不用的引脚，引脚锁定表如表 3-36 所示。

表 3-36 引脚锁定表

引　脚　名	引　脚　号	引　脚　名	引　脚　号
seg0		seg5	
seg1		seg6	
seg2		seg7	
seg3		CLK	
seg4			

7）重新编译，使得引脚设置生效。

8）下载并运行。

使用 USB 下载电缆，将 USB-Blaster 的一端与计算机 USB 口连接，另一端通过 10 脚电缆与 CCIT-CPLD 实验仪的 JTAG 口相连，接通开发板电源。选择菜单"Tools"→"Programmer"命令，打开 Quartus II Programmer 工具。单击"Hardware Setup"按钮，进行下载电缆设置，选择所用的下载电缆型号，单击"Add File…"按钮，将 counter15.pof 文件加入进来。选中"Program/Configure"选项，单击"Start"按钮，将文件 counter15.pof 下载到开发板上。

9）调试过程。

观察数码管是否是以每秒计数的频率从 0 计数到 15，并分时显示个位和十位。

4. 实训注意事项

1）明确分频器的实现方法。

2）明确计数器的描述方法。

5. 实训考核

根据表 3-37 所示的实训考核要求，进行实训操作，保持良好的实训操作规划，熟悉整个工程的新建、程序代码编写、开发环境设置和编译下载调试的过程。

表 3-37 实训考核要求

项　目	内　容	分　值	考核要求	得　分
职业素养	1. 实训的积极性 2. 实训操作规范 3. 纪律遵守情况	10	积极参加实训，遵守安全操作规程，有良好的职业道德和敬业精神	
Quartus II 软件的使用及程序的编写	1. 新建工程的流程 2. 代码语法的规范、计数器描述正确 3. 芯片引脚的指定	40	能熟练新建工程、规范编写代码、改正语法错误、掌握计数器的描述，正确指定引脚	

（续）

项　　目	内　　容	分　值	考 核 要 求	得　　分
调试过程	1. 程序下载 2. 实验仪的使用 3. 操作是否规范	30	能下载程序，实验仪的规范使用，实验现象是否合理	
项目完成度和准确度	1. 实现题意要求 2. 操作和现象合理	20	该项目的所有功能是否能实现	

3.7.5　按键点灯设计一

1. 任务

在 CCIT CPLD/FPGA 实验仪上实现对 8 个按键 S1～S8 进行监控，且一旦有键按下，对应的发光二极管 L1～L8 被点亮。

微课 3-18
按键点灯设计一

2. 要求

通过此案例的编程和下载运行，初步了解输入/输出的一般设计方法。

3. 分析

在 CCIT CPLD/FPGA 实验仪上已经准备了 8 个输入按键及 8 个 LED 发光二极管，键盘接口原理图如图 3-17 所示。

图 3-17　键盘接口原理图

在 CCIT CPLD/FPGA 实验仪中，标号 S1～S8 分别与芯片的 61～63、66～70 引脚相连，L1～L8 分别与芯片 29～32、37～40 引脚相连。这样，一旦 S1～S8 中有键输入，则该引脚由高电平跳变到低电平，这时在相应的 L1～L8 输出低电平即可。

4. 程序设计

1) 用连续赋值语句实现，文件名 keyled1.v。

```verilog
module keyled1 (keyin,ledout);          //模块名 keyled1
```

```
    output[7:0] ledout;                    //定义输出口
    input[7:0] keyin;                      //定义输入口
    assign ledout=keyin;                   //输出键值
endmodule
```

2）用过程赋值语句实现，文件名 keyled2.v。

```
module keyled2 (keyin,ledout);             //模块名 keyled2
    output[7:0] ledout;                    //定义输出口
    input[7:0] keyin;                      //定义输入口
    reg[7:0] ledout_reg;                   //定义寄存器
    always                                 //过程赋值
        begin
            ledout_reg=keyin;              //读取键值
        end
    assign ledout=ledout_reg;              //输出键值
endmodule
```

5. 下载运行

1）双击 Quartus Ⅱ 软件快捷图标，进入 Quartus Ⅱ 集成开发环境，新建工程项目文件 keyled.qpf，并在该项目下新建 Verilog 源程序文件 keyled1.v 或 keyled2.v，输入上面的程序代码并保存。

2）为该工程项目选择一个目标器件，并对相应的引脚进行锁定，所选择的器件应该是 Altera 公司的 EPM1270T144C5N 芯片，引脚锁定表如表 3-38 所示。

表 3-38　引脚锁定表

引　脚　号	引　脚　名	引　脚　号	引　脚　名
61	keyin0	29	ledout0
62	keyin1	30	ledout1
63	keyin2	31	ledout2
66	keyin3	32	ledout3
67	keyin4	37	ledout4
68	keyin5	38	ledout5
69	keyin6	39	ledout6
70	keyin7	40	ledout7

3）对该工程文件进行编译处理，若在编译过程中发现错误，找出并更正错误，直至成功为止。

4）用户若需要对所建的工程项目进行验证，输入必要的波形仿真文件，然后进行波形仿真模拟。观察模拟仿真结果并与预期的目标相比较，看是否符合设计要求，若不满足用户要求，则更正程序相关部分。

5）使用 USB-Blaster 下载电缆，将开发板 JTAG 口与 USB-Blaster 下载口相连，再打开工作电源，执行下载命令把程序下载到 CCIT CPLD/FPGA 实验仪的 EPM1270T144C5N 器件中。当 K1～K8 中有若干个键按下后，观察 L1～L8 发光二极管中有哪个被点亮。

3.7.6　按键点灯设计二

微课 3-19
按键点灯设计二

1. 任务

在 CCIT CPLD/FPGA 实验仪上完成对 8 个按键 K1～K8 的识别，一旦有键被按下，则判断其键值，并点亮相应数量的发光二极管，例如：若 K3 键被按下，则点亮 L1～L3 发光二极管。

2．要求

通过此案例的编程和下载运行，进一步深入学习输入/输出设计方法。

3．分析

硬件电路和前面 2.9.1 节的相同，不同之处在于程序处理过程有差异，在检测到按键被按下时，还要判断其键值并对输出做相应的处理，此处可以用分支条件语句 case 来实现。

4．程序设计

文件名 keyled3.v。

```verilog
module keyled3 (keyin,ledout);              //模块名 keyled3
    output[7:0] ledout;                     //定义输出口
    input[7:0] keyin;                       //定义输入口
    reg[7:0] ledout_reg;                    //定义寄存器
    reg[7:0] buffer;
    always@(keyin)                          //当有按键有变化时，执行 1 次语句体
        begin
            buffer=keyin;                           //读取键值
            case(buffer)
                8'b11111110:ledout_reg=8'b11111110;     //是键 1，则寄存器赋值 0xfe
                8'b11111101:ledout_reg=8'b11111100;     //是键 2，则寄存器赋值 0xfc
                8'b11111011:ledout_reg=8'b11111000;     //是键 3，则寄存器赋值 0xf8
                8'b11110111:ledout_reg=8'b11110000;     //是键 4，则寄存器赋值 0xf0
                8'b11101111:ledout_reg=8'b11100000;     //是键 5，则寄存器赋值 0xe0
                8'b11011111:ledout_reg=8'b11000000;     //是键 6，则寄存器赋值 0xc0
                8'b10111111:ledout_reg=8'b10000000;     //是键 7，则寄存器赋值 0x80
                8'b01111111:ledout_reg=8'b00000000;     //是键 8，则寄存器赋值 0x00
                default: ledout_reg=8'b11111111;        //否则，给寄存器赋值 0xff
            endcase
        end
    assign ledout=ledout_reg;           //输出该值
endmodule
```

5．下载运行

1）双击 Quartus Ⅱ软件快捷图标，进入 Quartus Ⅱ集成开发环境，新建工程项目文件 keyled3.qpf，并在该项目下新建 Verilog 源程序文件 keyled3.v，输入上面的程序代码并保存。

2）为该工程项目选择一个目标器件，并对相应的引脚进行锁定，所选择的器件应该是 Altera 公司的 EPM1270T144C5N 芯片，引脚锁定表如表 3-39 所示。

表 3-39　引脚锁定表

引　脚　号	引　脚　名	引　脚　号	引　脚　名
61	keyin0	29	ledout0
62	keyin1	30	ledout1
63	keyin2	31	ledout2
66	keyin3	32	ledout3
67	keyin4	37	ledout4
68	keyin5	38	ledout5
69	keyin6	39	ledout6
70	keyin7	40	ledout7

3）对该工程文件进行编译处理，若在编译过程中发现错误，找出并更正错误直至成功为止。

4）读者若需要对所建的工程项目进行验证，则需输入必要的波形仿真文件，然后进行波形仿真模拟。观察模拟仿真结果并与预期的目标相比较，看是否符合设计要求，若不满足读者要求，则更正程序相关部分。

5）使用 USB-Blaster 下载电缆，将开发板 JTAG 口与 USB-Blaster 下载口相连，再打开工作电源，执行下载命令把程序下载到 CCIT CPLD/FPGA 实验仪的 EPM1270T144C5N 器件中。当 K1～K8 中有一个键按下后，观察 L1～L8 发光二极管中有哪些被点亮。

3.7.7　设计按键计数器

微课 3-20
设计按键计数
器

1．任务

在 CCIT CPLD/FPGA 实验仪上设计一个通过按键计数的七进制计数器，计数结果显示在一位共阴数码管上。

2．要求

通过此案例的编程和下载运行，深入学习与按键去抖动有关的设计方法。

3．分析

硬件电路和按键 LED 发光二极管应用之一相同，前面介绍过按键抖动问题。要想去抖动，可以通过延时读取键值的方法去除抖动的情况，一般为 10ms 左右的时间可能处于抖动的时间，只要在 20ms 时间后（即按键已处于稳定态）去读取键值，即可去除抖动，这时根据其键值便对输出作相应的处理。

4．程序设计

程序代码如下所示。

```
/* 获得20ms的时钟信号 */
module  f_1M(clkin,clkout);
    input clkin;                    //24MHz基准时钟输入
    output  clkout;                 //20ms的时钟周期信号输出
    reg     clkout;
    reg[17:0] count;                //分频计数器
    always  @(negedge clkin)
        if(count==18'd240000)       //10ms执行一次
        begin
            count<=18'd0;
            clkout<=~clkout;        //获得周期为20ms的时钟信号clkout
        end
        else
            count<=count+1'b1;
endmodule
/* 顶层模块：实现按键计数的七进制计数器 */
module  keyled4(clk,keyin,seg);
    input   clk;                    //定义基准时钟输入端
    input   keyin;                  //定义按键输入端
    output[7:0] seg;                //定义数码管段码输出端
    reg[7:0]    seg;
    wire clk0;                       //定义20ms周期的线型信号
    reg  keyout;
    reg[2:0] counter;               //定义七进制计数器
```

```
    f_1 Mf_1Ma(clk, clk0);          //引用模块实例,获得周期为20ms的时钟信号clk0
    always @(negedge clk0)          //每20ms读取一次键值
        keyout=keyin;
    always @(negedge keyout)        //当键值由高变低时(即被按下一次),执行计数
    begin
        counter=counter+1'b1;       //七进制计数器加1
        if(counter==7)              //归0
            counter=0;
        case(counter)               //根据七进制计数器的值,送数码管显示
            3'd0:seg=8'h3f;         //显示0
            3'd1:seg=8'h06;         //显示1
            3'd2:seg=8'h5b;         //显示2
            3'd3:seg=8'h4f;         //显示3
            3'd4:seg=8'h66;         //显示4
            3'd5:seg=8'h6d;         //显示5
            3'd6:seg=8'h7d;         //显示6
            default:seg=8'hff;      //不显示
        endcase
    end
endmodule
```

5. 下载运行

1）双击 Quartus II 软件快捷图标,进入 Quartus II 集成开发环境,新建工程项目文件 keyled.qpf,并在该项目下新建 Verilog 源程序文件 keyled4.v,输入上面的程序代码并保存。

2）为该工程项目选择一个目标器件,并对相应的引脚进行锁定,所选择的器件应该是 Altera 公司的 EPM1270T144C5N 芯片,引脚锁定表如表 3-40 所示。

表 3-40 引脚锁定表

引 脚 号	引 脚 名	引 脚 号	引 脚 名
61	keyin0	119	seg4
124	seg0	125	seg5
123	seg1	127	seg6
121	seg2	122	seg7
120	seg3	18	clk

3）对该工程文件进行编译处理,若在编译过程中发现错误,找出并更正错误,直至成功为止。

4）读者若需要对所建的工程项目进行验证,则需输入必要的波形仿真文件,然后进行波形仿真模拟。观察模拟仿真结果并与预期的目标相比较,看是否符合设计要求,若不满足读者要求,则更正程序相关部分。

5）使用 USB-Blaster 下载电缆,将开发板 JTAG 口与 USB-Blaster 下载口相连,再打开工作电源,执行下载命令把程序下载到 CCIT CPLD/FPGA 实验仪的 EPM1270T144C5N 器件中。在 K1 键按下若干次后,观察一位数码管上的显示变化。

3.7.8　1000 进制计数器技能实训

在 CCIT CPLD/FPGA 实验仪上实现:当 K8 键按下,则进行计数,计数结果 0~1000 分时

显示在一位数码管上。

1. 实训目标

1）增强专业意识，培养良好的职业道德和职业习惯。

2）培养自主创新的学习能力和良好的实践操作能力。

3）会用 Verilog HDL 编写键盘扫描程序。

4）能读取键值，并用 LED 显示出来。

5）掌握去抖动的编程算法。

2. 实训设备

1）实验仪 CCIT CPLD/FPGA。

2）Quartus II 13.1 软件开发环境。

3. 实训内容与步骤

1）分析题意，得知该题要解决两个问题，第一是按键产生的抖动，所以可以采取通过延时读键值的方法去掉抖动的情况，一般在 20ms 时间后读取键值，即可去除抖动；第二是通过按键，进行计数，并用 LED 显示，那么一位数码管，假定计数到 1000，即实现一个 1000 进制的计数器。

2）编写程序时，可以先编写一个获得 20ms 的时钟信号。

```
module  f_1M(clkin,clkout);
    input clkin;                    //24MHz 基准时钟输入
    output  clkout;                 //20ms 的时钟周期信号输出
    reg     clkout;
    reg[17:0]   count;              //分频计数器
    always@(negedge  clkin)
    begin
        if(count==18'd240000)       //10ms 执行一次
        begin
            _____;
            _____;
        end
        else
            _____;
    end
endmodule
```

3）通过按键 K8，实现 1000 进制的计数器。

```
module  keyled (clk,keyin,seg);
    input   clk;                    //定义基准时钟输入口
    input   keyin;                  //定义按键输入口
    output[7:0] seg;                //定义数码管段码输出口
    reg[7:0]    seg;
    wire clk0;                      //定义 20ms 周期的线型信号
    reg keyout;
    reg[25:0] count;                //定义普通计数器
    reg[9:0] counter;               //定义 1000 进制计数器

    f_1M  f_1Ma(clk,clk0);          //引用模块实例，获取 20ms 信号
    always@(posedge clk)
    begin
        count=count+1;
```

```verilog
end

always@(negedge  clk0)          //每隔 20ms 读取键值
    keyout=_____;

always@(negedge  keyout )       //按键计数 1000
begin
    counter=_____;
    if(counter==1000)
        counter=____;
end

always@(counter)
begin
    case(count[24:23])
        2'b00:
            case(_____)          //显示百位
                4'h0:seg=8'h3f;       //显示 0
                4'h1:seg=8'h06;       //显示 1
                4'h2:seg=8'h5b;       //显示 2
                4'h3:seg=8'h4f;       //显示 3
                4'h4:seg=8'h66;       //显示 4
                4'h5:seg=8'h6d;       //显示 5
                4'h6:seg=8'h7d;       //显示 6
                4'h7:seg=8'h07;       //显示 7
                4'h8:seg=8'h7f;       //显示 8
                4'h9:seg=8'h6f;       //显示 9
                default:seg=8'h00;    //不显示
            endcase
        2'b01:
            case(_____)          //显示十位
                4'h0:seg=8'h3f;       //显示 0
                4'h1:seg=8'h06;       //显示 1
                4'h2:seg=8'h5b;       //显示 2
                4'h3:seg=8'h4f;       //显示 3
                4'h4:seg=8'h66;       //显示 4
                4'h5:seg=8'h6d;       //显示 5
                4'h6:seg=8'h7d;       //显示 6
                4'h7:seg=8'h07;       //显示 7
                4'h8:seg=8'h7f;       //显示 8
                4'h9:seg=8'h6f;       //显示 9
                default:seg=8'h00;    //不显示
            endcase
        2'b10:
            case(_____)          //显示个位
                4'h0:seg=8'h3f;       //显示 0
                4'h1:seg=8'h06;       //显示 1
                4'h2:seg=8'h5b;       //显示 2
                4'h3:seg=8'h4f;       //显示 3
                4'h4:seg=8'h66;       //显示 4
                4'h5:seg=8'h6d;       //显示 5
                4'h6:seg=8'h7d;       //显示 6
                4'h7:seg=8'h07;       //显示 7
                4'h8:seg=8'h7f;       //显示 8
                4'h9:seg=8'h6f;       //显示 9
                default:seg=8'h00;    //不显示
```

```
            endcase
        endcase
    end
endmodule
```

4）编译并改正语法错误。

5）指定芯片的引脚，并设置不用的引脚，引脚锁定表如表 3-41 所示。

表 3-41　引脚锁定表

引　脚　名	引　脚　号	引　脚　名	引　脚　号
keyin		seg4	
seg0		seg5	
seg1		seg6	
seg2		seg7	
seg3		clk	

6）重新编译。

7）下载运行并调试。

按动 K8 键，观察一位共阴 LED 数码管上是否从 0 计数到 999。

4. 实训注意事项

1）去抖动程序的编写。

2）如何引用模块实例。

5. 实训考核

请根据表 3-42 所列的实训考核要求，进行实训操作，保持良好的实训操作规划，熟悉整个工程的新建、程序代码编写、开发环境设置和编译下载调试的过程。

表 3-42　实训考核要求

项　　目	内　　容	分　　值	考核要求	得　　分
职业素养	1. 实训的积极性 2. 实训操作规范 3. 纪律遵守情况	10	积极参加实训，遵守安全操作规程，有良好的职业道德和敬业精神	
Quartus Ⅱ 软件的使用及程序的编写	1. 能熟练使用 Quartus Ⅱ 软件 2. 代码语法规范的掌握，熟练掌握 case 语句，掌握分时显示的方法 3. 芯片引脚的指定	40	能熟练使用 Quartus Ⅱ 软件、规范编写代码、改正语法错误、掌握 case 语句、分时显示的编写，正确指定引脚	
调试过程	1. 程序下载 2. 实验仪的使用 3. 操作是否规范	30	能下载程序，实验仪的规范使用，实验现象是否合理	
项目完成度和准确度	1. 实现题意要求 2. 操作和现象合理	20	该项目的所有功能是否能实现	

同步训练 3-7

一、单选题

1. 图 3-18 所示的八进制计数器，是（　　　）计数器。

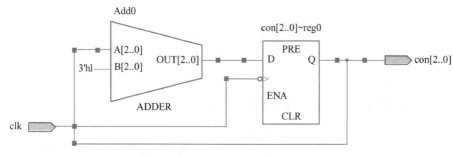

图 3-18　八进制计数器

A．同步　　　　　B．异步　　　　　C．加法　　　　D．减法

2．由触发器连接而成，低位触发器的输出 Q 作为相邻高位触发器的时钟脉冲，这种计数器属于（　　　）。

A．异步计数器　　　　　　　　B．同步计数器

C．加法计数器　　　　　　　　D．减法计数器

二、填空题

1．设计键盘的时候，在通常小于 4 个按键的应用场合，可以使用_____式接口。

2．设计键盘的时候，在通常大于 4 个按键的应用场合，可以使用_____式接口。

3．当按下一个键时，会出现所按的键在闭合位置和断开位置之间跳几下才稳定到闭合状态的情况，当释放一个按键时也会出现类似的情况，这是_____问题。

4．按读入键值的方式可分为_____方式和_____方式。

5．键盘按微处理器响应方式可分为中断方式和_____。

三、判断题

1．计数器是数字系统设计中最基本的功能模块之一，是对时钟脉冲的个数进行计数的时序逻辑器件，用来实现数字测量、状态控制和数据运算等。　　　　　　　　　（　　）

2．计数器按计数过程中数字增减趋势的不同，可分为加计数器、减计数器、可逆计数器。
　　　　　　　　　　　　　　　　　　　　　　　　　　　　　　　　　（　　）

3．计数器属于时序逻辑电路。　　　　　　　　　　　　　　　　　　　　（　　）

4．在 CCIT CPLD/FPGA 实验仪上，按键按下是低电平。　　　　　　　　（　　）

5．按键独立排布方式是指将每个独立按键按一对一的方式直接接到 I/O 线上。（　　）

6．重键就是有两个及两个以上按键同时处于闭合的状态。　　　　　　　　（　　）

7．在多于 4 个按键的应用场合，为了减少微处理器的 I/O 端口线的占用，可以使用独立式接口键盘。　　　　　　　　　　　　　　　　　　　　　　　　　　　　　（　　）

四、编程题

试用 Verilog HDL 语言编程实现一计数器电路。要求如下：

1）计数器的模是 16，输出信号名是 cnt。

2）计数器有异步复位信号 rst。

3）计数器有同步使能信号 en。

4）可通过方向控制端 ud 控制计数器加计数或者减计数。

3.8 项目 8　乘法器设计

学习目标

1. 能力目标

1）会编制程序：实现无符号数乘法器。

2）会编制程序：实现带符号数乘法器。

2. 知识目标

1）掌握被乘数左移乘法器的算法。

2）掌握部分积右移乘法器的算法。

3）掌握补码乘法器的布斯算法。

3. 素质目标

1）克服困难，努力学习。

2）遵守纪律，团结协作。

情境设计

本节主要通过乘法器设计的实例，介绍无符号乘法和带符号乘法的基本算法。具体教学情境设计如表 3-43 所示。

表 3-43　教学情境设计

教 学 情 境	技 能 训 练	知 识 要 点	学时数
情境 1：无符号乘法器设计	1. 无时钟信号的无符号乘法器设计 2. 有时钟信号的无符号乘法器设计	1. 被乘数左移算法 2. 部分积右移算法	2
情境 2：带符号乘法器设计	带符号乘法器设计	布斯算法	2

3.8.1　利用被乘数左移法设计无符号乘法器

1. 任务

利用被乘数左移法设计一个 4 位乘法器。

2. 分析

乘法器是计算机系统中常见的功能部件，其实现的方法有被乘数左移法和部分积右移法两种，其中被乘数左移法的基本思想与笔算的十进制乘法类似。下面举例说明计算 13×11 的过程，如表 3-44 所示。

微课 3-21
利用被乘数左移法设计无符号乘法器

表 3-44　被乘数左移法计算 13×11 的过程

初始状态	被乘数 A=1101　　乘数 B=1011 部分积 C=00000000
第 1 步	因为乘数的最低位是 1，所以部分积加上被乘数： C=00000000+1101=00001101 再使被乘数左移一位，乘数右移一位 A=11010　　B=0101

（续）

初始状态	被乘数 A=1101　　乘数 B=1011 部分积 C=00000000
第 2 步	因为乘数的最低位是 1，所以部分积加上被乘数： C=00001101+11010=000100111 再使被乘数左移一位，乘数右移一位 A=110100　　B=0010
第 3 步	因为乘数的最低位是 0，所以部分积不变： C=000100111 再使被乘数左移一位，乘数右移一位 A=1101000　　B=0001
第 4 步	因为乘数的最低位是 1，所以部分积加上被乘数： C=000100111+1101000=10001111
结果	此时的部分积就是最终的乘积结果

3. 程序设计

```verilog
module mul_4(a,b,out);              //模块名
    input[3:0]  a,b;                //被乘数和乘数
    output[7:0] out;                //最终的乘积
    reg[7:0]    out;
    reg[7:0] k;                     //部分积
    reg[7:0] at;                    //运算过程中的被乘数
    reg[3:0] bt;                    //运算过程中的乘数
    integer i;                      //循环变量
    always @(a or b)
    begin
        at=a;                       //给 at、bt 赋值
        bt=b;
        k=0;                        //初始时，部分积为 0
        for(i=0;i<4;i=i+1)          //循环 4 次
            begin
                if(bt[0])           //如果乘数最低位是 1，则部分积加上被乘数
                    k=k+at;
                at=at<<1;           //被乘数左移
                bt=bt>>1;           //乘数右移
            end
        out=k;                      //乘积输出
    end
endmodule
```

循环语句解析

Verilog HDL 中存在 4 种类型的循环语句，可以控制语句的执行次数。这 4 种语句分别是 for 语句、repeat 语句、while 语句和 forever 语句。

（1）for 语句

与 C 语言完全相同，for 语句的描述格如下。

　　　　　for（循环变量赋初值；循环结束条件；循环变量增值）块语句；

下面是采用 for 语句描述的七人投票器的例子。

```verilog
module vote(pass,vote);
input[6:0] vote;
output pass;
reg pass;
```

```
reg[2:0] sum;
integer i;
always@(vote)
    begin
        sum=0;
        for(i=0;i<=6;i=i+1)
          if(vote[i]) sum=sum+1;
        if(sum[2])  pass=1;          //至少有 4 人同意
        else        pass=0;
    end
endmodule
```

（2）repeat 语句

repeat 语句可以连续执行一条语句若干次，描述格式如下。

```
repeat(循环次数表达式)
    块语句；
```

下面是一个实现 8 位数据前 4 位与后 4 位的数据交换的例子。

```
module rotate8(data,rotate,out);
input[7:0] data;
input rotate;
output[7:0] out;
reg temp;
reg[7:0] out_reg;
always@( rotate)
    begin
        if(rotate==1)
        begin
            out_reg=data;
            repeat(4)
            begin
                temp= out_reg [7];
                out_reg ={ out_reg <<1,temp};
            end
        end
    end
assign out=out_reg;
endmodule
```

（3）while 语句

while 语句是不停地执行某一语句，直至循环条件不满足时退出。描述格式如下。

```
while（循环执行条件表达式）
    块语句；
```

下面是采用 while 语句实现 0～100 的计数例子。

```
module sum();
reg[7:0] count;
reg[15:0] sum;
initial
    begin
        count=0;
        sum=0;
        while(count<101)
```

```
            sum=sum+1;
          &display("Sum=%d",sum);
      end
   endmodule
```

（4）forever 语句

forever 循环语句连续执行过程语句。为跳出这样的循环，中止语句可以与过程语句共同使用。同时，在过程语句中必须使用某种形式的时序控制，否则 forever 循环将永远循环下去。forever 语句必须写在 initial 模块中，用于产生周期性波形。forever 循环的语法格式如下。

```
forever begin
......
end
```

下面是采用 forever 语句的应用实例。

```
initial
forever begin
   if(d) a = b + c;
   else a= 0;
end
```

3.8.2　利用部分积右移法设计无符号乘法器

1. 任务

利用部分积右移法设计一个 4 位乘法器。

2. 分析

微课 3-22
利用部分积右
移法设计无符
号乘法器

上述被乘数左移的算法还可以进一步改进，使每次加法运算只在高位进行，由此形成部分积右移的算法。下面仍然以计算 13×11 的过程为例进行说明。其过程如表 3-45 所示。

表 3-45　部分积右移法计算 13×11 的过程

初始状态	被乘数 A=1101　乘数 B=1011 部分积 C=000001011
第 1 步	因为部分积的最低位是 1，所以部分积高位加上被乘数： C_h=00000+1101=01101　　C=011011011 再使部分积右移一位 C=001101101
第 2 步	因为部分积的最低位是 1，所以部分积高位加上被乘数： C_h=00110+1101=10011　　C=100111101 再使部分积右移一位 C=010011110
第 3 步	因为部分积的最低位是 0，所以部分积高位不加被乘数： 再使部分积右移一位 C=001001111
第 4 步	因为部分积的最低位是 1，所以部分积高位加上被乘数： C_h=00100+1101=10001　　C=100011111 再使部分积右移一位 C=010001111
结果	此时的部分积的低 8 位就是最终的乘积结果

3. 程序设计

```
module mul_4a(a,b,out);              //模块名
   input[3:0]  a,b;                  //被乘数和乘数
```

```
output[7:0] out;              //最终的乘积
reg[7:0]    out;
reg[8:0] k;                   //部分积
integer i;
always @(a or b)
begin
    k={5'h00,b};             //初始化部分积
    for(i=0;i<4;i=i+1)       //循环 4 次
        begin
        if(k[0])             //如果部分积最低位是 1，则部分积高位加上被乘数
            k[8:4]=k[8:4]+a;
        k=k>>1;              //部分积右移
        end
    out=k[7:0];              //乘积输出
end
endmodule
```

3.8.3 设计带符号乘法器

1. 任务

实现带符号的乘法器。

2. 分析

在计算机系统中，如果采用补码表示带符号的数据，就可以很容易地把一个减法运算转换成加法运算，因此在一般情况下，总是用补码表示一个带符号数。但是，如果计算用补码表示的带符号数的乘积，似乎不能直接进行乘法运算。可是布斯夫妇发现了一个巧妙的算法，可以直接进行补码的乘法运算。

此处先分析两个 8 位的补码数据，一个是+100，另一个是-100。

$(+100)_补 = 01100100 = 0 \times (-2^7) + 1 \times 2^6 + 1 \times 2^5 + 0 \times 2^4 + 0 \times 2^3 + 1 \times 2^2 + 0 \times 2^1 + 0 \times 2^0$

$(-100)_补 = 10011100 = 1 \times (-2^7) + 1 \times 2^6 + 1 \times 2^5 + 0 \times 2^4 + 0 \times 2^3 + 1 \times 2^2 + 0 \times 2^1 + 0 \times 2^0$

如果乘数 B 用补码 $B_7 B_6 B_5 B_4 B_3 B_2 B_1 B_0$ 表示，则：

$B = B_7 \times (-2^7) + B_6 \times 2^6 + B_5 \times 2^5 + B_4 \times 2^4 + B_3 \times 2^3 + B_2 \times 2^2 + B_1 \times 2^1 + B_0 \times 2^0 =$
$(-B_7 + B_6) \times 2^7 + (-B_6 + B_5) \times 2^6 + (-B_5 + B_4) \times 2^5 + (-B_4 + B_3) \times 2^4 + (-B_3 + B_2) \times 2^3 +$
$(-B_2 + B_1) \times 2^2 + (-B_1 + B_0) \times 2^1 + (-B_0 + 0) \times 2^0$

乘数经过这样的分解后，可以这样计算补码乘法：

部分积也是先置数为 0，并且先在乘数的最低位补上一个 0，然后从低位依次检查乘数的相邻两位：如果是 01，就在部分积的高位上加上被乘数；如果是 10，就在部分积的高位上减去被乘数；如果是 00 或 11，就不进行加减操作。然后再让部分积右移一位……反复循环，最终得到乘积。4 位布斯算法的补码乘法器程序如下所示。

3. 程序设计

```
module mul_4b (a,b,out);          //模块名
    input[3:0]  a,b;              //被乘数和乘数
    output[7:0] out;              //最终的乘积
    reg[7:0]    out;
    reg[8:0] k;                   //部分积
    reg[3:0] an;
    integer i;
```

```
always @(a or b)
begin
    k={4'h0,b,1'b0};              //初始时，部分积为 0
    an=~a;
    for(i=0;i<4;i=i+1)           //循环 4 次
    begin
        if(k[1:0] ==2'b01)
            k[8:5]=k[8:5]+a;
        if(k[1:0] ==2'b10)
            k[8:5]=k[8:5]+an;
        k={k[8],k[8:1]};         //部分积算术右移
    end
    out=k[8:1];                  //乘积输出
end
endmodule
```

同步训练 3-8

一、单选题

1. 被乘数左移法，初始状态时，部分积 C 应为（　　）。
   A. 00000000 　　　　　　　　　　B. {0000，乘数 B}
   C. {乘数 B，0000} 　　　　　　　D. {乘数 B，乘数 A}

2. 下列（　　）不是循环语句。
   A. repeat 　　　　B. for 　　　　C. initial 　　　　D. while

3. 带符号数的补码应按（　　）来求。
   A. 保留符号位 1，乘余取反 　　　　B. 保留符号位 1，剩余加 1
   C. 保留符号位 1，剩余取反加 1 　　C. 全部位数取反再加 1

4. (-50) 的补码是（　　）。
   A. 00110010 　　B. 10110011 　　C. 11001101 　　　　D. 11001100

5. 布斯夫妇发现的布斯算法，可以使用两个数的（　　）进行乘法运算。
   A. 补码 　　　　B. 原码 　　　　C. 反码 　　　　D. 二进制数

二、判断题

1. 被乘数左移法，当乘数最后一位为 0 时，部分积加上被乘数。　　　　　　　　（　　）

2. 被乘数左移法，如有 4 位被乘数与乘数，则需要循环 4 次，每次部分积计算完成后，被乘数与乘数需要被乘数左移，乘数右移。　　　　　　　　　　　　　　　　　　　　（　　）

3. 部分积右移算法中，每次加法在部分积的高位进行。　　　　　　　　　　　　（　　）

3.9 项目 9　数码管显示设计

学习目标

1. 能力目标

1）能进行静态 LED 数码管显示的设计。

2）能进行动态 LED 数码管显示的设计。

2．知识目标

1）掌握数码管显示的原理。

2）用 Verilog 语言设计带有位选码的 LED 数码管显示。

3．素质目标

1）培养读者数码管显示器件的应用能力。

2）培养读者实验仿真及下载的技能。

情境设计

本节主要通过静态和动态数码管显示的实例，介绍数码管显示的原理及用 Verilog 语言设计带有位选码的 LED 数码管显示的方法。具体教学情境设计如表 3-46 所示。

表 3-46　教学情境设计

教 学 情 境	技 能 训 练	知 识 要 点	学时数
情境 1：静态数码管显示设计	1．会用 Verilog 编写在数码管上静态显示数字的程序 2．理解有位选码的 LED 数码管显示的原理	1．了解位码线 SL1～SL4 和段码线 SLA～SLH 在实验板上与 EPM1270T144C5N 芯片的引脚连接关系 2．掌握数码管静态显示的方法	2
情境 2：动态数码管显示设计	1．会用 Verilog 编写在数码管上动态显示数字的程序 2．理解有位选码的 LED 数码管显示的原理	1．掌握动态数码管显示的原理和优点 2．掌握动态扫描的方法	2

3.9.1　静态数码管的显示

1．任务

在 CCIT CPLD/FPGA 实验仪的数码管上依次显示 0～9、A～F 十六个数字。

微课 3-24
静态数码管的显示

2．要求

通过此案例的编程和下载运行，掌握数码管静态显示设计的方法。

3．分析

在 3.2.2 节中介绍过一位数码管的结构及显示原理，按照一位数码管的显示原理类推，有几个八段数码管，就必须有几个字节的数据来控制各个数码管的亮灭。这样控制虽然简单，却不切实际，主控芯片也不可能提供这么多的端口用来控制数码管，为此，往往是将几个八段数码管合在一起使用，通过一个称为数据口的 8 位数据端口来控制段位。而一个八段数码管的公共端，原来接到固定的电平（对共阴极是 GND，对共阳极是 Vcc），现在接主控芯片的一个输出引脚，由主控芯片来控制，通常称为"位选信号"，而把这些由 n 个数码管合在一起的数码管组称为 n 位数码管。这样，主控芯片用 12 个端口（即 4 个位选口和 8 个段码口）就可以控制一个 4 位的数码管。若是要控制更多的数码管，则可以考虑再加位选口。例如：一个 4 位的共阴极数码管，将它们的段码信号端（称为数据端）接在一起，可以由主控芯片的一个 8 位端口控制，同时还有 4 个位选信号（称为控制端），用于分别选中要显示数据的数码管，可用主控芯片的另外 4 个引脚来控制，如图 2-21 所示。对于图 3-19 所示的 4 位共阴极八段数码管，利用 CS3、CS2、CS1、CS0 控制各个数码管的位选信号，每个时刻只能让一个数码管有效，即 CS3、CS2、CS1、CS0 只能有一个为 0，例如令

CS3=0，CS2、CS1、CS0=111，则数据线上的数据显示在第一个数码管上，而其他数码管不受影响。要让各个数码管均显示需要的数字，则必须逐个使相应位选信号为 0，其他位选信号为 1，并将要显示的一位数字送到数据线上。这种方法称为"位选线扫描法"。虽然每个时刻只有一个数码管有效，但只要延时适当，由于人眼的"视觉暂留效应"（约 10ms 左右），看起来就是同时显示的。

图 3-19　4 位共阴极 8 段数码管

在 CCIT CPLD/FPGA 实验仪上已经准备了 4 位动态共阳 LED 数码管 W1～W4，4 位动态共阳 LED 数码管原理图如图 3-20 所示。该图给出了一个 4 位共阳极 8 段数码管的硬件连接方式，利用主控芯片 EPM1270T144C5N 芯片的 8 个口控制 8 个位段（数据），用 4 个口控制数码管的位选信号。图中，SLA～SLH 分别接 a～h 位段，SL1～SL4 分别过 10kΩ电阻与晶体管 VT2～VT5 的基极相连，这样 SL1 就控制最左边一个数码管的显示，SL4 则控制最右边一个数码管的显示。接在位选线上的 9012 晶体管是信号驱动电路，470Ω电阻是限流电阻，避免电流过大烧坏数码管。

图 3-20　4 位动态共阳 LED 数码管原理图

其中段码线 SLA～SLH 分别与芯片的 118、117、114～109 引脚相连，位码线 SL1～SL4 分别与芯片 108～105 引脚相连。只要在位码线 SL1～SL4 上一直输出低电平"0"，这时 4 个数码管将显示相同的数码，那么 4 个动态的 LED 数码管不就变成了静态的 LED 了吗？

4．程序设计

静态数码管显示，文件名 sled.v。

```verilog
module sled (seg,sl,clock);          //模块名 sled
    output[7:0] seg;                 //定义数码管段输出端口
    output[3:0] sl;                  //定义数码管位输出端口
    input clock;                     //定义输入时钟端口
    reg[7:0] seg_reg;                //定义数码管段输出寄存器
    reg[3:0] sl_reg;                 //定义数码管位输出寄存器
    reg[3:0] disp_dat;               //定义显示数据寄存器
    reg[36:0] count;                 //定义计数器寄存器
    always@(posedge clock)           //定义 clock 信号上升沿触发
        begin
            count=count+1;           //计数器值加 1
        end
    always
        begin
            sl_reg=4'b0000;          //选中 4 个 LED 数码管
        end
    always@(count[16])               //定义显示数据触发事件
        begin
            //取要显示的数据，数据每（24'hffffff/(24×1000×1000)）s 发生变化
            disp_dat=count[27:24];
        end
    always@(disp_dat)                //显示数据的解码过程
        begin
            case(disp_dat)
                4'h0:seg_reg=8'hc0;  //显示数据 0
                4'h1:seg_reg=8'hf9;  //显示数据 1
                4'h2:seg_reg=8'ha4;  //显示数据 2
                4'h3:seg_reg=8'hb0;  //显示数据 3
                4'h4:seg_reg=8'h99;  //显示数据 4
                4'h5:seg_reg=8'h92;  //显示数据 5
                4'h6:seg_reg=8'h82;  //显示数据 6
                4'h7:seg_reg=8'hf8;  //显示数据 7
                4'h8:seg_reg=8'h80;  //显示数据 8
                4'h9:seg_reg=8'h90;  //显示数据 9
                4'ha:seg_reg=8'h88;  //显示数据 A
                4'hb:seg_reg=8'h83;  //显示数据 B
                4'hc:seg_reg=8'hc6;  //显示数据 C
                4'hd:seg_reg=8'ha1;  //显示数据 D
                4'he:seg_reg=8'h86;  //显示数据 E
                4'hf:seg_reg=8'h8e;  //显示数据 F
            endcase
        end
    assign seg=seg_reg;              //输出数码管解码结果
    assign sl=sl_reg;                //输出数码管选择
endmodule
```

5．下载运行

1）双击 Quartus Ⅱ软件快捷图标，进入 Quartus Ⅱ集成开发环境，新建工程项目文件 sled.qpf，并在该项目下新建 Verilog 源程序文件 sled.v，输入上面的程序代码并保存。

2）为该工程项目选择一个目标器件，并对相应的引脚进行锁定，所选择的器件应该是 Altera 公司的 EPM1270T144C5N 芯片，引脚锁定表如表 3-47 所示。

表 3-47　引脚锁定表

引　脚　号	引　脚　名	引　脚　号	引　脚　名
118	seg0	109	seg7
117	seg1	108	sl0
114	seg2	107	sl1
113	seg3	106	sl2
112	seg4	105	sl3
111	seg5	18	clock
110	seg6		

3）对该工程文件进行编译处理，若在编译过程中发现错误，找出并更正错误，直至成功为止。

4）若要对所建的工程项目进行验证，则需输入必要的波形仿真文件，然后进行波形仿真模拟。观察模拟仿真结果并与预期的目标相比较，看是否符合设计要求，若不满足要求，则更正程序相关部分。

微课 3-25
动态数码管的显示

5）使用 USB-Blaster 下载电缆，将开发板 JTAG 口与 USB-Blaster 下载口相连，再打开工作电源，执行下载命令把程序下载到 CCIT CPLD/FPGA 实验仪的 EPM1270T144C5N 器件中。此时，看到数码管上的数字了吗？

3.9.2　动态数码管的显示

1．任务

在 CCIT CPLD/FPGA 实验仪上完成 LED 数码管的动态显示，并演示显示过程。

2．要求

通过此案例的编程和下载运行，了解并掌握数码管动态显示设计的方法。

3．分析

在静态数码管显示的例子的学习中可以看出，LED 数码管静态显示的编程方法较简单，但是由于 LED 静态显示需要占用较多的 I/O 口，且功耗大，因此在大多数场合均采用动态扫描的方法来控制 LED 数码管的显示。动态扫描的方法如下：

首先，段码控制口输出若显示数据段码，则同时向位码控制寄存器送数据 4'b1110，这样由于 SL4 为低电平而其他口都为高电平，因此只有晶体管 VT5 导通，数码管 W4 显示送来的数据。延时一段时间后，接着发送第 2 个要显示的数据段码，同样应使其对应的位码为低电平，且保证其他位为高电平。依此类推，对各数码管进行扫描，数码管分时轮流工作，虽然每次只有一个 LED 数码管显示，但由于人的视觉差现象会使读者感觉所有的 LED 数码管在同时显示。

4. 程序设计

动态数码管显示，文件名 dled.v。

```verilog
module dled (seg,sl,clock);              //模块名 dled
    output[7:0] seg;                     //定义数码管段输出引脚
    output[3:0] sl;                      //定义数码管位输出引脚
    input clock;                         //定义输入时钟引脚
    reg[7:0] seg_reg;                    //定义数码管段输出寄存器
    reg[3:0] sl_reg;                     //定义数码管位输出寄存器
    reg[3:0] disp_dat;                   //定义显示数据寄存器
    reg[36:0] count;                     //定义计数器寄存器
    always@(posedge clock)               //定义 clock 信号上升沿触发
        begin
            count=count+1;               //计数器值加 1
        end
//定义显示数据触发事件，每（13'h1fff/(24×1000×1000)）s 触发一次
    always@(count[14:13])

        begin
            case(count[14:13])           //选择扫描显示数据
                2'h0:disp_dat=4'b0001;   //显示个位数值
                2'h1:disp_dat=4'b0010;   //显示十位数值
                2'h2:disp_dat=4'b0011;   //显示百位数值
                2'h3:disp_dat=4'b0100;   //显示千位数值
            endcase
            case(count[14:13])           //选择数码管显示位
                2'h0:sl_reg=4'b1110;     //选择个位数码管
                2'h1:sl_reg=4'b1101;     //选择十位数码管
                2'h2:sl_reg=4'b1011;     //选择百位数码管
                2'h3:sl_reg=4'b0111;     //选择千位数码管
            endcase
        end
    always@(disp_dat)                    //显示数据的解码过程
        begin
            case(disp_dat)
                4'h0:seg_reg=8'hc0;      //显示数据 0
                4'h1:seg_reg=8'hf9;      //显示数据 1
                4'h2:seg_reg=8'ha4;      //显示数据 2
                4'h3:seg_reg=8'hb0;      //显示数据 3
                4'h4:seg_reg=8'h99;      //显示数据 4
                4'h5:seg_reg=8'h92;      //显示数据 5
                4'h6:seg_reg=8'h82;      //显示数据 6
                4'h7:seg_reg=8'hf8;      //显示数据 7
                4'h8:seg_reg=8'h80;      //显示数据 8
                4'h9:seg_reg=8'h90;      //显示数据 9
                4'ha:seg_reg=8'h88;      //显示数据 A
                4'hb:seg_reg=8'h83;      //显示数据 B
                4'hc:seg_reg=8'hc6;      //显示数据 C
                4'hd:seg_reg=8'ha1;      //显示数据 D
                4'he:seg_reg=8'h86;      //显示数据 E
                4'hf:seg_reg=8'h8e;      //显示数据 F
            endcase
        end
    assign seg=seg_reg;                  //输出数码管解码结果
```

```
        assign sl=sl_reg;                          //输出数码管选择
    endmodule
```

5. 下载运行

1）双击 Quartus Ⅱ 软件快捷图标，进入 Quartus Ⅱ 集成开发环境，新建工程项目文件 dled.qpf，并在该项目下新建 Verilog 源程序文件 dled.v，输入上面的程序代码并保存。

2）为该工程项目选择一个目标器件，并对相应的引脚进行锁定，所选择的器件应该是 Altera 公司的 EPM1270T144C5N 芯片，引脚锁定表如表 3-48 所示。

表 3-48 引脚锁定表

引　脚　号	引　脚　名	引　脚　号	引　脚　名
118	seg0	109	seg7
117	seg1	108	sl0
114	seg2	107	sl1
113	seg3	106	sl2
112	seg4	105	sl3
111	seg5	18	clock
110	seg6		

3）对该工程文件进行编译处理，若在编译过程中发现错误，则找出并更正错误，直至成功为止。

4）若要对所建的工程项目进行验证，需输入必要的波形仿真文件，然后进行波形仿真模拟。观察模拟仿真结果并与预期的目标相比较，看是否符合设计要求，若不满足要求，则更正程序相关部分。

5）使用 USB-Blaster 下载电缆，将开发板 JTAG 口与 USB-Blaster 下载口相连，再打开工作电源，执行下载命令把程序下载到 CCIT CPLD/FPGA 实验仪的 EPM1270T144C5N 器件中。此时，看到数码管上的数字 1、2、3、4 动起来了吗？这正是动态扫描的方法和过程。然后把程序中的 always@(count[14:13])事件做如下修改，重新观察实验现象，发生了什么样的变化？想想为什么。

```
    ……
    always@(count[24:23])                    //定义显示数据触发事件
        begin
            case(count[24:23])               //选择扫描显示数据
                2'h0:disp_dat=4'b0001;       //显示个位数值
                2'h1:disp_dat=4'b0010;       //显示十位数值
                2'h2:disp_dat=4'b0011;       //显示百位数值
                2'h3:disp_dat=4'b0100;       //显示千位数值
            endcase
            case(count[24:23])               //选择数码管显示位
                2'h0:sl_reg=4'b1110;         //选择个位数码管
                2'h1:sl_reg=4'b1101;         //选择十位数码管
                2'h2:sl_reg=4'b1011;         //选择百位数码管
                2'h3:sl_reg=4'b0111;         //选择千位数码管
            endcase
        end
    ……
```

3.9.3　技能实训

在 CCIT CPLD/FPGA 实验仪上的 4 位数码管上，从左向右连续循环显示 0、1、2、3、4、5、6、7 这 8 个数字。

1. 实训目标

1）增强专业意识，培养良好的职业道德和职业习惯。

2）培养自主创新的学习能力和良好的实践操作能力。

3）理解有位选码的 LED 数码管显示的原理。

4）掌握动态数码管显示的原理和优点。

5）掌握动态扫描的方法。

2. 实训设备

1）实验仪 CCIT CPLD/FPGA。

2）Quartus II 13.1 软件开发环境安装。

3. 实训内容与步骤

1）根据题意分析可知，这必须采取动态扫描控制 LED 数码管显示。即分时显示每个数码管上的数字。

2）动态扫描的原理：首先，段码控制口输出若显示数据段码，则同时向位码控制寄存器送数据 4'b1110，这样由于 SL4 为低电平而其他口都为高电平，因此只有晶体管 VT5 导通，数码管 W4 显示送来的数据。延时一段时间后，接着发送第 2 个要显示的数据段码，同样读者应使其对应的位码为低电平，且保证其他位为高电平。依此类推，对各数码管进行扫描，数码管分时轮流工作，虽然每次只有一个 LED 数码管显示，但由于人的视觉差现象会使读者感觉所有的 LED 数码管在同时显示，人眼分辨事物的最高频率为 24Hz，也就是比如放电影的时候，每秒钟播放的图片数要超过 24 张，人眼就看不出图片之间的切换，看到的就是动态的效果。

3）补全如下的程序。

```
module dled2(seg,sl,clock);
    output[7:0] seg;                    //定义数码管段输出端口
    output[3:0] sl;                     //定义数码管位输出端口
    input clock;                        //定义输入时钟端口
    reg[7:0] seg;                       //定义数码管段输出寄存器
    reg[3:0] sl;                        //定义数码管位输出寄存器
    reg[3:0] disp_dat;                  //定义显示数据寄存器
    reg[36:0] count;                    //定义计数器寄存器

    always@(posedge clock)
    begin
        count=count+1;
    end

always@(count[23])
begin
    case(count[25:23])                  //选择扫描显示数据
        3'h0:disp_dat=4'b0000;          //显示数据为 0
_____
_____
_____
```

```
                                    _____
                                    _____
                                    _____
                                    _____
    endcase
    case(count[25:23])                              //选择数码管显示位
        3'h0:sl =4'b1110;                           //选择最左边数码管
                                    _____
                                    _____
                                    _____
                                    _____
                                    _____
                                    _____
        endcase
    end

    always@(disp_dat)
    begin
        case(disp_dat)
        4'h0:seg =8'hc0;
                                    _____
                                    _____
                                    _____
                                    _____
                                    _____
                                    _____
                                    _____
        endcase
    end
    assign seg=seg_reg;
    assign sl=sl_reg;
endmodule
```

4）编译并改正语法错误。

5）指定芯片的引脚，并设置不用的引脚。引脚锁定表如表 3-49 所示。

表 3-49 引脚锁定表

引 脚 名	引 脚 号	引 脚 名	引 脚 号
seg0		seg7	
seg1		sl0	
seg2		sl1	
seg3		sl2	
seg4		sl3	
seg5		clock	
seg6			

6）重新编译。

7）下载运行并调试

观察 4 位数码管上是否从左向右连续循环显示 0、1、2、3、4、5、6、7 这 8 个数字。

4. 实训注意事项

1）明确动态扫描的原理。

2）注意扫描的频率的书写。

5. 实训考核

根据表 3-50 所示的实训考核要求，进行实训操作，保持良好的实训操作规划，熟悉整个工程的新建、程序代码编写、开发环境设置和编译下载调试的过程。

表 3-50　实训考核要求

项　目	内　容	配　分	考 核 要 求	得　分
职业素养	1. 实训的积极性 2. 实训操作规范 3. 纪律遵守情况	10	积极参加实训，遵守安全操作规程，有良好的职业道德和敬业精神	
Quartus Ⅱ 软件的使用及程序的编写	1. 新建工程的流程 2. 代码的编写 3. 芯片引脚的指定	40	能熟练新建工程、规范编写代码、改正语法错误，正确指定引脚	
调试过程	1. 程序下载 2. 实验仪的使用 3. 操作是否规范	30	能下载程序，实验仪的规范使用，实验现象是否合理	
项目完成度和准确度	1. 实现题意要求 2. 操作和现象合理	20	该项目的所有功能是否能实现	

6. 实训思考

在程序中，always@(count[23])、case(count[25:23])所表示的意思分别是什么？如果对[ ]里的数据进行修改，现象会怎么样？

同步训练 3-9

填空题

1. 共阴极 LED 数码管是指 LED 数码管内部 8 个发光二极管的_____极连在一起，作为公共端。

2. 若 LED 数码管内部 8 个发光二极管的正极连在一起作为公共端，具有此结构的 LED 数码管称为共_____极 LED 数码管。

3. 主控芯片用_____个端口，就可以控制一个 4 位的数码管。

4. 一个 4 位的数码管，将它们的_____信号端接在一起，可以由主控芯片的一个 8 位端口控制，同时还需_____个位选信号用于分别选中，若要控制更多的数码管，则可以考虑再加_____。

5. 对于 4 位共阴极 8 段数码管，若要让各个数码管均需显示需要的数字，则必须逐个使相应位选信号为_____，其他位选信号为_____，并将要显示的一位数字送到数据线上，这种方法称为"位选线扫描法"。

6. 数码管动态显示，虽然每个时刻只有一个数码管选中显示，但只要延时适当，由于人眼的_____，看起来就是同时显示的。

3.10　项目 10　滚动点阵广告牌设计

学习目标

1. 能力目标

1）会使用 CPLD 来控制点阵 LED 显示屏的显示。

2）能在点阵 LED 显示屏上实现汉字显示。

2. 知识目标

1）掌握点阵 LED 显示屏的工作原理。

2）掌握用 Verilog 语言设计点阵 LED 显示屏并显示汉字的方法。

3. 素质目标

1）培养点阵显示器件的应用能力。

2）培养实验仿真及下载的技能。

情境设计

本节主要通过点亮 8×8 点阵 LED 显示屏及在其上显示汉字的实例，介绍点阵 LED 显示屏的工作原理及用 Verilog 语言进行汉字显示的编程方法。具体教学情境设计如表 3-51 所示。

表 3-51　教学情境设计

教 学 情 境	技 能 训 练	知 识 要 点	学时数
情境 1：点亮点阵 LED 显示屏设计	1. 会用 Verilog 编写点亮点阵 LED 显示屏的方法 2. 理解点阵 LED 显示屏工作过程	1. 了解 8×8 点阵 LED 显示屏内部结构及其引脚与 EPM1270T144C5N 芯片的引脚连接关系 2. 掌握 8×8 点阵 LED 显示屏工作原理	2
情境 2：点阵 LED 显示屏显示汉字设计	1. 会用 Verilog 编写在点阵 LED 显示屏显示汉字的程序 2. 理解汉字取模的方法和过程	1. 掌握扫描整个点阵显示汉字的方法 2. 掌握在 8×8 点阵 LED 显示屏上显示简单汉字的编程方法	2
情景 3：点阵 LED 滚动显示信息设计	1. 会用 Verilog 编写在点阵 LED 显示屏滚动显示字符的程序 2. 理解字模码滚动扫描的方法和过程	1. 掌握滚动扫描整个信息字模码的方法 2. 掌握行列扫描自动变化的规律和编程方法	2

3.10.1　点阵 LED 显示驱动

1. 任务

测试 CCIT CPLD/FPGA 实验仪上的点阵 LED 显示屏的好坏。

2. 要求

通过此案例的编程和下载运行，了解并掌握点阵 LED 显示屏的工作原理及点阵扫描的方法。

3. 分析

在 CCIT CPLD/FPGA 实验仪上有一个单色的 8×8 点阵 LED 显示屏，常用的点阵 LED 显示屏同样有共阴和共阳之分，8×8 点

图 3-21　8×8 点阵引脚图

阵引脚图如图 3-21 所示。

在 CCIT CPLD/FPGA 实验仪上选用 8×8 共阳 LED 点阵，8×8 LED 点阵显示内部结构图如图 3-22 所示。

图 3-22　8×8 LED 点阵显示内部结构图

由图 3-22 可以看出，点阵显示屏同样由数据段码线和位码线组成，在不同时刻通过改变输出到数据段码线和位码线的数据从而达到点亮不同位置发光二极管，最终显示不同字符的目的。图中一个点代表一个发光二极管。若要点亮左上角的 LED 发光管，则需要 LED1 为低电平，且 LEDH 为低电平并保证其他引脚为高电平。

在 CCIT CPLD/FPGA 实验仪上采用的 8×8 共阳 LED 点阵的原理图如图 3-23 所示。

但由于一般 I/O 口的驱动能力是有限的，因此在 CCIT CPLD/FPGA 实验仪中采用图 3-24 所示的方法来增强点阵 LED 驱动能力。

检测 LED 显示屏的方法如下：

首先，给位码线 LD8～LD1 送数据 0xfe；这样保证了 LD1 位低电平而其他位为高电平，晶体管 VT6 导通其他晶体管截止，第一行的共阳 LED 得电；同时给 LED 显示屏的数据段 LDA～

LDH 送 0x00；这样，第一行的 8 个发光二极管导通而被点亮，而其他发光二极管熄灭；延时 0.5s 后给 LD8～LD1 送数据 0xfd，这样，第一行 LED 熄灭，第二行 LED 被点亮；……8 行 LED 轮流被点亮，不断循环。

图 3-23   8×8 共阳 LED 点阵的原理图   图 3-24   点阵 LED 驱动电路

4. 程序设计

逐行点亮点阵 LED 显示屏，文件名 leddot_test.v。

```verilog
module leddot_test (ldoa,ldob,clock);        //模块名 leddot_test
    output[7:0] ldoa;                        //定义位码输出口
    output[7:0] ldob;                        //定义段码输出口
    input clock;                             //定义输入时钟引脚
    reg[7:0] ldoa;                           //定义位码寄存器
    reg[7:0] ldob;                           //定义段码寄存器
    reg[32:0] count;                         //定义计数器寄存器
    always@(posedge clock)                   //定义 clock 信号上升沿触发
        begin
            count=count+1;                   //计数器值加 1
            ldob=8'h00;                      //给数据输出口赋值
        end
//位扫描信号，每（22'h3fffff/(24*1024*1024)）s 扫描一次
    always@(count[25:22])
        begin
            case(count[25:22])
                4'h0:ldoa=8'hfe;             //点亮第一行的 8 个发光二极管
                4'h1:ldoa=8'hfd;             //点亮第二行的 8 个发光二极管
                4'h2:ldoa=8'hfb;             //点亮第三行的 8 个发光二极管
                4'h3:ldoa=8'hf7;             //点亮第四行的 8 个发光二极管
                4'h4:ldoa=8'hef;             //点亮第五行的 8 个发光二极管
                4'h5:ldoa=8'hdf;             //点亮第六行的 8 个发光二极管
                4'h6:ldoa=8'hbf;             //点亮第七行的 8 个发光二极管
```

```
        4'h7:ldoa=8'h7f;        //点亮第八行的 8 个发光二极管
        4'h8:ldoa=8'hff;        //熄灭所有的 64 个发光二极管
        4'h9:ldoa=8'hff;
        4'ha:ldoa=8'h00;        //点亮所有的 64 个发光二极管
        4'hb:ldoa=8'h00;
        default:ldoa=8'hff;     //熄灭所有的 64 个发光二极管
      endcase
    end
endmodule
```

5. 下载运行

1）双击 Quartus Ⅱ 软件快捷图标，进入 Quartus Ⅱ 集成开发环境，新建工程项目文件 leddot_test.qpf，并在该项目下新建 Verilog 源程序文件 leddot_test.v，输入上面的程序代码并保存。

2）为该工程项目选择一个目标器件并对相应的引脚进行锁定，所选择的器件应该是 Altera 公司的 EPM1270T144C5N 芯片，引脚锁定表如表 3-52 所示。

表 3-52　引脚锁定表

引　脚　号	引　脚　名	引　脚　号	引　脚　名
5	ldoa0	16	ldob1
6	ldoa1	21	ldob2
7	ldoa2	22	ldob3
8	ldoa3	23	ldob4
11	ldoa4	24	ldob5
12	ldoa5	27	ldob6
13	ldoa6	28	ldob7
14	ldoa7	18	clock
15	ldob0		

3）对该工程文件进行编译处理，若在编译过程中发现错误，则找出并更正错误，直至成功为止。

4）若要对所建的工程项目进行验证，则需输入必要的波形仿真文件，然后进行波形仿真模拟。观察模拟仿真结果并与预期的目标相比较，看是否符合设计要求，若不满足要求，则更正程序相关部分。

5）使用 USB-Blaster 下载电缆，将开发板 JTAG 口与 USB-Blaster 下载口相连，再打开工作电源，执行下载命令把程序下载到 CCIT CPLD/FPGA 实验仪的 EPM1270T144C5N 器件中，这样就可以看到点阵 LED 显示屏上点亮的 LED 正在一行一行地"移动"。若把锁定的引脚 ldoa0～ldoa7 分别和 ldob0～ldob7 对调，重新编译下载后，就可以观察到实验现象发生了变化。有哪些变化？请读者细心体会一下其中的原因。

3.10.2　分时显示信息

微课 3-27
分时显示信息

1. 任务

在 CCIT CPLD/FPGA 实验仪的 LED 点阵显示屏上轮流显示"上""中""下""大"四个汉字。

2. 要求

通过此案例的编程和下载运行，了解并掌握 LED 点阵显示汉字的方法。

3. 分析

通过点亮显示屏的例子，读者对 LED 点阵显示屏的内部结构、工作原理、驱动和编程方法有了一定的了解。同样，LED 点阵显示屏可以显示汉字或字符，只是此时的汉字或字符应以点阵来表示，取点越多，汉字或字符也将越逼真，通常 8×8 的点阵显示屏可以用来显示一些简单的汉字。首先把要显示的（8×8）汉字用 8B 的二进制代码来表示，这一过程称为取字模。如"上"的字模为：0xf7、0xf7、0xc7、0xf7、0xf7、0xf7、0x80、0xff，其中"1"表示该点无效，"0"表示该点有效。这样，在程序中采用逐行扫描的方法扫描整个点阵，当然在扫描对应行的同时在段码线输出对应的字模数据，于是该行的相应点被点亮。虽然汉字是逐行显示的，但由于人眼的视觉差，且只要扫描速度足够快，此处看到的还将是一个完整的汉字。

4. 程序设计

显示汉字，文件名 leddot.v。

```
module leddot(clock,ldoa,ldob);        //定义模块
input clock;                           //定义时钟输入
output[7:0] ldoa,ldob;                 //定义位码输出端、数据输出端
reg[7:0] ldoa,ldob;                    //定义位码、段码寄存器
reg[32:0] count;
always@(posedge clock)
    begin
        count=count+1;                 //计数器计数
    end
/* 行扫描，每（10'h3ff / (24×1000×1000)）秒扫描一次*/
always@(count[12:10])
    begin
        case(count[12:10])
            3'h0:ldoa=8'hfe;           //扫描第一行
            3'h1:ldoa=8'hfd;           //扫描第二行
            3'h2:ldoa=8'hfb;           //扫描第三行
            3'h3:ldoa=8'hf7;           //扫描第四行
            3'h4:ldoa=8'hef;           //扫描第五行
            3'h5:ldoa=8'hdf;           //扫描第六行
            3'h6:ldoa=8'hbf;           //扫描第七行
            3'h7:ldoa=8'h7f;           //扫描第八行
        endcase
    end
/* 汉字输出 */
always@(count[12:10])
    begin
        case(count[25:24])   //每（24'hffffff / (24×1000×1000)s 输出一个汉字
        2'b00:                //输出汉字"上"
            begin
                case(count[12:10])
                    3'h0:ldob=8'hf7;       //汉字"上"的字模数据 1
                    3'h1:ldob=8'hf7;       //汉字"上"的字模数据 2
                    3'h2:ldob=8'hc7;       //汉字"上"的字模数据 3
                    3'h3:ldob=8'hf7;       //汉字"上"的字模数据 4
```

```
                        3'h4:ldob=8'hf7;        //汉字"上"的字模数据 5
                        3'h5:ldob=8'hf7;        //汉字"上"的字模数据 6
                        3'h6:ldob=8'h80;        //汉字"上"的字模数据 7
                        3'h7:ldob=8'hff;        //汉字"上"的字模数据 8
                    endcase
                end
            2'b01:                              //输出汉字"中"
                begin
                    case(count[12:10])
                        3'h0:ldob=8'hf7;        //汉字"中"的字模数据 1
                        3'h1:ldob=8'hf7;        //汉字"中"的字模数据 2
                        3'h2:ldob=8'h80;        //汉字"中"的字模数据 3
                        3'h3:ldob=8'hb6;        //汉字"中"的字模数据 4
                        3'h4:ldob=8'h80;        //汉字"中"的字模数据 5
                        3'h5:ldob=8'hf7;        //汉字"中"的字模数据 6
                        3'h6:ldob=8'hf7;        //汉字"中"的字模数据 7
                        3'h7:ldob=8'hff;        //汉字"中"的字模数据 8
                    endcase
                end
            2'b10:                              //输出汉字"下"
                begin
                    case(count[12:10])
                        3'h0:ldob=8'hff;        //汉字"下"的字模数据 1
                        3'h1:ldob=8'h80;        //汉字"下"的字模数据 2
                        3'h2:ldob=8'hf7;        //汉字"下"的字模数据 3
                        3'h3:ldob=8'he7;        //汉字"下"的字模数据 4
                        3'h4:ldob=8'hd7;        //汉字"下"的字模数据 5
                        3'h5:ldob=8'hf7;        //汉字"下"的字模数据 6
                        3'h6:ldob=8'hf7;        //汉字"下"的字模数据 7
                        3'h7:ldob=8'hff;        //汉字"下"的字模数据 8
                    endcase
                end
            2'b11:                              //输出汉字"大"
                begin
                    case(count[12:10])
                        3'h0:ldob=8'hf7;        //汉字"大"的字模数据 1
                        3'h1:ldob=8'hf7;        //汉字"大"的字模数据 2
                        3'h2:ldob=8'h80;        //汉字"大"的字模数据 3
                        3'h3:ldob=8'hf7;        //汉字"大"的字模数据 4
                        3'h4:ldob=8'hf7;        //汉字"大"的字模数据 5
                        3'h5:ldob=8'heb;        //汉字"大"的字模数据 6
                        3'h6:ldob=8'hdd;        //汉字"大"的字模数据 7
                        3'h7:ldob=8'hbe;        //汉字"大"的字模数据 8
                    endcase
                end
        endcase
    end
endmodule
```

5.　下载运行

1）双击 Quartus Ⅱ 软件快捷图标，进入 Quartus Ⅱ 集成开发环境，新建工程项目文件 leddot.qpf，并在该项目下新建 Verilog 源程序文件 leddot.v，输入上面的程序代码并保存。

2）为该工程项目选择一个目标器件，并对相应的引脚进行锁定，所选择的器件应该是 Altera 公司的 EPM1270T144C5N 芯片，引脚锁定表如表 3-53 所示。

表 3-53 引脚锁定表

引 脚 号	引 脚 名	引 脚 号	引 脚 名
5	ldoa0	16	ldob1
6	ldoa1	21	ldob2
7	ldoa2	22	ldob3
8	ldoa3	23	ldob4
11	ldoa4	24	ldob5
12	ldoa5	27	ldob6
13	ldoa6	28	ldob7
14	ldoa7	18	clock
15	ldob0		

3）对该工程文件进行编译处理，若在编译过程中发现错误，则需找出并更正错误，直至成功为止。

4）若要对所建的工程项目进行验证，则需输入必要的波形仿真文件，然后进行波形仿真模拟。观察模拟仿真结果并与预期的目标相比较，看是否符合设计要求，若不满足要求，则更正程序相关部分。

5）使用 USB-Blaster 下载电缆，将开发板 JTAG 口与 USB-Blaster 下载口相连，再打开工作电源，执行下载命令把程序下载到 CCIT CPLD/FPGA 实验仪的 EPM1270T144C5N 器件中。此时，可以看到点阵 LED 显示屏上显示"上""中""下""大"四个汉字。

3.10.3 滚动显示信息

1. 任务

在 CCIT CPLD/FPGA 实验仪的 LED 点阵显示屏上从上往下，滚动显示"大""下""中""上"4 个汉字。

微课 3-28
滚动显示信息

2. 要求

通过此案例的编程和下载运行，了解并掌握 LED 点阵屏滚动显示的编程方法。

3. 分析

近年来，LED 电子显示屏作为新的媒体，运动的发光图文，更容易吸引人的注意力，而且可以随时更新，有着非常好的广告和显示效果。那么如何实现在 LED 点阵显示屏上滚动显示信息呢？下面以从上往下，滚动显示"大""下""中""上"4 个汉字为例，介绍 LED 点阵显示屏滚动显示信息的方法。

通过分时显示信息的例子，大家对 LED 点阵显示屏显示汉字或字符的编程方法有了一定的了解。在实现滚动显示信息的程序中，只是后一个"画面"比前一个"画面"少一个末行，而又多一个首行，视觉看上去就是滚动的效果了。首先需确定显示信息的字模：

"大"的字模为：0xf7、0xf7、0x80、0xf7、0xf7、0xeb、0xdd、0xbe。

"下"的字模为：0xff、0x80、0xf7、0xe7、0xd7、0xf7、0xf7、0xff7。

"中"的字模为：0xf7、0xf7、0x80、0xb6、0x80、0xf7、0xf7、0xf7。

"上"的字模为：0xf7、0xf7、0xc7、0xf7、0xf7、0xf7、0x80、0xff。

把所有需显示的汉字或字符的字模从下往上依次排好，一方面用足够快的速度（即满足视觉暂留的频率）从下往上扫描整个点阵，显示该时刻所扫描的字符，另外用一个稍慢的速度每次从下往上移动一行，比如第一次显示的是字符"大"，如图 3-25 所示，则通过第一次行移动后，字符"大"的字模数据 8 移走了，"下"的字模数据 8 补充到第一行，如图 3-26 所示，依次移动两次后，如图 3-27 所示，依次移动三次后，如图 3-28 所示。

图 3-25　点阵 LED 显示字符"大"

图 3-26　从上往下移动一次后

图 3-27　从上往下移动两次后

图 3-28　从上往下移动三次后

4. 程序设计

从上往下滚动显示汉字，文件名 dtled.v。

```verilog
module fphz(clk,f1,f2);              //分频模块
    input clk;                       //定义时钟输入
    output f1,f2;                    //f1 为行扫描频率，f2 为移动频率
    reg f1,f2;                       //定义寄存器
    reg[23:0] count0,count1;         //定义两个计数寄存器
    always@(negedge clk)
    begin
        count0=count0+1;
        count1=count1+1;
        if(count0==24'd12000)        //f1 周期为 1ms，行扫描用
        begin
            f1=~f1;
            count0=0;
```

```
            end
            if(count1==24'd6000000)      //f2 周期为 0.5s，行移动用
            begin
                f2=~f2;
                count1=0;
            end
        end
endmodule

module getkey1(f1,f2,ldoa,ldob);      //滚动模块
    output[7:0] ldoa,ldob;            //定义位码输出口、段码输出口
    input f1,f2;                      //定义扫描频率输入 f1、行移动频率输入 f2
    reg[7:0] ldoa=0,ldob=0;           //定义位码、段码寄存器
    reg[4:0] i=0,value;               //定义两个 5 位的计数寄存器，32 个字模数据
    reg[2:0] j=0;                     //定义 3 位计数寄存器
    always@(negedge f1)
    begin
        value=31-(i+j);
        case(value)
            5'd0:ldob=8'hf7;          //汉字"上"的字模数据 1
            5'd1:ldob=8'hf7;          //汉字"上"的字模数据 2
            5'd2:ldob=8'hc7;          //汉字"上"的字模数据 3
            5'd3:ldob=8'hf7;          //汉字"上"的字模数据 4
            5'd4:ldob=8'hf7;          //汉字"上"的字模数据 5
            5'd5:ldob=8'hf7;          //汉字"上"的字模数据 6
            5'd6:ldob=8'h80;          //汉字"上"的字模数据 7
            5'd7:ldob=8'hff;          //汉字"上"的字模数据 8

            5'd8:ldob=8'hf7;          //汉字"中"的字模数据 1
            5'd9:ldob=8'hf7;          //汉字"中"的字模数据 2
            5'd10:ldob=8'h80;         //汉字"中"的字模数据 3
            5'd11:ldob=8'hb6;         //汉字"中"的字模数据 4
            5'd12:ldob=8'h80;         //汉字"中"的字模数据 5
            5'd13:ldob=8'hf7;         //汉字"中"的字模数据 6
            5'd14:ldob=8'hf7;         //汉字"中"的字模数据 7
            5'd15:ldob=8'hf7;         //汉字"中"的字模数据 8

            5'd16:ldob=8'hff;         //汉字"下"的字模数据 1
            5'd17:ldob=8'h80;         //汉字"下"的字模数据 2
            5'd18:ldob=8'hf7;         //汉字"下"的字模数据 3
            5'd19:ldob=8'he7;         //汉字"下"的字模数据 4
            5'd20:ldob=8'hd7;         //汉字"下"的字模数据 5
            5'd21:ldob=8'hf7;         //汉字"下"的字模数据 6
            5'd22:ldob=8'hf7;         //汉字"下"的字模数据 7
            5'd23:ldob=8'hf7;         //汉字"下"的字模数据 8

            5'd24:ldob=8'hf7;         //汉字"大"的字模数据 1
            5'd25:ldob=8'hf7;         //汉字"大"的字模数据 2
            5'd26:ldob=8'h80;         //汉字"大"的字模数据 3
            5'd27:ldob=8'hf7;         //汉字"大"的字模数据 4
            5'd28:ldob=8'hf7;         //汉字"大"的字模数据 5
            5'd29:ldob=8'heb;         //汉字"大"的字模数据 6
            5'd30:ldob=8'hdd;         //汉字"大"的字模数据 7
            5'd31:ldob=8'hbe;         //汉字"大"的字模数据 8
```

```
        endcase
        case(j)
            3'b000:ldoa=8'b01111111;        //扫描第八行
            3'b001:ldoa=8'b10111111;        //扫描第七行
            3'b010:ldoa=8'b11011111;        //扫描第六行
            3'b011:ldoa=8'b11101111;        //扫描第五行
            3'b100:ldoa=8'b11110111;        //扫描第四行
            3'b101:ldoa=8'b11111011;        //扫描第三行
            3'b110:ldoa=8'b11111101;        //扫描第二行
            3'b111:ldoa=8'b11111110;        //扫描第一行
        endcase
        j=j+1;
    end

    always@(negedge f2)                     //0.5s 加 1
    begin
        i=i+1;
    end

endmodule

module dtled(ldoa,ldob,clk);               //顶层模块
    input clk;                             //定义时钟输入
    output[7:0]ldoa,ldob;                  //定义位码输出口、段码输出口
    fphz    Q0(clk,f1,f2);                 //引用分频模块
    getkey1 Q1(f1,f2,ldoa,ldob);           //引用滚动模块

endmodule
```

5. 下载运行

1）双击 Quartus Ⅱ 软件快捷图标，进入 Quartus Ⅱ 集成开发环境，新建工程项目文件 leddot.qpf，并在该项目下新建 Verilog 源程序文件 leddot.v，输入上面的程序代码并保存。

2）为该工程项目选择一个目标器件，并对相应的引脚进行锁定，所选择的器件应该是 Altera 公司的 EPM1270T144C5N 芯片，引脚锁定表如表 3-54 所示。

表 3-54 引脚锁定表

引 脚 号	引 脚 名	引 脚 号	引 脚 名
5	ldoa0	16	ldob1
6	ldoa1	21	ldob2
7	ldoa2	22	ldob3
8	ldoa3	23	ldob4
11	ldoa4	24	ldob5
12	ldoa5	27	ldob6
13	ldoa6	28	ldob7
14	ldoa7	18	clk
15	ldob0		

3）对该工程文件进行编译处理，若在编译过程中发现错误，则需找出并更正错误，直至成功为止。

4）若要对所建的工程项目进行验证，则需输入必要的波形仿真文件，然后进行波形仿真模

拟。观察模拟仿真结果并与预期的目标相比较，看是否符合设计要求，若不满足要求，则更正程序相关部分。

5）使用 USB-Blaster 下载电缆，将开发板 JTAG 口与 USB-Blaster 下载口相连，再打开工作电源，执行下载命令把程序下载到 CCIT CPLD/FPGA 实验仪的 EPM1270T144C5N 器件中。此时，可以看到点阵 LED 显示屏上从上往下，滚动显示"大""下""中""上" 4 个汉字。

3.10.4 技能实训

在 CCIT CPLD/FPGA 实验仪上的 8×8 点阵屏上循环显示"王""守""于""小" 4 个汉字。

1. 实训目标

1）增强专业意识，培养良好的职业道德和职业习惯。

2）培养自主创新的学习能力和良好的实践操作能力。

3）掌握使用 CPLD 来控制点阵 LED 显示屏的显示。

4）在点阵 LED 显示屏上实现简单汉字显示。

2. 实训设备

1）实验仪 CCIT CPLD/FPGA。

2）Quartus Ⅱ 13.1 软件开发环境安装。

3. 实训内容与步骤

1）取模，把显示的汉字用 8B 的二进制代码表示。

"王"的字模为：_____、_____、_____、_____、_____、_____、_____、_____。

"守"的字模为：_____、_____、_____、_____、_____、_____、_____、_____。

"于"的字模为：_____、_____、_____、_____、_____、_____、_____、_____。

"小"的字模为：_____、_____、_____、_____、_____、_____、_____、_____。

2）采用逐行扫描的方法扫描整个点阵，确保扫描速度足够快，才能看到一个完整的汉字。

3）补全如下的行扫描程序。

```
module leddot2(clock,ldoa,ldob);          //定义模块
    input clock;                          //定义时钟输入
    output[7:0] ldoa,ldob;                //定义位码输出口、数据输出口
    reg[7:0] ldoa,ldob;                   //定义位码、段码寄存器
    reg[32:0] count;

    always@(posedge clock)
    begin
        count=count+1;
    end

    always@(_____)                     //控制每行扫描的速度
    begin
        case(_____)                    //控制扫描 8 行的顺序
            3'h0:ldoa=8'hfe;              //扫描第一行
            _____
            _____
            _____
            _____
            _____
```

```
        endcase
end
always@(count[14:12])
begin
    case(count[27:26])                    //控制每个汉字显示的时间
    2'b00:                                //输出汉字"王"
    begin
        case(count[14:12])




        endcase
    end
    2'b01:                                //输出汉字"守"
    begin
        case(count[14:12])




        endcase
    end
    2'b10:                                //输出汉字"于"
    begin
        case(count[14:12])




        endcase
    end
    2'b11:                                //输出汉字"小"
    begin
        case(count[14:12])
```

```
                    _____
                    _____
                    _____
                endcase
            end
            endcase
        end
    endmodule
```

4）编译并改正语法错误。

5）指定芯片的引脚，并设置不用的引脚。

引脚锁定表如表 3-55 所示。

表 3-55　引脚锁定表

引 脚 名	引 脚 号	引 脚 名	引 脚 号
ldoa0		ldob1	
ldoa1		ldob2	
ldoa2		ldob3	
ldoa3		ldob4	
ldoa4		ldob5	
ldoa5		ldob6	
ldoa6		ldob7	
ldoa7		clock	
ldob0			

6）重新编译。

7）下载运行并调试。

观察点阵 LED 显示屏上是否循环显示"王""守""于""小" 4 个汉字。

4. 实训注意事项

点阵显示屏有共阳、共阴之分，确定实验仪上选用的是共阳的。

5. 实训考核

请读者根据表 3-56 所示的实训考核要求，进行实训操作，保持良好的实训操作规划，熟悉整个工程的新建、程序代码编写、开发环境设置和编译下载调试的过程。

表 3-56　实训考核要求

项　目	内　容	分　值	考核要求	得　分
实训态度	1. 实训的积极性 2. 实训操作规范 3. 纪律遵守情况	10	积极参加实训，遵守安全操作规程，有良好的职业道德和敬业精神	
Quartus II 软件的使用及程序的编写	1. 能熟练使用 Quartus II软件 2. 程序的熟练编写 3. 芯片引脚的指定	40	能熟练使用 Quartus II 软件、掌握 case 语句、多个汉字分时显示实例的编写，正确指定引脚	
调试过程	1. 程序下载 2. 实验仪的使用 3. 操作是否规范	30	能下载程序，实验仪的规范使用，实验现象是否合理	
项目完成度和准确度	1. 实现题意要求 2. 操作和现象合理	20	该项目的所有功能是否能实现	

6. 实训思考

在点阵 LED 显示屏上从左向右滚动显示"王""守""于""小" 4 个汉字，如何实现？

同步训练 3-10

填空题

1. 常用的点阵 LED 显示屏有_____和_____之分。

2. 8×8 点阵引脚有_____个。

3. CCIT CPLD/FPGA 实验仪上采用的点阵是 8×8 共_____LED 点阵。

4. 点阵显示屏同样由_____和_____组成。

5. "上"的字模为：0xf7、0xf7、0xc7、0xf7、0xf7、0xf7、_____、0xff。

6. 显示汉字时，在程序中一般采用_____扫描的方法扫描整个点阵。

3.11 项目 11 蜂鸣器应用设计

学习目标

1. 能力目标

1）能应用蜂鸣器发出声音并提示信息。

2）能综合使用蜂鸣器和键盘制作简易电子琴。

2. 知识目标

1）掌握蜂鸣器的发声原理及驱动方法。

2）掌握使交流蜂鸣器发出不同音频及音长的 Verilog 编程方法。

3. 素质目标

1）培养发声元件的应用能力。

2）培养实验仿真及下载的技能。

情境设计

本节主要通过讲解蜂鸣器发出报警声、制作简易电子琴和音乐播放的实例，介绍蜂鸣器发声的工作原理及用 Verilog 语言编程来实现交流蜂鸣器发出不同音频及音长的方法。具体教学情境设计如表 3-57 所示。

表 3-57 教学情境设计

教学情境	技能训练	知识要点	学时数
情境 1：输出报警声	会用 Verilog 编写使交流蜂鸣器发出报警声音	1. 了解交流蜂鸣器引脚与 EPM1270T144C5N 芯片的引脚连接关系 2. 理解交流蜂鸣器的工作原理及外围驱动电路	1
情境 2：数字电子琴设计	会用 Verilog 编写使交流蜂鸣器发出不同音频及音长的程序	1. 掌握时钟分频的方法 2. 掌握键盘与不同音频的对应关系	1
情境 3："梁祝"音乐播放设计	会用 Verilog 编写连续演奏一段或一首音乐的程序	掌握交流蜂鸣器的综合应用	2

3.11.1　设计报警声

1. 任务

利用 CCIT CPLD/FPGA 实验仪上的蜂鸣器发出报警声。

2. 要求

通过此案例的编程和下载运行，了解并掌握交流蜂鸣器的外围驱动电路、工作原理和报警的编程方法。

微课 3-29
设计报警声

3. 分析

在 CCIT CPLD/FPGA 实验仪上已经准备了一个交流蜂鸣器 BUZZ，交流蜂鸣器外围接口电路原理图如图 3-29 所示。

图 3-29　交流蜂鸣器外围接口电路原理图

从图中可以看出，为了增加 I/O 口的驱动能力在此采用了 NPN 型晶体管（BUZZ 接高电平导通），这样只要在基极 BUZZ 上输入一定频率的脉冲，蜂鸣器 BUZZ 就会发出悦耳的音乐。乐曲演奏的原理是这样的：组成乐曲的每个音符的频率值（音调）及其持续时间（音长）是乐曲演奏的两个基本数据，因此，只要控制输出到蜂鸣器信号的频率高低和该频率信号持续的时间就可出演奏出不同音乐。

频率的高低决定了音调的高低，而乐曲的简谱与各个音名的频率对应关系如表 3-58 所示。所有不同频率的信号都是从同一个基准频率分频而得到的，由于音阶频率多为非整数，而分频系数又不能为小数，故必须将计算得到的分频数进行四舍五入取整。基准频率和分频系数应综合考虑加以选择，从而保证音乐不会走调。

表 3-58　乐曲简谱与各个音名的频率对应关系

音　名	频率/Hz	音　名	频率/Hz	音　名	频率/Hz
低音 1	261.6	中音 1	523.3	高音 1	1046.5
低音 2	293.7	中音 2	587.3	高音 2	1174.7
低音 3	329.6	中音 3	659.3	高音 3	1318.5
低音 4	349.2	中音 4	698.5	高音 4	1396.9
低音 5	392	中音 5	784	高音 5	1568
低音 6	440	中音 6	880	高音 6	1760
低音 7	493.9	中音 7	987.8	高音 7	1975.5

4. 程序设计

报警，文件名 buzz.v。

```
module buzz(clock,buzzout);
input clock;                      //定义时钟输入
```

```
output buzzout;                    //定义声响输出口
reg buzzout_reg;                   //定义寄存器
reg[30:0] count;                   //计数器计数
always@(posedge clock)
    begin
        count=count+1;
    end
always@(count[7])
    begin
        buzzout_reg=!(count[11]&count[22]&count[27]);  //输出一定频率的声响信号
    end
    assign buzzout=buzzout_reg;
endmodule
```

> 由 count[11]控制声音的音调（即声音信号的频率），而音长（该音调持续的时间）由 count[22]控制，每个语音系列发生的间隔时间则由 count[27]来控制，动手改改这条语句，试试看有什么不同的效果。

蜂鸣器基础知识

由于蜂鸣器具有控制简单及声响悦耳的特点，在工程项目中常用作人机接口的重要输出设备，用以发出语音提示信息，使系统更加完善和适用。蜂鸣器有交流和直流两种，直流蜂鸣器驱动简单，只要在 2 引脚上加直流电源它就会发出一定频率的声音，此时声音的音调和音量是固定的；而交流蜂鸣器在这方面则显得较灵活，输入的声音信号的频率和音长可以由用户控制，因此输出的声响可以是多样的。

5. 下载运行

1）双击 Quartus Ⅱ 软件快捷图标，进入 Quartus Ⅱ 集成开发环境，新建工程项目文件 buzz.qpf，并在该项目下新建 Verilog 源程序文件 buzz.v，输入上面的程序代码并保存。

2）为该工程项目选择一个目标器件，并对相应的引脚进行锁定，所选择的器件应该是 Altera 公司的 EPM1270T144C5N 芯片，引脚锁定表如表 3-59 所示。

表 3-59　引脚锁定表

引　脚　号	引　脚　名	引　脚　号	引　脚　名
18	clock	41	buzzout

3）对该工程文件进行编译处理，若在编译过程中发现错误，则需找出并更正错误，直至成功为止。

4）若要对所建的工程项目进行验证，则需输入必要的波形仿真文件，然后进行波形仿真模拟。观察模拟仿真结果并与预期的目标相比较，看是否符合设计要求，若不满足要求，则更正程序相关部分。

5）使用 USB-Blaster 下载电缆，将开发板 JTAG 口与 USB-Blaster 下载口相连，再打开工作电源，执行下载命令把程序下载到 CCIT CPLD/FPGA 实验仪的 EPM1270T144C5N 器件中。此时，能听到蜂鸣器的"滴、滴"声吗？

3.11.2　设计数字电子琴

微课 3-30
设计数字电子琴

1. 任务

在 CCIT CPLD/FPGA 实验仪上实现一个简易的电子琴。

2. 要求

通过此案例的编程和下载运行，了解并掌握键盘与不同音频的对应关系及时钟分频的编程方法。

3. 分析

通过前面报警声的例子分析可知，简谱中的音名与频率是一一对应的，因此要发出某一声乐，只需输出该声乐所对应的频率信号即可。在 CCIT CPLD/FPGA 实验仪上已经为读者准备了键盘 K1～K8 和一个交流蜂鸣器 BUZZ，因此完全可以利用它们来实现一个简单的电子琴。为了产生一定的频率信号，在此还必须用到有源时钟 clock 且把它作为乐曲的基频，而所有不同的频率信号都从这一基频分频而取得，如在 24MHz 时钟下，中音 1（对应的频率值为 523.3Hz）的分频系数应该为：$24 \times 10^6/(523.3 \times 2) = 0x5993$。

4. 程序设计

数字电子琴，文件名 music.v。

```verilog
module music(keyin,clock,buzzout,ledout);     //模块名 music
    input clock;                              //定义时钟输入
    input[7:0] keyin;                         //定义键盘输入口
    output buzzout;                           //定义声响输出口
    output[7:0] ledout;                       //定义 VL 指示灯输出端
    reg buzzout_reg;                          //定义寄存器
    reg[15:0]  count;                         //定义基准时钟分频计数器
    reg[15:0]  count_end;                     //定义简谱的分频计数器
    reg[7:0] keyin_reg;
    always@(posedge clock)
    begin
        count=count+1;                        //计数器加 1
        if((count==count_end)&(count_end!=16'hffff)) //当分频到相应简谱的频
                                              //率时
            begin
                count=16'h0;                  //清零计数器
                buzzout_reg=~buzzout_reg;     //取反交流蜂鸣器输出信号
            end
    end
    /* 分频得到相应简谱的频率 */
    always@(keyin)
    begin
        keyin_reg=keyin;
        case(keyin_reg)
            8'b11111110:count_end=16'h5993;   //中音 1 的分频系数值；k1 键
            8'b11111101:count_end=16'h4fd0;   //中音 2 的分频系数值；k2 键
            8'b11111011:count_end=16'h4719;   //中音 3 的分频系数值；k3 键
            8'b11110111:count_end=16'h431b;   //中音 4 的分频系数值；k4 键
            8'b11101111:count_end=16'h3bca;   //中音 5 的分频系数值；k5 键
            8'b11011111:count_end=16'h3544;   //中音 6 的分频系数值；k6 键
            8'b10111111:count_end=16'h2f74;   //中音 7 的分频系数值；k7 键
            8'b01111111:count_end=16'h2cca;   //高音 1 的分频系数值；k8 键
            8'b11111100:count_end=16'h27e7;   //高音 2 的分频系数值；k1，k2 键
            8'b11111010:count_end=16'h238d;   //高音 3 的分频系数值；k1，k3 键
            8'b11110110:count_end=16'h218e;   //高音 4 的分频系数值；k1，k4 键
            8'b11101110:count_end=16'h1de5;   //高音 5 的分频系数值；k1，k5 键
            8'b11011110:count_end=16'h1aa2;   //高音 6 的分频系数值；k1，k6 键
```

```
              8'b10111110:count_end=16'h17ba;          //高音 7 的分频系数值；k1，k7 键
                   default:count_end=16'hffff;
              endcase
          end
          assign buzzout=buzzout_reg;
          assign ledout=keyin_reg;
      endmodule
```

5. 下载运行

1）双击 Quartus II 软件快捷图标，进入 Quartus II 集成开发环境，新建工程项目文件 music.qpf，并在该项目下新建 Verilog 源程序文件 music.v，输入上面的程序代码并保存。

2）为该工程项目选择一个目标器件并对相应的引脚进行锁定，所选择的器件应该是 Altera 公司的 EPM1270T144C5N 芯片，引脚锁定表如表 3-60 所示。

表 3-60　引脚锁定表

引 脚 号	引 脚 名	引 脚 号	引 脚 名
61	keyin0	29	ledout0
62	keyin 1	30	ledout 1
63	keyin 2	31	ledout 2
66	keyin 3	32	ledout 3
67	keyin 4	37	ledout4
68	keyin 5	38	ledout5
69	keyin 6	39	ledout6
70	keyin 7	40	ledout7
41	buzzout	18	clock

3）对该工程文件进行编译处理，若在编译过程中发现错误，则需找出并更正错误，直至成功为止。

4）若要对所建的工程项目进行验证，则需输入必要的波形仿真文件，然后进行波形仿真模拟。观察模拟仿真结果并与预期的目标相比较，看是否符合设计要求，若不满足要求，则更正程序相关部分。

5）使用 USB-Blaster 下载电缆，将开发板 JTAG 口与 USB-Blaster 下载口相连，再打开工作电源，执行下载命令把程序下载到 CCIT CPLD/FPGA 实验仪的 EPM1270T144C5N 器件中。分别按下键 K1～K8，能听到音乐吗？

3.11.3　播放"梁祝"音乐

1. 任务

在 CCIT CPLD/FPGA 实验仪上实现"梁祝"音乐片段的循环播放。

微课 3-31
播放"梁祝"
音乐

2. 要求

通过此案例的编程和下载运行，了解并掌握运用 Verilog HDL 通过交流蜂鸣器设计音乐程序的方法。

3．分析

通过前面两个案例的学习，基本上对分频和控制交流蜂鸣器发声有了一定的了解，在此基础上，本案例是对以上知识点的综合应用（需要处理好各种简谱的播放顺序和音长）。

4．程序设计

"梁祝"音乐片段，文件名 music.v。

```verilog
module music(clk_24MHz,buzzout);
    input clk_24MHz;                    //定义基准时钟输入
    output buzzout;                     //定义声响输出口
    reg[2:0] high,med,low;              //定义高、中、低音标志
    reg buzzout_reg;
    reg[24:0] count1,count2;            //定义基准时钟分频寄存器
    reg[15:0] count_end;               //定义音谱分频寄存器
    reg[7:0] counter;                   //控制音谱播放顺序
    reg clk_4Hz;                        //4Hz 信号
    /* 由基准时钟分频获得 4Hz 信号 */
    always@(posedge clk_24MHz)
    begin
      if(count1<25'd3000000)            //小于 0.125s 吗？
       begin
         count1=count1+1;               //是，则计数
       end
      else
       begin
         count1=0;
         clk_4Hz=~clk_4Hz;
        end
    end
    /* 控制交流蜂鸣器发各种音谱声 */
    always@(posedge clk_24MHz)
    begin
        count2=count2+1;
        if(count2==count_end)
            begin
                count2=25'h0;
                buzzout_reg=!buzzout_reg;
            end
    end
    /* 分频得到相应简谱的频率 */
    always@(posedge clk_4Hz)
    begin
        case({high,med,low})
            9'b000000001:count_end=16'hb32f;    //低音 1 的分频系数值
            9'b000000010:count_end=16'h9f9a;    //低音 2 的分频系数值
            9'b000000011:count_end=16'h8e37;    //低音 3 的分频系数值
            9'b000000100:count_end=16'h863c;    //低音 4 的分频系数值
            9'b000000101:count_end=16'h7794;    //低音 5 的分频系数值
            9'b000000110:count_end=16'h6a88;    //低音 6 的分频系数值
            9'b000000111:count_end=16'h5ee8;    //低音 7 的分频系数值
            9'b000001000:count_end=16'h5993;    //中音 1 的分频系数值
            9'b000010000:count_end=16'h4fd0;    //中音 2 的分频系数值
            9'b000011000:count_end=16'h4719;    //中音 3 的分频系数值
            9'b000100000:count_end=16'h431b;    //中音 4 的分频系数值
```

```
                9'b000101000:count_end=16'h3bca;            //中音 5 的分频系数值
                9'b000110000:count_end=16'h3544;            //中音 6 的分频系数值
                9'b000111000:count_end=16'h2f74;            //中音 7 的分频系数值
                9'b001000000:count_end=16'h2cca;            //高音 1 的分频系数值
                9'b010000000:count_end=16'h27e7;            //高音 2 的分频系数值
                9'b011000000:count_end=16'h238d;            //高音 3 的分频系数值
                9'b100000000:count_end=16'h218e;            //高音 4 的分频系数值
                9'b101000000:count_end=16'h1de5;            //高音 5 的分频系数值
                9'b110000000:count_end=16'h1aa2;            //高音 6 的分频系数值
                9'b111000000:count_end=16'h17ba;            //高音 7 的分频系数值
                default:count_end=16'hffff;
        endcase
    end
    /* "梁祝" 乐曲演奏控制 */
    always@(posedge clk_4Hz)
    begin
        if(counter==47) counter=0;                          //只演奏 47 个音谱片段
        else counter=counter+1;                             //控制演奏顺序
        case(counter)
            0:{high,med,low}=9'b000000011;                  //低音 3
            1:{high,med,low}=9'b000000011;
            2:{high,med,low}=9'b000000011;
            3:{high,med,low}=9'b000000011;
            4:{high,med,low}=9'b000000101;                  //低音 5
            5:{high,med,low}=9'b000000101;
            6:{high,med,low}=9'b000000101;
            7:{high,med,low}=9'b000000110;                  //低音 6
            8:{high,med,low}=9'b000001000;                  //中音 1
            9:{high,med,low}=9'b000001000;
            10:{high,med,low}=9'b000001000;
            11:{high,med,low}=9'b000010000;                 //中音 2
            12:{high,med,low}=9'b000000110;                 //低音 6
            13:{high,med,low}=9'b000001000;                 //中音 1
            14:{high,med,low}=9'b000000101;                 //低音 5
            15:{high,med,low}=9'b000000101;                 //低音 5
            16:{high,med,low}=9'b000101000;                 //中音 5
            17:{high,med,low}=9'b000101000;
            18:{high,med,low}=9'b000101000;
            19:{high,med,low}=9'b001000000;                 //高音 1
            20:{high,med,low}=9'b000110000;                 //中音 6
            21:{high,med,low}=9'b000101000;                 //中音 5
            22:{high,med,low}=9'b000011000;                 //中音 3
            23:{high,med,low}=9'b000101000;                 //中音 5
            24:{high,med,low}=9'b000010000;                 //中音 2
            25:{high,med,low}=9'b000010000;
            26:{high,med,low}=9'b000010000;
            27:{high,med,low}=9'b000010000;
            28:{high,med,low}=9'b000010000;
            29:{high,med,low}=9'b000010000;
            30:{high,med,low}=9'b000010000;
            31:{high,med,low}=9'b000010000;
            32:{high,med,low}=9'b000010000;
            33:{high,med,low}=9'b000010000;
            34:{high,med,low}=9'b000010000;
```

```
            35:{high,med,low}=9'b000011000;          //中音 3
            36:{high,med,low}=9'b000000111;          //低音 7
            37:{high,med,low}=9'b000000111;
            38:{high,med,low}=9'b000000110;          //低音 6
            39:{high,med,low}=9'b000000110;
            40:{high,med,low}=9'b000000101;          //低音 5
            41:{high,med,low}=9'b000000101;
            42:{high,med,low}=9'b000000101;
            43:{high,med,low}=9'b000000110;          //低音 6
            44:{high,med,low}=9'b000001000;          //中音 1
            45:{high,med,low}=9'b000001000;
            46:{high,med,low}=9'b000010000;          //中音 2
            47:{high,med,low}=9'b000010000;
        endcase
    end
    assign buzzout=buzzout_reg;
endmodule
```

5. 下载运行

1）双击 Quartus Ⅱ 软件快捷图标，进入 Quartus Ⅱ 集成开发环境，新建工程项目文件 music.qpf，并在该项目下新建 Verilog 源程序文件 music.v，输入上面的程序代码并保存。

2）为该工程项目选择一个目标器件并对相应的引脚进行锁定，所选择的器件应该是 Altera 公司的 EPM1270T144C5N 芯片，引脚锁定表如表 3-61 所示。

表 3-61　引脚锁定表

引　脚　号	引　脚　名	引　脚　号	引　脚　名
18	clk_24MHz	41	buzzout

3）对该工程文件进行编译处理，若在编译过程中发现错误，则需找出并更正错误，直至成功为止。

4）使用 USB-Blaster 下载电缆，将开发板 JTAG 口与 USB-Blaster 下载口相连，再打开工作电源，执行下载命令把程序下载到 CCIT CPLD/FPGA 实验仪的 EPM1270T144C5N 器件中，即可听到"梁祝"音乐片段！

3.11.4　技能实训

查找自己喜欢的音乐乐谱，编写一段或一首该音乐的播放代码，下载到实验板上运行（要求：有"开始"和"暂停"播放控制键，播放的同时点阵上循环显示音乐名称）。

1. 实训目标

1）增强专业意识，培养良好的职业道德和职业习惯。

2）培养自主创新的学习能力和良好的实践操作能力。

3）掌握交流蜂鸣器的综合应用。

2. 实训设备

1）实验仪 CCIT CPLD/FPGA。

2）Quartus Ⅱ 13.1 软件开发环境。

3. 实训内容与步骤

1）题意分析。

假定选择"梁祝"音乐片段，按 K1 键开始播放，按 K2 键暂停播放，同时在点阵上显示音乐名。模块关系图如图 3-30 所示，分为 4 个模块：顶层模块、按键开关模块、音乐播放模块和音乐名称显示模块，根据题目要求填写完整以下各模块的程序代码。

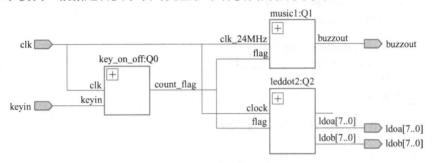

图 3-30　模块关系图

2）分模块设计。

① 顶层模块设计。

```
module music(clk, keyin,buzzout,ldoa,ldob);
    input clk;
    input keyin;
    output buzzout;
    output[7:0] ldoa,ldob;
    wire key_flag;
    key_on_off  Q0(clk,keyin,key_flag);
    music1  Q1(clk,key_flag,buzzout);
    leddot2  Q2(clk,key_flag,ldoa,ldob);
endmodule
```

② 开始和暂停按键开关模块设计。

```
/* 按键去抖动*/
module  f_1M(clkin,clkout);
    input    clkin;
    output   clkout;
    reg clkout;
    reg[18:0]   count;

    always@(negedge  clkin)
    begin

        _____
        _____
        _____
        _____
        _____
        _____

    end
endmodule
/* 按键控制开始和暂停*/
module key_on_off(clk,keyin,count_flag);
    input clk,keyin;
```

```
        output  count_flag;
        reg count_flag;
        wire clk0;
        reg keyout;
        f_1M f_1Ma(clk,clk0);

        always@(negedge  clk0)
            keyout=_____;

        always@(negedge  keyout)
            count_flag=_____;
    endmodule
```

③ 音乐播放模块设计。

```
    module music1(clk_24MHz,flag,buzzout);
    input clk_24MHz;
    input flag;
    output buzzout;
    reg[3:0] high,med,low;
    reg buzzout_reg;
    reg[24:0] count1,count2;
    reg[20:0] count_end;
    reg[7:0] counter;
    reg clk_4Hz;

    always@(posedge clk_24MHz)  //生成 4Hz 信号
        begin
          if(count1<25'd3000000)
            begin
              count1=count1+1;
            end
          else
            begin
              count1=0;
              clk_4Hz=_____;
            end
        end

    always@(posedge clk_24MHz)                  //结合 K1 键控制音乐播放与暂停
        begin
            count2=count2+1;
            if((count2==count_end)&&(_____))
                begin
                    count2=25'h0;
                    buzzout_reg=!buzzout_reg;
                end
        end
    always@(posedge clk_4Hz)                    //确定每段音乐中每个音符分频系数
        begin
            case({high,med,low})
                9'b000000001:count_end=16'hb32f;     //低音 1 的分频系数
                _____
                _____
                _____
                _____
```

```
                                           9'b111000000:count_end=16'h17ba;        //高音 7 的分频系数
                                           default:count_end=20'h0ffff;
                                   endcase
                           end
                           assign buzzout=buzzout_reg;
                   endmodmodule
                   always@(posedge clk_4Hz)                                //前 47 个乐谱各个音符顺序的控制
                           begin
                                   if(counter==47) counter=0;
                                   else counter=counter+1;
                                   case(counter)
                                       0:{high,med,low}=9'b000000011;   //低音 3
                                       1:{high,med,low}=9'b000000011;
                                       2:{high,med,low}=9'b000000011;



                                       ......
                                       46:{high,med,low}=9'b000010000; //中音 2
                                       47:{high,med,low}=9'b000010000;
                                   endcase
                           end
```

④ 音乐名称显示模块设计。

```
            module leddot2(clock,flag,ldoa,ldobt);
                    input clock,flag;
                    output[7:0] ldoa,ldob;
                    reg[7:0] ldoa,ldob;
                    reg[32:0] count;

                    always@(posedge clock)                   //计数器计数
                    begin
                        count=count+1;
                    end
```

```
always@(count[14:12])                              //扫描 8 行
begin
    case(count[14:12])
        3'h0:ldoa=8'hfe;

        _____
        _____
        _____
        _____
        _____
        _____
        _____

    endcase
end
always@(count[14:12])                              // 音乐名循环显示
begin
    if(_____)                                   //按键控制播放与暂停
        case(count[26])
            1'b0:                                  //显示汉字"梁"的拼音的首字母 L
            begin
                case(count[14:12])

                    _____
                    _____
                    _____
                    _____
                    _____
                    _____
                    _____
                    _____

                endcase
            end
            1'b1:                                  //显示汉字"祝"的首字母 Z
            begin
                case(count[14:12])

                    _____
                    _____
                    _____
                    _____
                    _____
                    _____
                    _____
                    _____

                endcase
            end
        endcase
    else
        case(count[14:12])                          //点阵灭
            3'h0:ldob=8'hff;
            3'h1:ldob=8'hff;
            3'h2:ldob=8'hff;
            3'h3:ldob=8'hff;
            3'h4:ldob=8'hff;
            3'h5:ldob=8'hff;
            3'h6:ldob=8'hff;
            3'h7:ldob=8'hff;
```

```
        endcase
    end
 endmodule
```

3）编译并改正语法错误。

4）指定芯片的引脚，并设置不用的引脚。引脚锁定表如表 3-62 所示。

表 3-62　引脚锁定表

引　脚　名	引　脚　号	引　脚　名	引　脚　号
clk_24MHz		Key_start	
buzzout		Key_stop	

5）重新编译。

6）下载运行并调试。

按下 K1 键，观察有何现象，再按下 K1 键，观察有何变化？如此循环。

4. 实训注意事项

1）注意按键去抖动计数。

2）注意分模块设计每个模块，注意模块之间的关系。

5. 实训考核

请根据表 3-63 所示的实训考核要求，进行实训操作，保持良好的实训操作规划，熟悉整个工程的新建、程序代码编写、开发环境设置和编译下载调试的过程。

表 3-63　实训考核要求

项　目	内　容	分　值	考　核　要　求	得　分
职业素养	1. 实训的积极性 2. 实训操作规范 3. 纪律遵守情况	10	积极参加实训，遵守安全操作规程，有良好的职业道德和敬业精神	
Quartus II 软件的使用及程序的编写	1. 能熟练使用 Quartus II 软件 2. 程序的熟练编写 3. 芯片引脚的指定	40	能熟练使用 Quartus II 软件、掌握模块化编程方法、正确指定引脚	
调试过程	1. 程序下载 2. 实验仪的使用 3. 操作是否规范	30	能下载程序，实验仪的规范使用，实验现象是否合理	
项目完成度和准确度	1. 实现题意要求 2. 操作和现象合理	20	该项目的所有功能是否能实现	

同步训练 3-11

填空题

1. 蜂鸣器有_____和_____两种。

2. _____蜂鸣器输出的声音的音调和音量是固定的。

3. _____蜂鸣器比较灵活，输出的声响可以是多样的。

4. 组成乐曲的两个基本数据是_____和_____。

5. _____的高低，决定了音调的高低。

6. 在 24MHz 时钟下，高音 1 的分频系数约等于_____(10 进制表示)。

7. 程序实现乐曲演奏时，需处理好简谱的播放顺序和_____。

3.12 项目 12 基于串行通信的 LCD 液晶显示系统设计

学习目标

1．能力目标

1）能进行串行接收数据设计。

2）能进行串行发送数据设计。

3）能查阅 LCD 液晶屏使用手册。

4）能驱动 LCD 液晶显示字符。

2．知识目标

1）掌握基于 CPLD/FPGA 串行通信的基础知识。

2）掌握串行接收和发送的模块设计。

3）掌握 LCD 液晶的基础知识。

4）掌握驱动 LCD 液晶显示字符的 Verilog 编程方法。

3．素质目标

1）培养通过串行口对上位机与下位机进行通信的设计能力。

2）培养 LCD 液晶屏的应用能力。

3）培养实验仿真及下载的技能。

情境设计

本节首先介绍串行通信和 LCD 基础知识，通过驱动基于串行通信的 LCD 液晶屏显示字符的实例，进一步介绍 CPLD 项目开发的一般方法和编程技巧。具体教学情境设计如表 3-64 所示。

表 3-64　教学情境设计

教 学 情 境	技 能 训 练	知 识 要 点	学时数
情境 1　LCD 液晶滚动显示"www.ccit.js.cn"	1．会查阅 LCD 液晶屏的使用手册，并理解其工作原理 2．会用 Verilog 编写驱动 LCD 液晶屏显示字符的程序	1．了解 LCD 液晶屏的基础知识及接口特性 2．理解 LCD 液晶屏的功能及实现方式 3．掌握时钟分频的方法 4．掌握 LCD 驱动的编程方法	4
情境 2　串行收发模块设计	1．进行下位机串行发送电路设计 2．进行下位机串行接收电路设计 3．进行上位机和下位机的交互通信	1．掌握串行通信的基础知识 2．掌握串行收发模块的综合编程	4
情境 3　基于串行通信的 LCD 显示系统	1．会实例化模块，进行接口电路设计 2．进行上位机和液晶的通信	1．掌握实例化模块的方法 2．掌握通信调试方法	2

3.12.1　串行通信基础知识

微课 3-32
串行通信基础知识

本节主要介绍串行通信中的相关概念，为学习 CPLD/FPGA 的 UART 串行通信编程做准备。

1．异步串行通信的格式

在 MCU 的英文芯片手册上，通常说串行通信接口（Serial Communication Interface，SCI）采用的是 NRZ 数据格式，英文全称是 standard non return zero/space data format，可以译为："标准不归零传号/空号数据格式"。这是一个通信术语，"不归零（NRZ）"的最初含义是：用负电平表示一种二进制值，正电平表示另一种二进制值，不使用零电平。"mark/space"即"传号/空号"分别表示两种状态的物理名称，逻辑名称记为"1/0"。对学习嵌入式应用的读者而言，只要理解这种格式只有"1"和"0"两种逻辑值就可以了。图 3-31 给出了 8 位数据、无校验情况的数据帧格式。

图 3-31　数据帧格式

这种格式的空闲状态为"1"，发送器通过发送一个"0"表示 1 字节传输的开始，随后是数据位（在 MCU 中一般是 8 位或 9 位，可以包含校验位）。最后，发送器发送 1～2 位的停止位，表示 1 字节传送结束。若继续发送下一字节，则重新发送开始位，开始一个新的字节传送。若不发送新的字节，则维持"1"的状态，使发送数据线处于空闲。从开始位到停止位结束的时间间隔称为一帧（frame）。所以，也称这种格式为帧格式。

由上可知，在异步串行通信中，通过"开始位"与"停止位"来区分每个传送的字节。所以，每发送 1 字节，都要发送"开始位"与"停止位"，这是影响异步串行通信传送速度的因素之一。因为每发送 1 字节，必须先发送"开始位"，所以称之为"异步"（asynchronous）通信。

2．串行通信的波特率

位长也称为位的持续时间。其倒数就是单位时间内传送的位数。每秒内传送的位数叫作波特率（baud rate）。波特率的单位为位/秒（bit/s）。

通常使用的波特率有 300bit/s、600 bit/s、900 bit/s、1200 bit/s、1800 bit/s、2400 bit/s、4800 bit/s、9600 bit/s、19200 bit/s、38400bit/s。在包含开始位与停止位的情况下，发送 1 字节也就是发送 10 位，很容易计算出，在各种波特率下，发送 1K 字节所需的时间。显然，这个速度相对于目前的许多通信方式是慢的。那么，能否提高异步串行通信的速度呢？答案是否定的。因为随着波特率的提高，位长变小，以致很容易受到电磁源的干扰，通信就不可靠了。当然，还有通信距离问题，距离小，可以适当提高波特率。

3．奇偶校验

在异步串行通信中，如何知道传输是正确的？最常见的方法是增加一个位（奇偶校验位），供错误检测使用。字符奇偶校验检查（Character Parity Checking）也称为垂直冗余检查（Vertical Redundancy Checking，VRC），它是每个字符增加一个额外位，使字符中"1"的个数为奇数或偶数。奇数或偶数依据使用的是"奇校验检查"还是"偶校验检查"而定。当使用"奇校验检查"时，如果字符数据位中"1"的数目是偶数，校验位应为"1"，如果"1"的数目是奇数，校验位应为"0"。当使用"偶校验检查"时，如果字符数据位中"1"的数目是偶数，则校验位应为"0"；如果是奇数，则为"1"。

这里列举奇偶校验检查的一个实例。ASCII 字符"R"，其位构成是 1010010。由于字符"R"中有 3 个"1"，若使用奇校验检查，则校验位为"0"；如果使用偶校验检查，则校验位为"1"。因而，ASCII 字符"R"如下所示：

数据位	校验位	
1 0 1 0 0 1 0	0	奇校验检查 （要求："1"的个数为奇数）
1 0 1 0 0 1 0	1	偶校验检查 （要求："1"的个数为偶数）

在传输过程中，若有 1 位（或奇数个数据位）发生错误，使用奇偶校验检查，可以知道发生传输错误。若有 2 位（或偶数个数据位）发生错误，使用奇偶校验检查，就不能知道发生传输错误。但是奇偶校验检查方法简单，使用方便，发生 1 位错误的概率远大于发生 2 位错误的概率，所以"奇偶校验"这种方法是最为常用的一种校验方法。几乎所有 MCU 的串行异步通信接口中，都提供这种功能。

4. 串行通信的传输方式

在串行通信中，经常用到"单工""双工""半双工"等术语。它们是串行通信的不同传输方式。下面简要介绍这些术语的基本含义。

● 单工（Simplex）：数据传送是单向的，一端为发送端，另一端为接收端。在这种传输方式中，除了地线之外，只要一根数据线就可以了。有线广播就是单工的。

● 全双工（Full_duplex）：数据传送是双向的，且可以同时接收与发送数据。这种传输方式中，除了地线之外，需要两根数据线，一般情况下，MCU 的异步串行通信接口均是全双工的。

● 半双工（Half_duplex）：数据传送也是双向的，但是在这种传输方式中，除了地线之外，一般只有一根数据线。任何一个时刻，只能由一方发送数据，另一方接收数据，不能同时收发。

3.12.2 LCD 基础知识

本节简要概述液晶显示器（Liquid Crystal Display，LCD）的基本特点及分类方法。

微课 3-33
LCD 基础知识

1. LCD 的特点

LCD 作为电子信息产品的主要显示器件，相对于其他类型的显示部件来说，有自身的特点，概要如下。

（1）低电压微功耗

LCD 的工作电压一般为 3～5V，每平方厘米的液晶显示屏的工作电流为 μA 级，所以液晶显示器件是电池供电的电子设备的首选显示器件。

（2）平板型结构

LCD 的基本结构是由两片玻璃组成的很薄的盒子。这种结构具有使用方便、生产工艺简单等优点。特别是在生产上，适宜采用集成化生产工艺，通过自动生产流水线可以实现快速、大批量生产。

（3）使用寿命长

LCD 器件本身几乎没有劣化问题。若能注意器件防潮、防压、防止划伤、防止紫外线照射以及防静电等，同时注意使用温度，LCD 就可以使用很长时间。

（4）被动显示

对 LCD 来说，环境光线越强显示内容越清晰。人眼所感受的外部信息，90%以上是外部物体对光的反射，而不是物体本身发光，所以被动显示更适合人的视觉习惯，更不容易引起疲劳。这在信息量大、显示密度高、观看时间长的场合显得更重要。

（5）显示信息量大且易于彩色化

LCD 与 CRT 相比，由于 LCD 没有荫罩限制，像素可以做得很小，这对于高清晰电视是一种理想的选择方案。同时，液晶易于彩色化，方法也很多。特别是液晶的彩色可以做得更逼真。

（6）无电磁辐射

CRT 工作时，不仅会产生 X 射线，还会产生其他电磁辐射，影响环境。LCD 则不会有这类问题。

2．LCD 的分类

液晶显示器件分类方法有多种，这里简要介绍给出几种分类方法。

（1）按电光效应分类

所谓电光效应是指在电的作用下，液晶分子的初始排列改变为其他排列形式，从而使液晶盒的光学性质发生变化，也就是说，以电通过液晶分子对光进行了调制。不同的电光效应可以制成不同类型的显示器件。

按电光效应分类，LCD 可分为电场效应类、电流效应类、电热写入效应类和热效应类。其中电场效应类又可分为扭曲向列效应（TN）类、宾主效应（GH）类和超扭曲效应（STN）类等。MCU 系统中应用较广泛的是 TN 型和 STN 型液晶器件，由于 STN 型液晶器件具有视角宽、对比度好等优点，几乎所有 32 路以上的点阵 LCD 都采用了 STN 效应结构，STN 型正逐步代替 TN 型而成为主流。

（2）按显示内容分类

按显示内容分类，LCD 可分为字段型（或称为笔划型）、点阵字符型及点阵图形型 3 种。

字段型 LCD 是指以长条笔划状显示像素组成的液晶显示器件。字段型 LCD 以七段显示最常用，也包括为专用液晶显示器设计的固定图形及少量汉字。字段型 LCD 主要应用于数字仪表、计算器、计数器中。

点阵字符型 LCD 是指显示的基本单元由一定数量点阵组成，专门用于显示数字、字母、常用图形符号及少量自定义符号或汉字。这类显示器把 LCD 控制器、点阵驱动器以及字符存储器等全做在一块印制电路板上，构成便于应用的液晶显示模块。点阵字符型液晶显示模块在国际上已经规范化，有统一的引脚与编程结构。点阵字符型液晶显示模块有内置 192 个字符，另外用户可自定义 5×7 点阵字符或 5×11 点阵字符若干个。显示行数一般为 1 行、2 行、4 行三种。每行可显示 8 个、16 个、20 个、24 个、32 个及 40 个字符不等。

点阵图形型除了可显示字符外，还可以显示各种图形信息、汉字等，显示自由度大。常见的模块点阵从 80×32 到 640×480 不等。

（3）按 LCD 的采光方式分类

按其采光方式分类，LCD 分为带背光源与不带背光源两大类。不带背光源的 LCD 显示是靠背面的反射膜将射入的自然光从下面反射出来完成的。大部分计数、计时、仪表、计算器等计量显示部件都是用自然光源，可以选择使用不带背光源的 LCD 器件。如果产品需要在弱光或黑暗条件下使用，则可以选择带背光源型 LCD，但背光源增加了功耗。

3．点阵字符型 LCD 的接口特性

点阵字符型 LCD 是专门用于显示数字、字母、图形符号及少量自定义符号的液晶显示器。

这类显示器把 LCD 控制器、点阵驱动器、字符存储器、显示体及少量的阻容元件等集成为一个液晶显示模块。字符型液晶显示模块目前在国际上已经规范化，其电特性及接口特性是统一的，因此，只要设计出一种型号的接口电路，在指令上稍加修改即可使用各种规格的字符型液晶显示模块。

字符型液晶显示模块的控制器大多数为日立公司生产的 HD44780 及其兼容的控制电路，如 SED1278(SEIKO EPSON)、KS0066(SAMSUNG)、NJU6408(NER JAPAN RADIO)等。本节介绍 HD44780 的接口知识。

（1）点阵字符型液晶显示模块的主要基本特点

1）液晶显示屏是以若干 5×8 或 5×11 点阵块组成的显示字符群。每个点阵块为一个字符位，字符间距和行距都为一个点的宽度。

2）主控制电路为 HD44780（HITACHI）及其他公司的兼容电路。从程序员角度来说，LCD 的显示接口与编程是面向 HD44780 的，只要了解 HD44780 的编程结构即可进行 LCD 的显示编程。

3）内部具有字符发生器 ROM（Character Generator ROM，CG ROM），可显示 192 种字符（160 个 5×7 点阵字符和 32 个 5×10 点阵字符）。

4）具有 64B 的自定义字符 RAM（Character Generator RAM，CG RAM），可以定义 8 个 5×8 点阵字符或 4 个 5×11 点阵字符。

5）具有 64B 的数据显示 RAM（Data Display RAM，DD RAM），供显示编程时使用。

6）模块结构紧凑、轻巧、装配容易。

7）单+5V 电源供电（宽温型需要加-7V 驱动电源）。

8）低功耗、高可靠性。

（2）HD44780 的引脚与时序

1）HD44780 的引脚信号。HD44780 的外部接口信号一般有 14 条，有的型号显示器使用 16 条，其中与 MCU 的接口有 8 条数据线和 3 条控制线。HD44780 引脚信号如表 3-65 所示。

表 3-65　HD44780 引脚信号

引 脚 号	符 号	电 平	方 向	引脚含义说明
1	Vss			电源地
2	Vdd			电源(+5V)
3	V0			液晶驱动电源（0～5V）
4	RS	H/L	输入	寄存器选择：1-数据寄存器 0-指令寄存器
5	R/$\overline{W}$	H/L	输入	读写操作选择：1-读操作 0-写操作
6	E	H/L H→L	输入	使能信号：R/$\overline{W}$ =0，E 下降沿有效 R/$\overline{W}$ =1，E=1 有效
7～10	DB0～DB3		三态	8 位数据总线的低 4 位，若与 MCU 进行 4 位传送时，此 4 位不用
11～14	DB4～DB7		三态	8 位数据总线的高 4 位，若与 MCU 进行 4 位传送时，只用此 4 位
15～16	E1～E2		输入	上下两行使能信号，只用于一些特殊型号

2）HD44780 的时序信号。图 3-32a 所示给出了 HD44780 的写操作时序，图 3-32b 所示给出了 HD44780 的读操作时序。

图 3-32　HD44780 的操作时序

a) 写操作时序　b) 读操作时序

（3）HD44780 的编程结构

从编程角度看，HD44780 内部主要由指令寄存器（IR）、数据寄存器（DR）、忙标志（BF）、地址计数器（AC）、显示数据寄存器（DD RAM）、字符发生器 ROM（CG ROM）、字符发生器 RAM（CG RAM）及时序发生电路构成。

1）指令寄存器（IR）。IR 用于 MCU 向 HD44780 写入指令码。IR 只能写入，不能读出。当 RS=0、R/$\overline{\text{W}}$=0 时，数据线 DB7～DB0 上的数据写入指令寄存器 IR。

2）数据寄存器（DR）。DR 用于寄存数据。当 RS=1、R/$\overline{\text{W}}$=0 时，数据线 DB7～DB0 上的数据写入数据寄存器 DR，同时 DR 的数据由内部操作自动写入 DD RAM 或 CG RAM。当 RS=1、R/$\overline{\text{W}}$=1 时，内部操作将 DD RAM 或 CG RAM 送到 DR 中，通过 DR 送到数据总线 DB7～DB0 上。

3）忙标志（BF）。令 RS=0、R/$\overline{\text{W}}$=1，在 E 信号高电平的作用下，BF 输出到总线的 DB7 上，MCU 可以读出判别。BF=1，表示组件正在进行内部操作，不能接受外部指令或数据。

4）地址计数器（AC）。AC 作为 DD RAM 或 CG RAM 的地址指针。如果地址码随指令写入 IR，则 IR 的地址码部分自动装入地址计数器 AC 之中，同时选择了相应的 DD RAM 或 CG RAM 单元。

AC 具有自动加 1 或自动减 1 功能。当数据从 DR 送到 DD RAM(或 CG RAM)，AC 自动加 1。当数据从 DD RAM（或 CG RAM）送到 DR，AC 自动减 1。当 RS=0、R/$\overline{\text{W}}$=1 时，在 E 信号高电平的作用下，AC 的内容送到 DB7～DB0。

5）显示数据寄存器（DD RAM）。DD RAM 用于存储显示数据，共有 80 个字符码。对于不同的显示行数及每行字符个数，所使用的地址不同，例如：

① 8×1（8 个字符，1 行）。

字符位置	1	2	3	4	5	6	7	8
地　　址	00	01	02	03	04	05	06	07

② 16×1（16 个字符，1 行）。

字符位置	1	2	......	8	9	10	......	16
地　　址	00	01	......	07	40	41	......	47

③ 16×2（每行 16 个字符，共两行）。

字符位置	1	2	......	8	9	10	......	16
第一行地址	00	01	......	07	08	09	......	0F
第二行地址	40	41	......	47	48	49	......	4F

④ 16×4（每行 16 个字符，共 4 行）。

字符位置	1	2	......	8	9	10	......	16
第一行地址	00	01	......	07	08	09	......	0F
第二行地址	40	41	......	47	48	49	......	4F
第三行地址	10	11	......	17	18	19	......	1F
第四行地址	50	51	......	57	58	59	......	5F

具体的对应关系，可参阅使用说明书。

6）字符发生器 ROM(CG ROM)。CG ROM 由 8 位字符码生成 5×7 点阵字符 160 种和 5×10 点阵字符 32 种，HD44780 内藏字符集如图 3-33 所示。图中给出了 8 位字符编码与字符的对应关系，可以直接使用。其中大部分与 ASCII 码兼容。

7）字符发生器 RAM(CG RAM)。CG RAM 是自定义特殊字符用的，它的容量仅为 64B，编址为 00～3FH。作为字符字模使用的仅是一个字节中的低 5 位，每个字节的高 3 位留给读者作为数据存储器使用。如果自定义字符由 5×7 点阵构成，则可定义 8 个字符。

4. HD44780 的指令集

（1）清屏（Clear Display）

RS、R/$\overline{\text{W}}$=00，DATA=0000 0001。清屏指令使 DD RAM 的内容全部被清除，屏幕光标回原位，地址计数器 AC=0。运行时间（250kHz）为 1.64ms。

（2）归位（Return Home）

RS、R/$\overline{\text{W}}$=00，DATA=0000 001*，"*" 表示任意，下同。归位指令使光标和光标所在位的字符回原点（屏幕的左上角）。但 DD RAM 单元内容不变。地址计数器 AC=0。运行时间（250kHz）为 1.64ms。

（3）输入方式设置（Entry Mode Set）

RS、R/$\overline{\text{W}}$=00，DATA=0000 00AS。该指令设置光标、画面的移动方式。

图 3-33 HD44780 内藏字符集

A=1：数据读写操作后，AC 自动增 1；A=0：数据读写操作后，AC 自动减 1。

S=1：当数据写入 DD RAM 时，显示将全部左移（A=1）或全部右移（A=0），此时光标看上去未动，仅仅是显示内容移动，但从 DD RAM 中读取数据时，显示不移动；S=0：显示不移动，光标左移（A=1）或右移（A=0）。

（4）显示开关控制（Display ON/OFF Control）

RS、R/$\overline{W}$=00，DATA=0000 1DCB。该指令设置显示、光标及闪烁开、关。

D 为显示控制，D=1，开显示（Display ON）；D=0，关显示（Display OFF）。

C 为光标控制，C=1，开光标显示；C=0，关光标显示。

B 为闪烁控制，B=1，光标所指的字符同光标一起以 0.4s 交变闪烁；B=0，不闪烁。运行时间（250kHz）为 40μs。

（5）光标或画面移位（Cursor or Display Shift）

RS、R/$\overline{W}$=00，DATA=0001 S/C R/L * *。该指令使光标或画面在没有对 DD RAM 进行读写操作时被左移或右移，不影响 DD RAM。

S/C=0、R/L=0，光标左移一个字符位，AC 自动减 1；S/C=0、R/L=1，光标右移一个字符位，AC 自动加 1；S/C=1、R/L=0，光标和画面一起左移一个字符位；S/C=1、R/L=1，光标和画面一起右移一个字符位。运行时间（250kHz）为 40μs。

（6）功能设置（Function Set）

RS、R/$\overline{W}$=00，DATA=001 DL N F * *。该指令为工作方式设置命令（初始化命令）。对 HD44780 初始化时，需要设置数据接口位数（4 位或 8 位）、显示行数、点阵模式（5×7 或 5×10）。

DL 为设置数据接口位数，DL=1，8 位数据总线 DB7～DB0；DL=0，4 位数据总线 DB7～DB4，而 DB3～DB0 不用，在此方式下数据操作需两次完成。

N 为设置显示行数，N=1，2 行显示；N=0，1 行显示。

F 为设置点阵模式，F=0，5×7 点阵；F=1，5×10 点阵。运行时间（250kHz）为 40μs。

（7）CG RAM 地址设置（CG RAM Address Set）

RS、R/$\overline{W}$=00，DATA=01 A5 A4 A3 A2 A1 A0。该指令设置 CG RAM 地址指针。A5～A0=00 0000～11 1111。地址码 A5～A0 被送入 AC 中，此后，就可以将用户自定义的显示字符数据写入 CG RAM 或从 CG RAM 中读出。运行时间（250kHz）为 40μs。

（8）DD RAM 地址设置（DD RAM Address Set）

RS、R/$\overline{W}$=00，DATA=1 A6 A5 A4 A3 A2 A1 A0。该指令设置 DD RAM 地址指针。若是一行显示，地址码 A6～A0=00～4FH 有效；若是二行显示，首行址码 A6～A0＝00～27H 有效，次行址码 A6～A0＝40～67H 有效。此后，就可以将显示字符码写入 DD RAM 或从 DD RAM 中读出。运行时间（250kHz）为 40μs。

（9）读忙标志 BF 和 AC 值（Read Busy Flag and Address Count）

RS、R/$\overline{W}$=01，DATA=BF AC6 AC5 AC4 AC3 AC3 AC1 AC0。该指令读取 BF 及 AC。BF 为内部操作忙标志，BF=1，忙；BF=0，不忙。AC6～AC0 为地址计数器 AC 的值。当 BF=0 时，送到 DB6～DB0 的数据（AC6～AC0）有效。

（10）写数据到 DDRAM 或 CGRAM(Write Data to DDRAM or CG RAM)

RS、R/$\overline{W}$=10，DATA=实际数据。该指令根据最近设置的地址，将数据写入 DD RAM 或 CG RAM 中。实际上，数据被直接写入 DR，再由内部操作写入地址指针所指的 DD RAM 或 CG RAM。运行时间（250kHz）为 40μs。

（11）读 DDRAM 或 CGRAM 数据（Read Data from DDRAM or CGRAM）

RS、R/$\overline{W}$=11，DATA=实际数据。该指令根据最近设置的地址，从 DD RAM 或 CG RAM 读数据到总线 DB7～DB0 上。运行时间（250kHz）为 40μs。

3.12.3 驱动字符液晶滚动显示

本节主要是通过 Verilog HDL 硬件描述语言编程驱动点阵字符型 LCD，编程之前需要了解 LCD 的基本特点及分类，需要重点掌握点阵字符型 LCD 的电特性及接口特性，例如字符型 LCD 的控制器 HD44780 的相关知识。

微课 3-34
驱动字符液晶
滚动显示

1. 任务

在 CCIT CPLD/FPGA 实验仪上的 LCD 液晶屏上滚动显示 "www.ccit.js.cn"。

2. 要求

通过此案例的编程和下载运行，了解并掌握运用 Verilog HDL 驱动 LCD 液晶屏的方法。

3. 分析

本节给出点阵字符型 LCD 的编程实例，在 CPLD/FPGA 实验板上，LCD 的数据线 7～14 脚（DB0～DB7）分别与 EPM1270T144 的 49～58 连接，LCD 的控制线 RS、R/$\overline{W}$、E （4、5、6 脚）分别与 EPM1270T144 的 44、45、48 连接，如图 3-34 所示给出 MCU 与

图 3-34 MCU 与 LCD 的连接方式

LCD 的连接方式。LCD 的 1、2、3 脚为供电电源与亮度调节引脚。实验板上留有一排插孔，当 LCD 接上时，LCD 控制线与数据线与 EPM1270T144 的连接成功，具体的程序代码如下。

4. 程序设计

LCD 液晶屏显示，文件名 LCD.v。

```
/***************************************************************
LCD 液晶显示模块信号定义:
clk: 基准时钟信号输入;
rst: 复位信号输入;
lcd_e: LCD 允许信号输出;
lcd_rw: LCD 读写信号输出;
lcd_rs: LCD 复位信号输出;
data: LCD 数据信号输出;
***************************************************************/
module LCD (clk,rst,lcd_e,lcd_rw,lcd_rs,data);
input clk,rst;                        //时钟输入、复位输入
output lcd_e,lcd_rw,lcd_rs;           //LCD 控制输出
output [7:0] data;                    //LCD 数据输出
reg lcd_e,lcd_rw,lcd_rs;              //LCD 控制输出寄存器
reg [7:0] data;                       //LCD 数据输出寄存器
reg [10:0] state;
reg flag;
reg [5:0] address;
parameter IDLE=11'b00000000000;
parameter CLEAR=11'b00000000001;                //清屏
parameter RETURNCURSOR=11'b00000000010;            //归 home 位
//输入方式设置，读写数据后 ram 地址增/减 1；画面动/不动
parameter SETMODE =11'b00000000100;
//显示状态设置，显示开/关；光标开/关；闪烁开/关
parameter SWITCHMODE =11'b00000001000;
//光标画面滚动 画面/光标平移一位；左/右平移一位
parameter SHIFT=11'b00000010000;
//工作方式设置 1:8/1:4 位数据接口；两行/一行显示；5×10/5×7 点阵
parameter SETFUNCTION =11'b00000100000;
parameter SETCGRAM =11'b00001000000;          //设置 CGRAM
parameter SETDDRAM =11'b00010000000;          //设置 DDRAM
parameter READFLAG =11'b00100000000;          //读标志
parameter WRITERAM =11'b01000000000;          //写 RAM
parameter READRAM =11'b10000000000;          //读 RAM
//以下为操作变量的宏定义
parameter cur_inc=1;
parameter cur_dec=0;
parameter cur_shift=1;
parameter cur_noshift =0;
parameter open_display=1;
parameter open_cur=0;
parameter blank_cur=0;
parameter shift_display =1;
parameter shift_cur=0;
parameter right_shift =1;
parameter left_shift =0;
parameter datawidth8 =1;
parameter datawidth4 =0;
```

```
parameter twoline=1;
parameter oneline=0;
parameter font5x10=1;
parameter font5x7=0;
//向 ddram 中存储要显示字符的 ASCII 码
function [7:0] ddram;
    input [5:0] n;
    begin
        case(n)
            6'b000000:ddram=8'h77;      //w
            6'b000001:ddram=8'h77;      //w
            6'b000010:ddram=8'h77;      //w
            6'b000011:ddram=8'h2e;      //.
            6'b000100:ddram=8'h63;      //c
            6'b000101:ddram=8'h63;      //c
            6'b000110:ddram=8'h69;      //i
            6'b000111:ddram=8'h74;      //t
            6'b001000:ddram=8'h2e;      //.
            6'b001001:ddram=8'h6a;      //j
            6'b001010:ddram=8'h73;      //s
            6'b001011:ddram=8'h2e;      //.
            6'b001100:ddram=8'h63;      //c
            6'b001101:ddram=8'h6e;      //n
        endcase
    end
endfunction
//分频模块
reg [22:0] clkcnt;  //分频计数器
always@(posedge clk)
if(!rst)
    clkcnt<=23'd0;
else
    begin
        if(clkcnt==23'd6250000)
            clkcnt<=23'd0;
        else
            clkcnt<=clkcnt+1;
    end

wire tc_clkcnt;
assign tc_clkcnt=(clkcnt==23'd6250000)?1:0;

reg clkdiv;
always @ (posedge tc_clkcnt)
   if(!rst)
     clkdiv<=0;
   else
     clkdiv<=~clkdiv;

reg clk_int;
always@(posedge clkdiv)
if(rst==0)
   clk_int<=0;
else
```

```
        clk_int<=~clk_int;

always@(negedge clkdiv)
if(rst==0)
    lcd_e<=0;
else
    lcd_e<=~lcd_e;
//LCD液晶显示控制处理
always@(posedge clk_int or negedge rst)
    if(!rst)
    begin
        state<=IDLE;
        address<=6'b000000;
        flag<=0;
    end
    else
    begin
        case(state)
        IDLE:
            begin
                data<=8'bzzzzzzzz;
                if(flag==0)
                begin
                    state<=SETFUNCTION;
                    flag<=1;
                end
                else
                    state<=SHIFT;
            end
        CLEAR:
            begin
                lcd_rs<=0;lcd_rw<=0;
                data<=8'b00000001;
                state<=SETMODE;
            end
        SETMODE:
            begin
                lcd_rs<=0;lcd_rw<=0;
                data[7:2]<=6'b000001;
                data[1]<=cur_inc;data[0]<=cur_noshift;
                state<=WRITERAM;
            end
        RETURNCURSOR:
            begin
                lcd_rs<=0;lcd_rw<=0;
                data<=8'b00000010;
                state<=WRITERAM;
            end
        SWITCHMODE:
            begin
                lcd_rs<=0;lcd_rw<=0;
                data[7:3]<=5'b00001;
                data[2]<=open_display;data[1]<=open_cur;data[0]<=blank_cur;
                state<=CLEAR;
```

```
            end
    SHIFT:
        begin
            lcd_rs<=0;lcd_rw<=0;
            data[7:4]<=4'b0001;
            data[3]<=cur_shift;data[2]<=right_shift;data[1:0]<=2'b00;
            state<=IDLE;
        end
    SETFUNCTION:
        begin
            lcd_rs<=0;lcd_rw<=0;
            data[7:5]<=3'b001;data[4]<=datawidth8;
            data[3]<=twoline;data[2]<=font5x10;data[1:0]<=2'b00;
            state<=SWITCHMODE;
        end
    SETCGRAM:
        begin
            lcd_rs<=0;lcd_rw<=0;
            data<=8'b01000000;
            state<=IDLE;
        end
    SETDDRAM:
        begin
            lcd_rs<=0;lcd_rw<=0;
            data<=8'b10000000;
            state<=WRITERAM;
        end
    WRITERAM:
        begin
            if(address<=6'b001101)
            begin
                lcd_rs<=1;
                lcd_rw<=0;
                data<=ddram(address);
                address<=address+1;
                state<=WRITERAM;
            end
            else
            begin
                lcd_rs<=0;
                lcd_rw<=0;
                state<=SHIFT;
                address<=6'b000000;
            end
        end
    endcase
end
endmodule
```

5. 下载运行

1）双击 Quartus Ⅱ 软件快捷图标，进入 Quartus Ⅱ 集成开发环境，新建工程项目文件 LCD.qpf，并在该项目下新建 Verilog 源程序文件 LCD.v，输入上面的程序代码并保存。

2）为该工程项目选择一个目标器件，并对相应的引脚进行锁定，所选择的器件应该是 Altera 公司的 EPM1270T144C5N 芯片，引脚锁定表如表 3-66 所示。

表 3-66 引脚锁定表

引 脚 号	引 脚 名	引 脚 号	引 脚 名
18	clk	52	data3
44	lcd_rs	53	data4
45	lcd_rw	55	data5
48	lcd_e	57	data6
49	data0	58	data7
50	data1	61	rst
51	data2		

3）对该工程文件进行编译处理，若在编译过程中发现错误，则需找出并更正错误，直至成功为止。

4）使用 USB-Blaster 下载电缆，将开发板 JTAG 口与 USB-Blaster 下载口相连，再打开工作电源，执行下载命令把程序下载到 CCIT CPLD/FPGA 实验仪的 EPM1270T144C5N 器件中，即可看到 "www.ccit.js.cn" 字符在 LCD 液晶屏上从左向右移动。

结构说明语句解析 2

在 Verilog HDL 中利用任务和函数可以把一个大的程序模块分解成许多小的任务和函数，以方便调试，并且能使写出的程序清晰易懂。

（1）task 任务

任务定义的格式如下。

定义：**task**<任务名>；

　　　　端口及数据类型声明语句；

　　　　其他语句；

　　　　endtask

任务调用的格式如下。

　　　　<任务名>（端口 1，端口 2，……）；

下面是一个定义任务的例子。

```
task test;
    input in1,in2;
    output out1,out2;
    #1 out1=in1&in2;
    #2 out2=in1|in2;
endtask
```

当调用该任务时，使用如下语句。

```
test(data1,data2,code1,code2);
```

任务调用变量和定义时说明的 I/O 变量是一一对应的。调用任务 test 时，变量 data1 和 data2 的值分别赋给 in1 和 in2，而任务完成后输出通过 out1 和 out2 赋给了 code1 和 code2。

使用任务时要注意以下几点：

① 任务的定义与调用须在一个 module 模块内。

② 定义任务时，没有端口名列表，但需要在后面进行端口和数据类型说明。

③ 当任务被调用时，任务被激活。任务的调用是通过任务名调用实现，调用时需要列出端口名列表，端口名的排序和类型必须与任务定义中的排序和类型一致。

④ 一个任务可以调用别的任务和函数，调用个数不限。

（2）function 函数

函数的目的是返回一个用于表达式的值。函数的定义格式如下。

```
function<返回值位宽或类型说明> 函数名；
    端口声明；
    局部变量定义；
    其他语句；
endfunction
```

下面对函数的使用方法举例进行说明。

```
function [7:0] gefun;
    input[7:0] x;
    reg[7:0] count;
    integer i;
        begin
            count=0;
            for(i=0;i<=7;i=i+1)
                if(x[i] ==1'b0) count=count+1;
            gefun=count;
        end
endfunction
```

上面的 gefun 函数循环核对输入的每一位，计算出 0 的个数，并返回一个适当的值。

<返回值位宽或类型说明>是一个可选项，如果默认，则返回值为一位寄存器类型的数据。

函数的调用是通过将函数作为表达式中的操作数来实现的。调用格式如下。

　　<函数名>（<表达式><表达式>）；

比如当使用连续赋值语句调用函数 gefun 时，可以采用如下语句。

```
assign out=is_legal?gefun(in):1'b0;
```

注意：任务与函数的区别如表 3-67 所示。

表 3-67　任务与函数的区别

	任务（task）	函数（function）
输入与输出	可以是任意类型的参数	至少有一个输入，不能将 inout 类型作为输出
调用	任务只可在过程语句中调用，不能在连续赋值语句 assign 中调用	函数可作为表达式中的一个操作数来调用，在过程赋值和连续赋值语句中均可以调用
调用其他任务和函数	任务可以调用其他任务和函数	函数可调用其他函数，但不可调用其他任务
返回值	任务不向表达式返回值	函数向调用它的表达式返回一个值

3.12.4　设计 UART 串行收发模块

1. 串行发送模块设计

（1）任务

微课 3-35
设计 UART 串
行收发模块

在实验仪上完成一个 RS-232 发送控制模块（波特率为 9600bit/s，8 位数据，1 位停止位），且每次按下按钮开关 K1～K8 后，分别把对应的字符 A～H 发送到串行总线上。

（2）要求

通过此案例的编程和下载运行，了解和掌握串行发送模块设计的方法。

（3）分析

由于波特率为 9600bit/s 的一个信息位所需的时间为 1/9600≈104(μs)，也就是说，至少要每隔 104μs 发送一位数据，要求发送的数据符合串行数据的格式。串行数据的格式：首先发送开始位低电平，接着发送 8 位数据，最后停止位高电平。当要发送数据时，串行数据发送器会把数据总线上的内容加上开始位和结束位，再进行移位发送。

当使用 24MHz 振荡频率时，要求 9600bit/s 的计数周期为：

（1/9600）/（1/24 000 000）=2500

MCU 方将数据发送到数据总路线上以后，还要在 PC 端设计接收的程序，PC 端的接收程序和 MCU 方的发送程序设计过程如下所示。

（4）程序设计

串行发送，文件名 send.v。

```
/****************************************************************
串行发送模块信号定义:
clk: 基准时钟输入口;
key-send: 按键输入口;
txd: 串行发送数据输出口;
****************************************************************/
module UART_Send(clk,txd,key_send);
    input clk;
    input[7:0] key_send;
    output txd;
    reg key_start;                    //数据发送开始标志
    reg txd_reg;
    reg[11:0] count;                  //波特率分频计数器
    reg[3:0] bitcnt_reg;              //发送数据的位数计数器
    reg bit_start;                    //开始位标志
    reg[7:0] uart_buf;                //发送数据缓冲区
    /* 获取一个周期为104us的信号bit_start */
    always@(posedge clk)
    begin
        if(count<12'd2500)            //分频到9600Hz
        begin
            count=count+1;
            bit_start=0;              //开始位标志置0,不能发送
        end
        else
        begin
```

```
            count=0;
            bit_start=1;                          //开始位标志置 1,可以发送
        end
end
/* 根据键值,将要发送的数据放到 uart_buf 缓冲区 */
always@(key_send)
begin
    if(key_send==8'hff)                          //没有键按下,则置数据开始发送标志为 1
        key_start=1;
    else
        key_start=0;
    case(key_send)
        8'b11111110:uart_buf=8'd65;              //发送 A
        8'b11111101:uart_buf=8'd66;              //发送 B
        8'b11111011:uart_buf=8'd67;              //发送 C
        8'b11110111:uart_buf=8'd68;              //发送 D
        8'b11101111:uart_buf=8'd69;              //发送 E
        8'b11011111:uart_buf=8'd70;              //发送 F
        8'b10111111:uart_buf=8'd71;              //发送 G
        8'b01111111:uart_buf=8'd72;              //发送 H
        endcase
end
/* 按逐位发送一字节数据 */
always@(posedge bit_start)
begin
    if(key_start==0||bitcnt_reg<4'd10)           //当有键按下或已发送的位小于 10 时
    begin
        if(bitcnt_reg<4'd10)                     //位计数器加 1
            bitcnt_reg=bitcnt_reg+1;
        else
            bitcnt_reg=0;                        //归零
    end
    else
        bitcnt_reg=4'h9;                         //当发送位数超过 10 时,结束发送,TXD 为高
    case(bitcnt_reg)
        4'h0:txd_reg=0;
        4'h1:txd_reg=uart_buf[0];
        4'h2:txd_reg=uart_buf[1];
        4'h3:txd_reg=uart_buf[2];
        4'h4:txd_reg=uart_buf[3];
        4'h5:txd_reg=uart_buf[4];
        4'h6:txd_reg=uart_buf[5];
        4'h7:txd_reg=uart_buf[6];
        4'h8:txd_reg=uart_buf[7];
        default:txd_reg=1;
    endcase
end
assign txd=txd_reg;
endmodule
```

(5)程序运行及测试

按照上述步骤完成工程设计后,用一组交叉的串行线将 PC 和 CPLD/FPGA 的 MCU 通过串口连接起来,在 PC 端运行串口调试助手,如图 3-35 所示。串口调试器可以实现数据传输。具

体下载运行方法如下。

图 3-35 串口调试器运行界面

（6）下载运行

1）双击 Quartus Ⅱ 软件快捷图标，进入 Quartus Ⅱ 集成开发环境，新建工程项目文件 send.qpf，并在该项目下新建 Verilog 源程序文件 send.v，输入上面的程序代码并保存。

2）为该工程项目选择一个目标器件，并对相应的引脚进行锁定，所选择的器件应该是 Altera 公司的 EPM1270T144C5N 芯片，引脚锁定表如表 3-68 所示。

表 3-68 引脚锁定表

引 脚 号	引 脚 名	引 脚 号	引 脚 名
61	key_send0	68	key_send5
62	key_send1	69	key_send6
63	key_send2	70	key_send7
66	key_send3	18	clk
67	key_send4	2	txd

3）对该工程文件进行编译处理，若在编译过程中发现错误，则需找出并更正错误，直至成功为止。

4）使用 USB-Blaster 下载电缆，将开发板 JTAG 口与 USB-Blaster 下载口相连，再打开工作电源，执行下载命令把程序下载到 CCIT CPLD/FPGA 实验仪的 EPM1270T144C5N 器件中，先运行 PC 端的串口调试器，再分别按下 K1~K8 键后，在串口调试器中上端空白的接收区中可以看到 A~H 的字符。

2. 串行接收模块设计

（1）任务

在实验仪上完成一个 RS-232 接收控制模块（波特率为 9 600bit/s，8 位数据，1 位停止位），根据接收到的数据点亮 LED 发光二极管（如：接收字符"1"，点亮第一个小灯，接收字符"2"，点亮第二个小灯，……）。

（2）要求

通过此案例的编程和下载运行，了解和掌握串行接收模块设计的方法。

（3）分析

串行口数据接收的过程：波特率发生基准时钟产生→检测开始位下降沿→串行数据接收控制→数据采样→数据输出。该例由基准时钟产生一个 16 倍于波特率的频率，这样就把一位的数据分成 16 份了，当检测到开始位的下降沿时，就开始进行数据采样，采样的数据为一位的第 6、7、8 三个状态，然后三个里面有两个以上相同的值作为采样结果，这样可以避免干扰。当开始位的采样结果不是 0 时，就判定为接收出错，把串行数据接收控制器的位计数器复位。在接收完 10 位的数据后，就进行数据的输出，并把串行数据接收控制器的位计数器复位，等待下一数据的到来。

（4）程序设计

串行接收，文件名 receive.v。

```verilog
/****************************************************************
串行接收模块信号定义：
clock：基准时钟输入口
sbuf：接收数据输出；
rxd：串行接收数据输入口；
****************************************************************/
module receive(rxd,clock,sbuf);        //9600bit/s,8 位数据,1 位停止位
    input rxd;                         //定义接收引脚
    input clock;                       //定义时钟输入
    output[7:0] sbuf;                  //定义接收结果输出

    reg[3:0] count_reg;                //RXD 数据状态计数器
    reg[9:0] uart_buf;                 //串行数据接收缓冲区
    reg[3:0] bit_cnt;                  //串行数据当前位计数
    reg[2:0] bit_collect;              //采集数据缓冲区
    reg[8:0] clock_div;                //波特率时钟分频：9600×16=24MB/156
    reg clock_pulse;                   //状态计数器开始标志
    reg rxd_start_reg;                 //串行接收开始标志
    reg rxd_end;                       //串行接收结束标志
    reg[3:0] led;
    reg[7:0] sbuf;

    /* 获取一个频率为 9600×16Hz 的信号 clock_pulse */
    always@(negedge clock)
    begin
        if(clock_div<9'd156)
        begin
            clock_div=clock_div+1;
            clock_pulse=0;
        end
        else
        begin
            clock_div=0;
            clock_pulse=1;
        end
    end
        /* 接收解码 */
```

```
        always@(posedge clock_pulse)
        begin
            if(rxd_start_reg==1'b0)              //比较是否正在接收
            begin                                //未开始接收
                if(rxd==1'b0)                    //检测是否开始位下降沿
                begin
                    rxd_start_reg<=1'b1;         //置开始接收标志
                    count_reg<=4'b0;             //复位位接收状态计数器
                    bit_cnt<=4'b0;               //复位接收计数器
                    rxd_end<=0;                  //复位接收结束标志
                    uart_buf<=0;                 //复位接收缓冲器
                end
            end
            else
            begin
                if(count_reg<4'he)               //接收状态频率微调
                    count_reg=count_reg+1;       //位接收状态+1
                else
                    count_reg=0;                 //未接收，状态复位
                if(count_reg==4'h6)
                    bit_collect[0]=rxd;          //数据采集 1
                if(count_reg==4'h7)
                    bit_collect[1]=rxd;          //数据采集 2
                if(count_reg==4'h8)
                begin
                    bit_collect[2]=rxd;          //数据采集 3
                    uart_buf[bit_cnt]=(bit_collect[0]&bit_collect[1])|
                                      (bit_collect[1]&bit_collect[2])|
                                      (bit_collect[0]&bit_collect[2]);
                                                 //数据判断
                    bit_cnt=bit_cnt+1;           //位计数器+1
                    if(bit_cnt==4'h1&&uart_buf[0]==1'b1) //判断开始位是否为 0
                    begin
                        rxd_start_reg=0;         //开始位不是 0，接收状态复位
                    end
                end
                if(bit_cnt>4'h9)                 //检查接收是否结束
                begin
                    rxd_end=1;                   //置接收 1 字节完成标志
                    rxd_start_reg=0;
                end
            end
        end
/* 小灯显示 */
always@(posedge rxd_end)
begin
    led<=uart_buf[8:1]-48;                       //将接收到的数字字符转换为数字
    case(led)
        4'd1:sbuf=8'b11111110;
        4'd2:sbuf=8'b11111101;
        4'd3:sbuf=8'b11111011;
        4'd4:sbuf=8'b11110111;
        4'd5:sbuf=8'b11101111;
        4'd6:sbuf=8'b11011111;
```

```
                4'd7:sbuf=8'b10111111;
                4'd8:sbuf=8'b01111111;
                default:sbuf=8'b11111111;
            endcase
        end
endmodule
```

（5）程序运行及测试

按照上述步骤完成工程设计后，用一组交叉的串行线将 PC 和 CPLD/FPGA 的 MCU 通过串口连接起来，在 PC 端运行串口调试器，实现数据接收显示。具体下载运行方法如下。

（6）下载运行

1）双击 Quartus Ⅱ 软件快捷图标，进入 Quartus Ⅱ 集成开发环境，新建工程项目文件 receive.qpf，并在该项目下新建 Verilog 源程序文件 receive.v，输入上面的程序代码并保存。

2）然后为该工程项目选择一个目标器件，并对相应的引脚进行锁定，所选择的器件应该是 Altera 公司的 EPM1270T144C5N 芯片，引脚锁定表如表 3-69 所示。

表 3-69　引脚锁定表

引 脚 号	引 脚 名	引 脚 号	引 脚 名
29	sbuf0	38	sbuf5
30	sbuf1	39	sbuf6
31	sbuf2	40	sbuf7
32	sbuf3	18	clock
37	sbuf4	1	rxd

3）对该工程文件进行编译处理，若在编译过程中发现错误，则需找出并更正错误，直至成功为止。

4）使用 USB-Blaster 下载电缆，将开发板 JTAG 口与 USB-Blaster 下载口相连，再打开工作电源，执行下载命令把程序下载到 CCIT CPLD/FPGA 实验仪的 EPM1270T144C5N 器件中。再运行 PC 端的串口调试助手软件，在串口调试器的字符串输入框中发送十六进制"01"，单击"发送"按钮后，观察 L1 是否点亮。

3.12.5　LCD 显示 UART 串行接收信息

1. 任务

在实验仪上完成一个串行接收控制模块（波特率为 9600bit/s，8位数据，无校验，1 位停止位），将接收到的字符串在 LCD 上显示。

微课 3-36
LCD 屏显示 UART 串行接收信息

串口调试器发送的字符串的格式为：*有效字符#。"*"为起始符，"#"为结束符，有效字符个数不超过 13 个，否则显示屏全部显示为 ASCII 码为 0 的字符；若不足 13 个，后续的则补足 ASCII 码为 0 的字符。

2. 要求

通过此案例的编程和下载运行，了解常见串行液晶电路的设计方法。

3. 分析

本案例可通过实例化串口接收模块和实例化 LCD 显示模块，将串口接收模块的输出端连接到 LCD 显示模块的输入端，从而实现功能。

4. 程序设计

1）顶层模块，文件名 rxd_LCD_top.v。

```
/*******************************************************************
顶层模块信号定义：
rxd: 串口接收输入口
clock: 基准时钟输入口；
lcd_e: LCD 允许信号输出；
lcd_rw: LCD 读写信号输出；
lcd_rs: LCD 复位信号输出；
data : LCD 数据信号输出；
*******************************************************************/
module top (rxd,clock,lcd_e,lcd_rw,lcd_rs,data);
    input rxd;                      //定义接收引脚
    input clock;                    //定义时钟输入
    output lcd_e,lcd_rw,lcd_rs;     //LCD 控制输出
    output [7:0] data;

    wire[7:0] RX_Data;              //接收到的数据
    wire RX_Done_Sig;               //接收完成信号
    wire[119:0] LCD_data;           //LCD 显存接口
    wire rst;                       //LCD 复位信号
    reg[119:0] rLCD_data;           //字符接收寄存器，可接收 15 个字符
    reg[7:0] num;
    reg flag;                       //标识变量，只有有效字符过来才接收

    initial
        begin
            rLCD_data=120'b0;
            flag=0;
        end

    always@(posedge RX_Done_Sig)
    begin
        if(RX_Data==42)             //判断是否是有效字符起始符 "*"
            flag=1;
            else if((RX_Data!=35)&&(RX_Data!=42)&&flag)
            //若既不是起始符 "*"，也不是结束符 "#"，且标志有效，则继续接收
            begin
                num=num+1;          //收到的字符计数
                rLCD_data[111:0]=rLCD_data[119:8];
                rLCD_data[119:112]=RX_Data;
            end
        else if(RX_Data==35)        //若是结束符 "#"
        begin
            rLCD_data=rLCD_data>>(120-num*8);//清除没有用到的存储空间，用 0 补充
            num=0;
            flag=0;
        end
    end

    receive U1(rxd,clock,RX_Data,RX_Done_Sig);              //实例化接收模块
```

```
    LCD U2 (LCD_data,clock,rst,lcd_e,lcd_rw,lcd_rs,data); //实例化液晶模块
    assign LCD_data = rLCD_data;
    assign rst = RX_Done_Sig;
endmodule
```

2）串行接收模块，模块名 receive。

```
/******************************************************************
接收模块信号定义:
clock: 基准时钟输入口
sbuf: 接收数据输出
rxd: 串行接收数据输入口
rxd_end: 串行接收完成信号输出口
******************************************************************/
module receive(rxd,clock,sbuf,rxd_end); //9600bit/s,8位数据,1位停止位
//此处代码省略，详见配套资源中的 "源代码"
    rxd_end=0;
endmodule
```

3）LCD 液晶屏显示，模块名 LCD。

```
/******************************************************************
LCD 液晶显示模块信号定义:
LCD_data: 显示数据输入;
clk: 基准时钟信号输入;
rst: 复位信号输入;
lcd_e: LCD 允许信号输出;
lcd_rw: LCD 读写信号输出;
lcd_rs: LCD 复位信号输出;
data : LCD 数据信号输出;
******************************************************/
module LCD (LCD_data,clk,rst,lcd_e,lcd_rw,lcd_rs,data);
input[119:0] LCD_data;
input clk,rst;
output lcd_e,lcd_rw,lcd_rs;
output [7:0] data;
reg lcd_e,lcd_rw,lcd_rs;
reg [7:0] data;
reg [10:0] state;
reg flag;
reg [5:0] address;
    parameter IDLE=11'b00000000000;
//此处代码省略
parameter font5x7=0;
//向 ddram 中存储要显示字符的 ASCII 码
function [7:0] ddram;
    input [5:0] n;
    begin
        case(n)
            6'b000000:ddram=LCD_data[7:0];
            6'b000001:ddram=LCD_data[15:8];
            //此处代码省略
            6'b001110:ddram=LCD_data[119:112];
        endcase
```

```
        end
    endfunction
    //分频模块
    //此处代码省略
    //LCD 液晶显示控制处理
    always@(posedge clk_int or negedge rst) //24Hz
        if(!rst)
        begin
                state<=IDLE;
                address<=6'b000000;
                flag<=0;
        end
        else
        begin
            case(state)
            IDLE:
                begin
                    data<=8'bzzzzzzzz;
                    if(flag==0)
                    begin
                        state<=SETFUNCTION;
                        flag<=1;
                    end
                    else
                        state<=SHIFT;
                end
                //此处代码省略
            WRITERAM:
                begin
                    if(address<=6'b001110)
                    begin
                        lcd_rs<=1;
                        lcd_rw<=0;
                        data<=ddram(address);
                        address<=address+1;
                        state<=WRITERAM;
                    end
                    else
                    begin
                        lcd_rs<=0;
                        lcd_rw<=0;
                        state<=SHIFT;
                        address<=6'b000000;
                    end
                end
            end
        endcase
    end
endmodule
```

5. 下载运行

1）双击 Quartus II 软件快捷图标，进入 Quartus II 集成开发环境，新建工程项目文件 rxd_LCD_top.qpf，并在该项目下新建 Verilog 源程序文件 rxd_LCD_top.v，输入上面的程序代码并保存。

2）为该工程项目选择一个目标器件，并对相应的引脚进行锁定，所选择的器件应该是

Altera 公司的 EPM1270T144C5N 芯片，引脚锁定表如表 3-70 所示。

表 3-70　引脚锁定表

引　脚　号	引　脚　名	引　脚　号	引　脚　名
18	clock	52	data3
44	lcd_rs	53	data4
45	lcd_rw	55	data5
48	lcd_e	57	data6
49	data0	58	data7
50	data1	1	rxd
51	data2		

3）对该工程文件进行编译处理，若在编译过程中发现错误，则需找出并更正错误，直至成功为止。

4）使用 USB-Blaster 下载电缆，将开发板 JTAG 口与 USB-Blaster 下载口相连，再打开工作电源，执行下载命令把程序下载到 CCIT CPLD/FPGA 实验仪的 EPM1270T144C5N 器件中，在 PC 端打开串口助手输入字符串www.ccit.js.cn，即可看到字符在 LCD 液晶屏上从左向右移动。

3.12.6　技能实训

编写程序实现：使"CCIT CPLD/FPGA"这一段字符，在液晶屏上从右向左循环滚动显示。

1. 实训目标

1）培养识读 LCD 液晶屏的数据手册的基本能力。

2）掌握驱动 LCD 液晶显示字符的基本驱动编程方法。

2. 实训设备

1）实验仪 CCIT CPLD/FPGA。

2）Quartus Ⅱ 13.1 软件开发环境。

3）LCD1602 液晶屏一块。

3. 实训内容与步骤

1）题意分析。

根据题目要实现的功能与本节实验例程有两处不同：首先，显示的内容不同，本实训要显示的字符为："CCIT CPLD/FPGA"，所以驱动码不同；其次，显示的方式不同，本实训要从右向左循环滚动，与本节实例刚好相反。

2）分模块设计。

```
/***********************************************************
LCD 液晶显示模块信号定义:
clk: 基准时钟信号输入;
rst: 复位信号输入;
lcd_e: LCD 允许信号输出;
lcd_rw: LCD 读写信号输出;
lcd_rs: LCD 复位信号输出;
data : LCD 数据信号输出;
```

```
**************************************************************/
module LCD (clk,rst,lcd_e,lcd_rw,lcd_rs,data);
    input clk,rst;                          //时钟输入、复位输入
    output lcd_e,lcd_rw,lcd_rs;             //LCD 控制输出
    output [7:0] data;                      //LCD 数据输出
    reg lcd_e,lcd_rw,lcd_rs;                //LCD 控制输出寄存器
    reg [7:0] data;                         //LCD 数据输出寄存器
    reg [10:0] state;
    reg flag;
    reg [5:0] address;
    parameter IDLE=11'b00000000000;
    parameter CLEAR=11'b00000000001;                    //清屏
    parameter RETURNCURSOR=11'b00000000010;             //归 home 位
    //输入方式设置，读写数据后 ram 地址增/减 1；画面动/不动
    parameter SETMODE =11'b_____;
    //显示状态设置，显示开/关；光标开/关；闪烁开/关
    parameter SWITCHMODE =11'b00000001000;
    //光标画面滚动 画面/光标平移一位；左/右平移一位
    parameter SHIFT=11'b_____;
    //工作方式设置 1:8/1:4 位数据接口；两行/一行显示；5×10/5×7 点阵
    //此处代码省略
    //向 ddram 中存储要显示字符的 ASCII 码
    function [7:0] ddram;
        input [5:0] n;
    begin
        case(n)
            6'b000000:ddram=8'h43;      //C
            6'b000001:ddram=____;       //C
            6'b000010:ddram=____;       //I
            6'b000011:ddram=____;       //T
            6'b000100:ddram=____;       //空格
            6'b000101:ddram=____;       //C
            6'b000110:ddram=____;       //P
            6'b000111:ddram=____;       //L
            6'b001000:ddram=____;       //D
            6'b001001:ddram=____;       //'/'
            6'b001010:ddram=____;       //F
            6'b001011:ddram=____;       //P
            6'b001100:ddram=____;       //G
            6'b001101:ddram=____;       //A
        endcase
    end
endfunction
//分频模块
//此处代码省略
//LCD 液晶显示控制处理
always@(posedge clk_int or negedge rst)
    if(!rst)
    begin
        state<=IDLE;
        address<=6'b000000;
        flag<=0;
    end
    else
```

```
        begin
            case(state)
            IDLE:
            //此处代码省略
                        state<=SHIFT;
                end
            CLEAR:
                begin
                    lcd_rs<=0;lcd_rw<=0;
                    data<=8'b00000001;
                    state<=SETMODE;
                end
            SETMODE:
                begin
                    lcd_rs<=0;lcd_rw<=0;
                    data[7:2]<=6'b000001;
                    data[1]<=_____;data[0]<=_____;
                    state<=WRITERAM;
                end
            RETURNCURSOR:
            //此处代码省略
            SHIFT:
                begin
                    lcd_rs<=0;lcd_rw<=0;
                    data[7:4]<=4'b0001;
                    data[3]<= _____;data[2]<=_____;data[1:0]<=2'b00;
                    state<=IDLE;
                end
            SETFUNCTION:
            //此处代码省略
            endcase
        end
    endmodule
```

3）编译并改正语法错误。

4）指定芯片的引脚，并设置不用的引脚。引脚锁定表如表 3-71 所示。

表 3-71 引脚锁定表

引 脚 号	引 脚 名	引 脚 号	引 脚 名
18	clk	52	data3
44	lcd_rs	53	data4
45	lcd_rw	55	data5
48	lcd_e	57	data6
49	data0	58	data7
50	data1	61	rst
51	data2		

5）重新编译。

6）下载运行并调试。

程序下载运行后，观察运行现象，是否与实训要求相符合？

4．实训注意事项

1）注意字模码的选取。

2）注意各个命令的功能，通过设置不同值，进行验证。

5．实训考核

请读者根据表 3-72 所示的实训考核要求，进行实训操作，保持良好的实训操作规划，熟悉整个工程的新建、程序代码编写、开发环境设置和编译下载调试的过程。

表 3-72　实训考核要求

项　目	内　容	分　值	考核要求	得　分
职业素养	1．实训的积极性 2．实训操作规范 3．纪律遵守情况	10	积极参加实训，遵守安全操作规程，有良好的职业道德和敬业精神	
LCD1602 屏的指令及程序的编写	1．能熟练掌握各指令功能 2．程序的熟练编写 3．芯片引脚的指定	40	能熟练使用各个指令、掌握各种指令执行流程及读写时序要求，程序流程合理	
调试过程	1．程序下载 2．实验仪的使用 3．操作是否规范	30	能下载程序，实验仪的规范使用，实验现象是否合理	
项目完成度和准确度	1．实现题意要求 2．操作和现象合理	20	该项目的所有功能是否能实现	

同步训练 3-12

一、填空题

1．对液晶写指令代码，应设置 RS 为_____，R/W 为_____，E 为_____。

2．对液晶写数据，应设置 RS 为_____，R/W 为_____，E 为_____。

3．对液晶清屏的指令是：RS=_____，R/W =_____，DB[7:0] =_____。

二、判断题

1．如果接收方不进行奇偶校验，那么发送方只需匹配好数据帧，校验位可以随意填写 1 或者 0。　　　　　　　　　　　　　　　　　　　　　　　　　　　　　　　　（　　）

2．总线空闲保持高电平，当对方发送数据的起始位拉低总线时，串行接收模块将 rxd_start_reg 信号拉低，提示接收模块开始接收数据。　　　　　　　　　　　　（　　）

第 4 章 基于 CPLD/FPGA 的综合项目开发

学习目标

1. 能力目标

1）能综合应用 CPLD 的输入、输出模块设计简单的数字时钟。

2）能进行 CPLD/FPGA 的 Verilog HDL 的顶层和底层设计，从而实现模块化编程。

2. 知识目标

1）掌握键盘、LED 数码管及时钟模块的综合应用。

2）掌握秒脉冲发生电路、计数显示及时钟校时模块的 Verilog 语言编程方法。

3. 素质目标

1）培养 CPLD 的综合开发能力。

2）培养团结协作精神。

情境设计

本节主要通过设计数字时钟的综合实例，介绍 CPLD 项目开发的一般方法和编程技巧。具体教学情境设计如表 4-1 所示。

表 4-1 教学情境设计

教 学 情 境	技 能 训 练	知 识 要 点	学 时 数
数字时钟设计 4.1.1 任务提出及设计分析 4.1.2 分频模块设计 4.1.3 校时模块设计 4.1.4 计时处理模块设计 4.1.5 报时模块设计 4.1.6 显示模块设计 4.1.7 顶层模块设计	1. 会进行计时模块的编程 2. 会将当前时间在 LED 数码管上显示 3. 会对当前的时间进行校时和报时设计 4. 会进行整机调试	1. 计时处理的编程方法 2. LED 数码管及键盘的综合应用	8

4.1.1 任务提出及设计分析

1. 任务

利用 CCIT CPLD/FPGA 实验仪设计并完成一个可以计时的数字时钟，其显示时间范围是：00 时 00 分 00 秒～23 时 59 分 59 秒，且具有暂停计时、清零、定时、闹钟和校时等功能。

微课 4-1
项目 1 基于 Ve-
rilog HDL 的数
字时钟设计与实
现（一）

2. 要求

通过此案例的编程和下载运行，让读者了解并掌握键盘、数码管及时钟模块的综合设计。数字时钟的系统功能框图如图 4-1 所示。

图 4-1　数字时钟的系统功能框图

3. 分析

一个完整的时钟应由 5 部分组成：秒脉冲发生电路、计数处理模块、显示模块、校时模块和报时模块。一个时钟的准确与否主要取决于秒脉冲的精确度，为了保证计时准确，此处对系统时钟 24MHz 进行 12 000 000 次计数分频，从而得到 1Hz 的秒脉冲。至于显示部分与前面讲过的 LED 数码管相同。而校时电路有两种设计方式可供选择：①分频获得正常计时（1Hz）信号 sec_normal、校秒信号 sec_s、校分信号 sec_m 和校时信号 sec_h；②设定 4 个键：正常/校时模式选择键〈keysel〉、校秒键〈key_s〉、校分键〈key_m〉、校时键〈key_h〉，这 4 个键可用于控制时钟的正常计时、校时。除了校时电路外，还要完成暂停和清零功能。从以上分析可知，若采用第①种校时方式，则电子钟要有以下几个模块构成：

1）分频模块。可得到正常的秒信号、校秒的信号（频率是秒信号的两倍）、校分的信号（频率是秒信号的 10 倍）和校时的信号（频率是秒信号的 2000 倍）。

2）校时模块。根据当前是否是校时状态，决定选校秒、校分、校时的信号。

3）计时模块。根据当前选定的频率，进行时、分、秒计数处理。

4）报时模块。当整点时响铃声，中午 12 点时播放一段音乐（11 时 59 分 45 秒～11 时 59 分 59 秒）。

5）显示模块。在 4 位数码管上显示分、秒；在一位数码管上显示时（小数点灭代表上午，小数点亮代表下午，显示 A 代表"10"、显示 b 代表"11"）。选频校时电子时钟的电路关系图如图 4-2 所示。

4.1.2　顶层模块设计

```
/************************************************************
顶层模块信号定义：
clk: 基准时钟信号输入；
keysel: 校时状态/正常计时状态选择键输入
key_s: 校秒信号选择键输入
key_m: 校分信号选择键输入
```

图4-2　选频校时电子时钟的电路关系图

```
key_h: 校时信号选择键输入
keyclr: 计时清零键;
keyen: 计时开始键;
buzzout: 声响输出;
sled: 4 位数码管段码输出;
sl: 4 位数码管位码输出;
seg:单个数码管输出;
*****************************************************************/
module clock(clk,keysel,key_s,key_m,key_h,keyen,keyclr,sled,sl,seg,buzzout);
  output[7:0] sled;
  output[3:0] sl;
  output[7:0] seg;
  output buzzout;
  input clk;
  input keysel,key_s,key_m,key_h,keyen,keyclr;
  wire[23:0] min;                            //定义现在时刻寄存器
  wire sec;                                  //定义标志位
  wire sec_s,sec_m,sec_h,sec_narmal;         //计时信号
  /* 模块引用 */
  divclk Q1(clk,sec_narmal,sec_s,sec_m,sec_h);  //引用分频模块
  modify  Q2(clk,keysel,key_s,key_m,key_h,sec,sec_narmal,sec_s,sec_m,sec_h);
                                             //校时模块
  counttime Q3(sec,keyclr,keyen,min);        //引用计时处理模块
  display Q4(clk,sec,min,sled,sl,seg);       //引用显示模块
  music Q5(clk,min,buzzout);                 //引用报时模块
endmodule
```

微课 4-2
项目1 基于 Ve-
rilog HDL 的数
字时钟设计与实
现（二）

4.1.3　子模块设计

（1）分频模块

```
/****************************************************************
分频模块信号定义:
clk: 基准时钟信号输入;
sec_normal: 周期为 1s 的信号输出;
sec_s: 周期为 0.5s 的信号输出;
sec_m: 周期为 0.01s 的信号输出;
sec_h: 周期为 0.0005s 的信号输出;
*****************************************************************/
module divclk(clk,sec_normal,sec_s,sec_m,sec_h);
```

（2）校时模块

```
/****************************************************************
校时模块信号定义:
clk: 基准时钟信号输入;
keysel: 校时状态/正常计时状态选择键输入
key_s: 校秒信号选择键输入
key_m: 校分信号选择键输入
key_h: 校时信号选择键输入
sec_normal: 周期为 1s 的信号输入;
sec_s: 周期为 0.5s 的信号输入;
sec_m: 周期为 0.05s 的信号输入;
sec_h: 周期为 0.0005s 的信号输入;
```

```
sec: 计时信号输出;
**************************************************************/
module modify(clk,keysel,key_s,key_m,key_h,sec,sec_normal,sec_s,sec_m,sec_h);
    input clk;
    input keysel;
    input key_s;
    input key_m;
    input key_h;
    input sec_normal,sec_s,sec_m,sec_h;
    output sec;
    reg sec;

    always@(negedge clk)                //获得正常计时信号或校时信号
    begin
      if(!keysel)                       //keysel 键为低电平, 则进入校时状态
      begin
        if(!key_s)                      //当 key_s 为低电平, 则选校秒信号
          sec=sec_s;
        if(!key_m)
          sec=sec_m;                    //当 key_m 为低电平, 则选校分信号
        if(!key_h)
          sec=sec_h;                    //当 key_h 为低电平, 则选校时信号
      end
      else
          sec=sec_normal;               //keysel 键为高电平, 则为正常计时状态
    end
endmodule
```

（3）计时处理模块

```
/**************************************************************
计时处理模块信号定义:
sec: 计时信号输入;
keyclr: 计时清零键;
keyen: 计时开始键;
min: 计时结果输出;
**************************************************************/
module counttime(sec,keyclr,keyen,min);
    input sec;
    input keyclr,keyen;
    output[23:0] min;
    reg[23:0] min;
    always@(posedge sec)                //计时处理
    begin
    if(!keyclr)                         //是清零吗?
    begin
        min=24'h0;
    end
    else
        if(!keyen)                      //计时开始吗?
        begin
            min=min+1;                  //秒加 1
            if(min[3:0]==4'ha)
            begin
                min[3:0]=4'h0;
```

```
            min[7:4]=min[7:4]+1;                        //秒的十位数据加 1
            if(min[7:4]==4'h6)
            begin
                min[7:4]=4'h0;
                min[11:8]=min[11:8]+1;                  //分的个位数据加 1
                if(min[11:8]==4'ha)
                begin
                    min[11:8]=4'h0;
                    min[15:12]=min[15:12]+1;            //分的十位数据加 1
                    if(min[15:12]==4'h6)
                    begin
                        min[15:12]=4'h0;
                        min[19:16]=min[19:16]+1;        //时的个位数据加 1
                        if(min[19:16]==4'ha)
                        begin
                            min[19:16]=4'h0;
                            min[23:20]=min[23:20]+1;//时的十位数据加 1
                        end
                        if(min[23:16]==8'h24)          //24h 制
                                min[23:16]=0;
                    end
                end
            end
        end
    end
endmodule
```

（4）报时模块

```
/***************************************************************
报时模块信号定义：
clk: 基准时钟信号输入；
min: 当前计时结果输入；
buzzout: 声响输出；
***************************************************************/
module music(clk,min,buzzout);
input clk;
input[23:0] min;
output buzzout;
reg[3:0] high,med,low;            //音谱标志寄存器
reg buzzout_reg;
reg[24:0] count1,count2;          //定义时钟计数寄存器
reg[20:0] count_end;              //定义分频系数寄存器
reg[7:0] counter;                 //控制音乐播放的音谱个数
reg clk_4Hz;                      //0.5s 的时钟周期

always@(posedge clk)              //生成 4Hz 信号
    begin
    //此处代码省略
    end
always@(posedge clk)                    //根据音符对应的频率，并在指定的时间播放
    begin
        count2=count2+1;
        if ((min[15:0]>=16'h5945)&&(min[15:0]<=16'h5959))     //整点判断
```

```verilog
            begin
                if((count2==count_end) && (min[23:16]==8'h11))
                                                        //中午 12 点时间段判断
                    begin
                        buzzout_reg=!buzzout_reg;           //输出音乐
                        count2=25'h0;
                    end
                else if(min[23:16]!=8'h11)
                    begin
                        buzzout_reg=!(count2[10]&count2[18]&count2[23]);
                                                        //输出声响信号
                    end
            end
        end
    always@(posedge clk_4Hz)                            //获得对应音符的频率系数
        begin
            case({high,med,low})
                9'b000000001:count_end=16'hb32f;        //低音 1 的分频系数值
                //此处代码省略
                9'b111000000:count_end=16'h17ba;        //高音 7 的分频系数值
                default:count_end=16'hffff;
            endcase
        end
    always@(posedge clk_4Hz)                            //"梁祝"乐曲演奏
        begin
            if(counter==47)  counter=0;
            else counter=counter+1;
            case(counter)
                0:{high,med,low}=9'b000000011;          //低音 3
                1:{high,med,low}=9'b000000011;
                //此处程序省略
                46:{high,med,low}=9'b000010000;         //中音 2
                47:{high,med,low}=9'b000010000;
            endcase
        end
    assign buzzout=buzzout_reg;
endmodule
```

(5) 显示模块

```
/****************************************************************
显示模块信号定义：
clk：基准时钟信号输入；
min：当前计时结果输入；
sec：计时的秒信号输入；
sled_reg：数码管段码输出；
sl_reg：数码管位码输出；
seg_reg：单个数码管输出；
****************************************************************/
module display(clk,sec,min,sled_reg,sl_reg,seg_reg);
    input clk;
    input sec;
```

```verilog
input[23:0] min;
output[7:0] sled_reg;
output[3:0] sl_reg;
output[7:0] seg_reg;
reg[7:0] sled_reg;
reg[3:0] sl_reg;
reg[7:0] seg_reg;

reg[15:0] count;
reg[3:0] ledbuf;

always@(negedge clk)                //过程
begin
count=count+1;
end
always@(count[11:10])
begin
case(count[11:10])
    2'h0:ledbuf=min[3:0];           //取秒的个位数据
    2'h1:ledbuf=min[7:4];           //取秒的十位数据
    2'h2:ledbuf=min[11:8];          //取分的个位数据
    2'h3:ledbuf=min[15:12];         //取分的十位数据
 endcase
 case(count[11:10])                 //送对应位的位码
    2'h0:sl_reg=4'b0111;            //扫描最高位
    2'h1:sl_reg=4'b1011;
    2'h2:sl_reg=4'b1101;
    2'h3:sl_reg=4'b1110;
 endcase
 end
 always@(ledbuf)                    //时间显示
begin
    case(ledbuf)
        4'h0:sled_reg=8'hc0;
        //此处代码省略
        4'hf:sled_reg=8'h8e;
    endcase
    if((count[11:10]==2'b10)&sec) sled_reg=sled_reg&8'h7f;  //小数点闪烁
end
always@(min[23:16])
begin
case(min[23:16])                    //根据时的值，向1位数码管发送相应段码
    8'h0:seg_reg=8'h3f;             //显示数据0
    //此处代码省略
```

```
        8'h23:seg_reg=8'hfc;      //显示数据 b.
    endcase
    end
endmodule
```

4.1.4　下载调试运行

1）双击 Quartus Ⅱ软件快捷图标，进入 Quartus Ⅱ集成开发环境，新建工程项目文件 clock.qpf，并在该项目下分别新建 Verilog 源程序文件 clock.v、divclk.v、modify.v、counttime.v、 music.v 和 display.v 这 6 个文件，输入上面的程序代码并保存。

微课 4-3
项目 1 基于Verilog HDL 的数字时钟设计与实现（三）

2）为该工程项目选择一个目标器件，并对相应的引脚进行锁定，所选择的器件应该是 Altera 公司的 EPM1270T144C5N 芯片，引脚锁定表如表 4-2 所示。

表 4-2　引脚锁定表

引　脚　号	引　脚　名	引　脚　号	引　脚　名
118	seld0	124	seg0
117	seld1	123	seg1
114	seld2	121	seg2
113	seld3	120	seg3
112	seld4	119	seg4
111	seld5	125	seg5
110	seld6	127	seg6
109	seld7	122	seg7
108	sl0	61	keyclr
107	sl1	71	keyen
106	sl2	18	clk
105	sl3		

3）对该工程文件进行编译处理，若在编译过程中发现错误，则需找出并更正错误，直至成功为止。

使用 USB-Blaster 下载电缆，将开发板 JTAG 口与 USB-Blaster 下载口相连，再打开工作电源，执行下载命令把程序下载到 CCIT CPLD/FPGA 实验仪的 EPM1270T144C5N 器件中，即看到数码管上的数字变化，也可手动选择校时频率，以实现对时、分、秒的校时。在校时过程中在整点时会响铃、在中午 12 时会演奏"梁祝"音乐片段。

4.1.5　技能实训

将本节中的数字时钟系统做如下更新和修改。

1）分频模块：得到正常的秒信号。

2）校时模块：根据当前是否是校时状态，通过按 3 个按键分别对时、分、秒进行校对（如，按校秒键一次，秒加 1；按 2 次，秒加 2，……）。

3）正常计时模块：进行时、分、秒计数处理。

4）状态选择模块：根据当前状态，输出相应的时、分、秒。

5）报时模块：当整点时响 10 声（59 分 50 秒～59 分 59 秒），中午 12 点时播放一段音乐（11 时 59 分 45 秒～11 时 59 分 59 秒）。

6）显示模块：在 4 位数码管上显示分、秒；在 1 位数码管上显示时（0～12h 显示对应的十六进制值；13～24h 时，显示减去 12 后的十六进制值，并点亮小数点）。

1. 实训目标

1）增强专业意识，培养良好的职业道德和职业习惯。

2）培养自主创新的学习能力和良好的实践操作能力。

3）掌握键盘、LED 数码管、时钟模块的综合运用。

4）掌握秒脉冲发生电路、计数显示、时钟校时模块的 Verilog 语言编程方法。

2. 实训设备

1）实验仪 CCIT CPLD/FPGA。

2）Quartus Ⅱ 13.1 软件开发环境。

3. 实训内容与步骤

1）题意分析：参考本节项目电子钟项目实例，将选频校时改为按键校时，主要对校时模块进行修改，同时分频模块只要分频 1Hz 信号即可，另外增加了时钟状态（校时/正常计时）选择模块，其他的模块变化不大，6 个模块的功能关系图如图 4-3 所示。

2）分频模块：得到正常的 1s 信号。

```
module divclk(clk,sec);
    input clk;
    output sec;
    reg[24:0] count;
    reg sec;
    always@(negedge clk)          //分频得到1s信号
    begin
      count=count+1;
      if(count==_____)       //到0.5s吗?
      begin
        count=25'h0;               //是，则输出取反
         sec=_____;             //置位秒标志
      end
    end
endmodule
```

3）校时模块：通过按 3 个按键分别对时、分、秒进行校对（如：按校秒键一次，秒加 1；按 2 次，秒加 2，……），试分析下面这段程序，并补充完整。

```
module f_1M(clkin,clkout);        //分频得到20ms信号clkout
    input clkin;
    output  clkout;
    reg     clkout;
    reg[17:0]  count;

    always@(negedge  clkin)
```

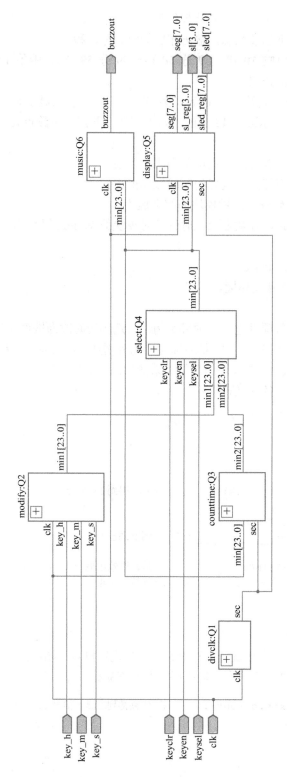

图4-3　6个模块的功能关系图

```
            if(count==18'd240000)
            begin
                count<=_____;
                clkout<=_____;
            end
            else
                count<=count+1'b1;
endmodule

module modify(clk,key_s,key_m,key_h,min1);   //按键校时，分别对时、分、秒校对
    input clk;
    input key_s;
    input key_m;
    input key_h;
    output[23:0] min1;
    wire clk0;
    reg[23:0] min1;
    reg keyout_s,keyout_m,keyout_h;
    f_1M f_1Ma(clk,clk0);
    always@(_____)            //读取键值
    begin
        keyout_s=key_s;              //读秒键
        keyout_m=_____;            //读分键
        keyout_h=_____;            //读时键
    end

    always@(_____)            //秒加1
    begin
        min1[3:0]=min1[3:0]+1;
          if(min1[3:0]>9)
          begin
              min1[3:0]=0;
              min1[7:4]=min1[7:4]+1;
              if(min1[7:4] >_____)
                  min1[7:4]=0;

          end
    end

    always@(_____)            //分加1
    begin
        min1[11:8]=min1[11:8]+1;
          if(min1[11:8] >_____)
          begin
              min1[11:8]=0;
              min1[15:12]=min1[15:12]+1;
              if(min1[15:12]>5)
                  min1[15:12]=0;
          end
    end

    always@(negedge keyout_h)        //时加1
    begin
```

```
                          _____
                          _____
                          _____
                          _____
                          _____
                          _____
                          _____
    end
endmodule
```

4）正常计时模块：根据 1s 输入信号 sec，校时后的时间输入 min1，从而得到当前的时间输出 min2。

```
module counttime(sec,min1,keyclr,keyen,keysel,min2);
    input sec;
    input[23:0] min1;
    input keyclr,keyen,keysel;
    output[23:0] min2;
    reg[23:0] min2;
    reg[23:0] min;

    always@(posedge sec)    //计时处理
    begin
    //此处代码省略

    end

    always    //计时处理
    begin
      if(!keyen)
        begin
            if(!keysel)
                min2=min1;
            else
                min2=min;
        end
    end
endmodule
```

5）报时模块和显示模块：程序请参考 4.1.3 节，完成相应模块功能。

6）顶层模块设计。

```
module clock(clk,keysel,key_s,key_m,key_h,keyen,keyclr,sled,sl,seg,buzzout);
    output[7:0] sled;
    output[3:0] sl;
    output buzzout;
    output[7:0] seg;
    input clk;
    input keysel,key_s,key_m,key_h,keyen,keyclr;
    wire[23:0] min;
    wire[23:0] min1;
    wire sec;

    divclk Q1(clk,sec);
```

```
    modify Q2(clk,key_s,key_m,key_h,min1);
    counttime Q3(_____,min1,keyclr,keyen,keysel,min);
    display Q4(clk,sec,_____,sled,sl,seg);
    music Q5(clk,_____,min buzzout);
endmodule
```

7）编译并改正语法错误。

8）指定芯片的引脚，并设置不用的引脚。引脚锁定表如表 4-3 所示。

表 4-3　引脚锁定表

引　脚　号	引　脚　名	引　脚　号	引　脚　名
118	seld0	121	seg2
117	seld1	120	seg3
114	seld2	119	seg4
113	seld3	125	seg5
112	seld4	127	seg6
111	seld5	122	seg7
110	seld6	41	buzzout
109	seld7	72	keysel
108	sl0	62	key_s
107	sl1	63	key_m
106	sl2	64	key_h
105	sl3	71	keyen
124	seg0	61	keyclr
123	seg1	18	clk

9）重新编译下载运行并调试。

观看数码管上的数字变化；动手按键对时、分、秒进行校对；如果时间到整点时，观察是否有响铃功能，在 12 点整点时，是否有音乐。

4. 实训注意事项

1）单个模块的设计及顶层模块的设计。

2）模块的引用。

5. 实训考核

请根据表 4-4 所示的实训考核要求，进行实训操作，保持良好的实训操作规划，熟悉整个工程的新建、程序代码编写、开发环境设置和编译下载调试的过程。

表 4-4　实训考核要求

项　目	内　容	分　值	考核要求	得　分
职业素养	1. 实训的积极性 2. 实训操作规范 3. 纪律遵守情况	10	积极参加实训，遵守安全操作规程，有良好的职业道德和敬业精神	
Quartus Ⅱ软件的使用及程序的编写	1. 能熟练使用 Quartus Ⅱ软件 2. 代码语法的规范、熟练掌握顶层模块的设计及模块的引用 3. 芯片引脚的指定	40	能熟练使用 Quartus Ⅱ软件、规范编写代码、改正语法错误、掌握顶层模块的设计、模块实例的编写及引用，正确指定引脚	

（续）

项　　目	内　　容	分　值	考核要求	得　　分
调试过程	1. 程序下载 2. 实验仪的使用 3. 操作是否规范	30	能下载程序，实验仪的规范使用，实验现象是否合理	
项目完成度和准确度	1. 实现题意要求 2. 操作和现象合理	20	该项目的所有功能是否能实现	

4.2　项目 2　基于 Verilog HDL 的交通信号灯模拟控制设计

学习目标

1. 能力目标

1）会进行计数器计数电路设计。

2）会进行七段数码管显示电路设计。

3）会根据目前时间状态，编程控制主干道和支干道信号灯的状态变化。

2. 知识目标

1）掌握秒脉冲发生电路、计数显示、时钟校时模块的 Verilog 语言编程的方法。

2）掌握控制主干道和支干道灯状态变化的程序编写方法。

3. 素质目标

1）培养 CPLD 的综合开发能力。

2）培养团队协作精神。

情境设计

本节主要通过设计交通信号灯控制的综合实例，介绍 CPLD 项目开发的一般方法和编程技巧。具体教学安排如表 4-5 所示。

表 4-5　教学安排

教　学　情　境	技　能　训　练	知　识　要　点	学　时　数
交通信号灯控制设计： 4.2.1　任务提出及设计分析 4.2.2　初始化模块设计 4.2.3　分频模块设计 4.2.4　控制 A 方向 4 盏灯亮灭模块设计 4.2.5　控制 B 方向 4 盏灯亮灭模块设计 4.2.6　A、B 方向各种灯剩余时间的显示模块设计	1. 进行计时模块的编程 2. 将主、支干道上的时间在 LED 数码管上显示 3. 对主、支干道上的时间进行控制 4. 进行整机调试	1. 计时处理的编程方法 2. 根据键盘及时间状态的变化控制 LED 发光二极管	8

4.2.1　任务提出及设计分析

1. 任务

利用 CCIT CPLD/FPGA 实验仪模拟一个交通信号灯控制系统，并显示各种状态的剩余时间。

微课 4-4
项目 2 基于 Verilog HDL 的交通信号灯模拟控制设计（一）

2．要求

通过此案例的编程和下载运行，了解并掌握分频、分时控制、显示的综合设计。

3．分析

（1）功能分析

利用 Verilog HDL，设计一个十字路口交通灯控制器，交通灯控制示意图如图 4-4 所示。

图 4-4　交通灯控制示意图

A 方向和 B 方向各设红（R）、黄（Y）、绿（G）、左拐（L）4 盏灯，4 种灯按合理的顺序亮灭，并能将灯亮的时间以倒计时的形式显示在数码管上。两个方向各种灯亮的时间应该能够非常方便地进行设置和修改。此外假设 A 方向是主干路，车流量大，因此 A 方向通行的时间应比 B 方向长一些。

（2）状态表

交通灯控制器的状态转换如表 4-6 所示。表中，"1"表示灯亮，"0"表示灯灭。A 方向和 B 方向的红、黄、绿和左拐灯分别用 R1、Y1、G1、L1 和 R2、Y2、G2、L2 来表示。

表 4-6　交通灯控制器的状态转换

A方向				B方向			
绿灯（G1）	黄灯（Y1）	左拐灯（L1）	红灯（R1）	绿灯（G2）	黄灯（Y2）	左拐灯（L2）	红灯（R2）
1	0	0	0	0	0	0	1
0	1	0	0	0	0	0	1
0	0	1	0	0	0	0	1
0	1	0	0	0	0	0	1
0	0	0	1	1	0	0	0
0	0	0	1	0	1	0	0
0	0	0	1	0	0	1	0
0	0	0	1	0	1	0	0

从状态转换表中可以看出，每个方向 4 盏灯依次按如下顺序点亮，并不断循环。

绿灯→黄灯→左拐灯→黄灯→红灯

每个方向红灯亮的时间应该与另一方向绿、黄、左拐、黄灯亮的时间相等。黄灯所起的作用是用来在绿灯和左拐灯后进行缓冲，以提醒行人此方向马上要禁行了。

（3）设计思路

根据交通灯控制器要实现的功能，考虑用两个并行执行的 always 模块来分别控制 A（前进）和 B（左转）两个方向的四盏灯，这两个模块用同一个时钟信号，以进行同步，也就是说，两个 always 模块敏感信号是同一个。每个 always 模块控制一个方向的 4 盏灯按表 4-6 所示顺序点亮，并往复循环。

每盏灯亮的时间采用一个减法计数器进行计数，该计数器采用同步预置法设计，这样只要改变预置数据，就可以改变计数器的模，因此每个方向只需要 1 个计数器进行计时即可。为了便于显示灯亮的时间，计数器的输出均采用 BCD 码，显示由 4 个数码管来完成，A 方向和 B 方向各用 2 个数码管。要实现以上各个模块的功能，则交通信号灯控制器的电路原理图如图 4-5 所示。

图4-5 交通信号灯控制器的电路原理图

4.2.2　顶层模块设计

```
/****************************************************************
分频模块信号定义:
CLK: 基准时钟输入口
EN_KEY: 变量初始化按键输入口;
reset: 复位键输入口;
lampa: A 方向上各种灯的亮灭输出;
lampb: B 方向上各种灯的亮灭输出;
seg: 4 位数码管段码输出;
sl: 4 位数码管位码输出;
****************************************************************/
module traffic(CLK,EN_key,reset,lampa,lampb,seg,sl);
        input CLK;
        input EN_key,reset;
        output[3:0] lampa,lampb;
        output[7:0] seg;
        output[3:0] sl;
        wire[7:0] ared,ayellow,agreen,aleft,bred,byellow,bgreen,bleft;
        wire[7:0] seg_reg;
        wire[3:0] sl_reg;
        wire sec;
        wire[7:0] numa,numb;
        /* 模块引用 */
        init_mod  Q1(EN_KEY,ared,ayellow,agreen,aleft,bred,byellow,bgreen,
bleft);                          //初始化
        div_clk  Q2(CLK,sec);    //分频得到 1Hz 信号
        traffic_A  Q3(sec,reset,ared,ayellow,agreen,aleft,lampa,numa);
                                 //A 方向灯控制
        traffic_B  Q4(sec,reset,bred,byellow,bgreen,bleft,lampb,numb);
                                 //B 方向灯控制
        display Q5(numa,numb,seg_reg,sl_reg,CLK);    //4 位数码管上显示 A、B 方
                                                     //向剩余时间
        assign seg=seg_reg;
        assign sl=sl_reg;
endmodule
```

4.2.3　子模块设计

微课 4-5
项目 2 基于 Ve-
rilog HDL 的交
通信号灯模拟控
制设计(二)

（1）初始化模块

```
/****************************************************************
初始化模块信号定义:
EN_KEY: 变量初始化按键输入口;
ared: A 方向上红灯亮灯时长信号;
ayellow: A 方向上黄灯亮灯时长信号;
agreen: A 方向上绿灯亮灯时长信号;
aleft: A 方向上左拐灯亮灯时长信号;
bred: B 方向上红灯亮灯时长信号;
byellow: B 方向上黄灯亮灯时长信号;
bgreen: B 方向上绿灯亮灯时长信号;
bleft: B 方向上左拐亮灯时长信号;
```

```
****************************************************************/
module init_mod(EN_KEY,ared,ayellow,agreen,aleft,bred,byellow,bgreen,bleft);
    input EN_KEY;
    output[7:0]  ared,ayellow,agreen,aleft,bred,byellow,bgreen,bleft;
    reg [7:0]  ared,ayellow,agreen,aleft,bred,byellow,bgreen,bleft;
    always@(!EN_KEY)    //变量初始化按键按下时
        if(!EN_KEY)
        begin
            ared<=8'b01010101;              //55s
            ayellow<=8'b00000101;           //5s
            agreen<=8'b01000000;            //40s
            aleft<=8'b00010101;             //15s
            bred<=8'b01100101;              //65s
            byellow<=8'b00000101;           //5s
            bgreen<=8'b00110000;            //30s
            bleft<=8'b00010101;             //15s
        end
endmodule
```

（2）分频模块

```
/****************************************************************
分频模块信号定义:
CLK: 基准时钟信号输入;
sec: 1Hz 计时信号输出;
****************************************************************/
module div_clk(CLK,sec);
    //此处代码省略
endmodule
```

（3）控制 A 方向 4 盏灯亮灭模块

```
/****************************************************************
控制 A 方向 4 种灯亮灭模块信号定义:
CLK_1Hz: 1Hz 时钟信号输入;
reset: 复位键输入口;
ared: A 方向上红灯亮灯时长信号输入;
ayellow: A 方向上黄灯亮灯时长信号输入;
agreen: A 方向上绿灯亮灯时长信号输入;
aleft: A 方向上左拐灯亮灯时长信号输入;
lampa: A 方向上各种灯的亮灭输出;
numa: A 方向上当前亮灯状态的剩余时间输出;
****************************************************************/
module traffic_A(CLK_1Hz,reset,ared,ayellow,agreen,aleft,lampa,numa);
    output[3:0]  lampa;
    output[7:0]  numa;
    input  CLK_1Hz;
    input  reset;
    input[7:0]  ared,ayellow,agreen,aleft;
    reg[7:0]  numa;                         //定义寄存器
    reg  tempa;                             //定义控制状态灯转换标志信号
    reg[2:0]  counta;                       //定义灯亮顺序控制信号
    reg[3:0]  lampa;
    always@(posedge CLK_1Hz)                //该 always 模块控制 A 方向的 4 盏灯
```

```
        begin
            if(reset)                       //初始化按键没有被按下时
                if(!tempa)                  //条件成立,置可选状态灯信号,并赋时长
                begin
                    tempa=1;                //封锁可选状态灯信号
                    case(counta)            //控制亮灯的顺序及时间
                        0:begin numa<=agreen;lampa<=4'b1110;counta<=1;end   //绿灯
                        1:begin numa<=ayellow;lampa<=4'b1011;counta<=2;end  //黄灯
                        2:begin numa<=aleft;lampa<=4'b0111;counta<=3;end    //左拐灯
                        3:begin numa<=ayellow;lampa<=4'b1011;counta<=4;end  //黄灯
                        4:begin numa<=ared;lampa<=4'b1101;counta<=0;end     //红灯
                        default:            lampa<=4'b1101;//红灯
                    endcase
                end
                else                                    //倒计时
                begin
                    if(numa>1)
                        if(numa[3:0]==0)                 //低 4 位为 0 时
                        begin
                            numa[3:0]<=4'b1001;          //低 4 位值为 9
                            numa[7:4]<=numa[7:4]-1;      //高 4 位值减 1
                        end
                        else
                            numa[3:0]<=numa[3:0]-1;      //低 4 位值减 1
                    else
                        tempa=0;                         //倒计时完时,开锁可选状态灯信号
                end
            else                                         //对 A 方向灯的状态进行初始化
            begin
                lampa<=4'b1101;
                counta<=0;
                tempa<=0;
            end
        end
    end
endmodule
```

（4）控制 B 方向 4 盏灯亮灭模块

```
/****************************************************************
控制 B 方向 4 盏灯亮灭模块信号定义:
CLK_1Hz: 1Hz 时钟信号输入;
reset: 复位键输入口;
bred: B 方向上红灯亮灯时长信号输入;
byellow: B 方向上黄灯亮灯时长信号输入;
bgreen: B 方向上绿灯亮灯时长信号输入;
bleft: B 方向上左拐灯亮灯时长信号输入;
lampb: B 方向上各种灯的亮灭输出;
numb: B 方向上当前亮灯状态的剩余时间输出;
****************************************************************/
module traffic_B(CLK_1Hz,reset,bred,byellow,bgreen,bleft,lampb,numb);
    //此处代码省略
endmodule
```

（5）A、B 方向各种灯剩余时间的显示模块

```
/*****************************************************************
A、B 方向各种灯剩余时间的显示模块信号定义：
clock：基准时钟信号输入
numa：A 方向上当前亮灯状态的剩余时间输入；
numb：B 方向上当前亮灯状态的剩余时间输入；
seg：4 位数码管段码输出；
sl：4 位数码管位选码输出；
*****************************************************************/
module display(numa,numb,seg,sl,clock);
    output[7:0] seg;
    output[3:0] sl;
    input clock;
    input[7:0] numa,numb;
    reg[7:0] seg_reg;
    reg[3:0] sl_reg;
    reg[3:0] disp_dat;          //定义显示数据寄存器
    reg[25:0] count;            //定义计数器
    always@(posedge clock)
    begin
      count=count+1;            //计数器加 1
    end
    always@(count[12:11])       //过（11'b11111111111/24M）s 执行一次
    begin
      case(count[12:11])
            2'b00:disp_dat=numa[3:0];      //A 方向状态灯剩余时间的个位送数码管显示
            2'b01:disp_dat=numa[7:4];      //A 方向状态灯剩余时间的十位送数码管显示
            2'b10:disp_dat=numb[3:0];      //B 方向状态灯剩余时间的个位送数码管显示
            2'b11:disp_dat=numb[7:4];      //B 方向状态灯剩余时间的十位送数码管显示
      endcase
      case(count[12:11])
            2'b00:sl_reg=4'b1101;      //从左向右选 4 位数码管的第 2 个
            2'b01:sl_reg=4'b1110;      //从左向右选 4 位数码管的第 1 个
            2'b10:sl_reg=4'b0111;      //从左向右选 4 位数码管的第 3 个
            2'b11:sl_reg=4'b1011;      //从左向右选 4 位数码管的第 4 个
      endcase
    end
    always@(disp_dat)
    begin
    case(disp_dat)                      //送段码值到段码线
        4'h0:seg_reg=8'hc0;
        4'h1:seg_reg=8'hf9;
        4'h2:seg_reg=8'ha4;
        4'h3:seg_reg=8'hb0;
        4'h4:seg_reg=8'h99;
        4'h5:seg_reg=8'h92;
        4'h6:seg_reg=8'h82;
        4'h7:seg_reg=8'hf8;
        4'h8:seg_reg=8'h80;
        4'h9:seg_reg=8'h90;
        4'ha:seg_reg=8'h88;
        4'hb:seg_reg=8'h83;
        4'hc:seg_reg=8'hc6;
```

```
          4'hd:seg_reg=8'ha1;
          4'he:seg_reg=8'h86;
          4'hf:seg_reg=8'h8e;
      endcase
      end
      assign seg=seg_reg;
      assign sl=sl_reg;
   endmodule
```

4.2.4　下载调试运行

1）双击 Quartus Ⅱ 软件快捷图标，进入 Quartus Ⅱ 集成开发环境，新建工程项目文件 traffic.qpf，并在该项目下分别新建 Verilog 源程序文件 traffic.v、init_mod.v、div_clk.v、traffic_A.v、traffic_B.v、display.v 6 个文件，并分别输入上面的程序代码后保存。

2）为该工程项目选择一个目标器件，并对相应的引脚进行锁定，所选择的器件应该是 Altera 公司的 EPM1270T144C5N 芯片，引脚锁定表如表 4-7 所示。

表 4-7　引脚锁定表

引 脚 号	引 脚 名	引 脚 号	引 脚 名
29	lampa0	32	lampa3
30	lampa1	37	lampb0
31	lampa2	38	lampb1
39	lampb2	109	seg7
40	lampb3	108	sl0
118	seg0	107	sl1
117	seg1	106	sl2
114	seg2	105	sl3
113	seg3	61	EN_key
112	seg4	62	reset
111	seg5	18	CLK
110	seg6		

3）对该工程文件进行编译处理，若在编译过程中发现错误，则需找出并更正错误，直至成功为止。

4）使用 USB-Blaster 下载电缆，将开发板 JTAG 口与 USB-Blaster 下载口相连，再打开工作电源，执行下载命令把程序下载到 CCIT CPLD/FPGA 实验仪的 EPM1270T144C5N 器件中，看到数码管上的时间和 LED 8 盏小灯的变化了吗？

4.2.5　技能实训

1. 实训目标

1）增强专业意识，培养良好的职业道德和职业习惯。

2）培养自主创新的学习能力和良好的实践操作能力。

3）掌握键盘、数码管、蜂鸣器、时钟模块的综合运用。

4）掌握各种外围接口的灵活应用及 Verilog 语言编程方法。

2. 功能要求

利用 CCIT CPLD/FPGA 实验仪设计一个 4 组数字式抢答器，每组设一个按钮供抢答使用。具体功能要求如下。

1）抢答器具有第一信号鉴别和锁存功能，使除第一抢答者外的按钮无效；设置一个主持人"复位"按钮，主持人复位后，开始抢答，在第一信号鉴别锁存电路得到信号后，用指示灯显示抢答组别，蜂鸣器发出 2～3s 的声音。

2）设置犯规电路，对超时（例如 1min）答题的组别鸣示警声，并由组别显示电路显示出犯规组别，该轮该选手退出，由主持人重新发令，其他人再抢答。

3）设置一个计分电路，每组开始预置 5 分，答对一次加 1 分，答错一次减 1 分。

3. 实训设备

1）实验仪 CCIT CPLD/FPGA。

2）Quartus Ⅱ 13.1 软件开发环境。

4. 实训内容与步骤

1）题意分析：根据系统功能要求，可分为信号锁存及犯规设置模块、计分模块和数码管显示模块 3 部分。3 个模块的功能关系图如图 4-6 所示。

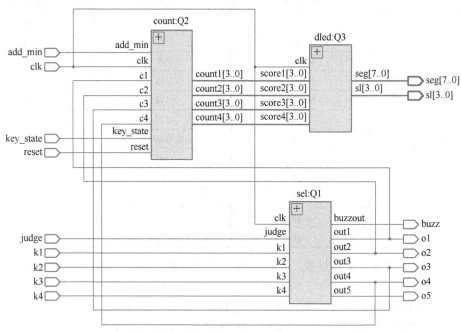

图 4-6　数字抢答器功能模块关系图

第一信号鉴别锁存模块的关键是准确判断出第一抢答者并将其锁存，在得到第一信号后，将输入端封锁，使其他组的抢答信号无效，可以用触发器或锁存器实现。设置抢答按钮 K1、K2、K3、K4，主持人复位信号 judge，蜂鸣器驱动信号 buzzout。当 judge=0 时，第一信号鉴别、锁存电路、答题计时电路复位，在此状态下，若有抢答按钮按下，鸣示警声则显示犯规组别；当 judge=1 时，开始抢答，由第一信号鉴别锁存电路形成第一抢答信号，进行组别显示，控制蜂鸣器发出声响，并启动答题计时电路，若计时时间到，主持人复位信号还没有按下，则由蜂鸣器发出犯规示警声。

计分电路是一个相对独立的模块，可采用十进制加/减计数器、数码管数码扫描显示，设置复位信号 Reset、加减分信号 add_min，加减分状态键 key_state。当 Reset=0 时，所有得分回到起始分（5 分），且加、减分信号无效；当 Reset=1 时，由第一信号鉴别、锁存电路的输出信号选择进行加减分的组别，当 key_state=1 时，按一次 add_min，第一抢答组加 1 分；当 key_state=0 时，每按一次 add_min，则减 1 分。

2）信号锁存及犯规设置模块：实现信号锁存及犯规报警处理。

```verilog
module sel(clk,k1,k2,k3,k4,judge, out1,out2,out3,out4,out5,buzzout);
    input clk,k1,k2,k3,k4,judge;
    output out1,out2,out3,out4,out5,buzzout;
    reg out1,out2,out3,out4,out5,block,buzzout;
    reg[32:0] count;
    reg[27:0] counter;
    reg flag;
    always@(posedge clk)
    begin
        counter=counter+1;
        /*裁判员发开始抢答信号，初始化指示灯为灭，抢答的互斥量为0，蜂鸣器禁声*/
        if(!judge)
        begin
            {out1,out2,out3,out4,out5,block}=6'b111110;
            count=0;
            flag=0;
        end
        else
        begin
            case({k4,k3,k2,k1})
            4'b1110:
                if(!block)
                begin
                    out1=0;             //点亮第一组别指示灯
                    block=1;            //封锁别组抢答信号
                    count=1;            //第一组已按下按钮，可启动答题计时器
                end
            4'b1101:
                if(_____)
                begin
                    out2=_____;
                    block=_____;
                    count=1;
                end
            4'b1011:
                if(!block)
                begin
                    _____=0;
                    block=1;
                    _____=1;
                end
            4'b0111:
                if(!block)
                begin
```

```
                            out4=0;
                            block=1;
                            count=1;
                        end
                    endcase
            /*答题计时开始，并判断是否答题超时*/
            if(count!=0)
            begin
                if(count==32'h5a000000)  //如果答题时间到了 1min，亮犯规灯并报警
                begin
                    count=0;
                    out5=        _____;     //犯规灯亮
                    flag= 1;                    //蜂鸣器发声
                end
                else
                begin
                    count=count+1;
                end
            end
        end
        /*蜂鸣器报警*/

        always@(counter[7])
            if(_____)
                buzzout=!(counter[11]&counter[22]&counter[27]);
            else
                buzzout=0;

    endmodule
```

3）计分模块：实现抢答按键计分加减处理。

```
    /* 分频生成 20ms 按键去抖动延时信号 */
    module  f_1M(clkin,clkout);
        //此处代码省略
    endmodule
    /************************************************************
    计分电路，输出 4 组当前得分，信号定义如下：
    clk: 时钟信号；
    c1,c2,c3,c4: 抢答组别输入信号；
    key_state：加减分状态键；
    add_min：加减分按钮；
    reset：初始分（5 分）设置信号；
    count1：第一组得分输出；
    count2：第二组得分输出；
    count3：第三组得分输出；
    count4：第四组得分输出；
    ************************************************************/
    module  count(clk,c1,c2,c3,c4,add_min,key_state,reset,count1,count2,count3,
count4);
        input  clk,c1,c2,c3,c4,add_min,key_state,reset;
        output[3:0]  count1,count2,count3,count4;
        reg[3:0]  count1,count2,count3,count4;
        wire  clk0;
        reg  keyout;
        f_1M  f_1Ma(____ , ____);
```

```verilog
always@(negedge  clk0)
    _____= add_min;
always@(posedge  keyout)              //根据相应组别加减分
begin
    if(!reset)                        //初始化各组的起始分数
        {count1,_____,count3,_____}=16'h5555;
    if(!key_state)
    begin
        if(!c1)      //第一组减1分，最高分为10分，最低分为0分
        begin
            if(count1!=0)
                count1=_____;
        end
        if(!c2)      //第二组减1分，最高分为10分，最低分为0分
        begin
            if(count2!=_____)
                count2=count2-1;
        end
        if(!c3)      //第三组减1分，最高分为10分，最低分为0分
        begin
            if(count3!=0)
                count3=count3-1;
        end
        if(_____)              //第四组减1分，最高分为10分，最低分为0分
        begin
            if(count4!=0)
                count4=count4-1;
        end
    end
    else
    begin
        if(!c1)      //第一组加分，最高分为10分，最低分为0分
        begin
            if(count1>9)
                count1= _____;
            else
                count1=count1+1;
        end
        if(!c2)      //第二组加分，最高分为10分，最低分为0分
        begin
            if(count2>9)
                count2=10;
            else
                count2=_____;
        end
        if(!c3)      //第三组加分，最高分为10分，最低分为0分
        begin
            if(_____)
                count3=10;
            else
                count3=count3+1;
        end
        if(!c4)      //第四组加分，最高分为10分，最低分为0分
        begin
```

```
                if(count4>9)
                    count4=10;
                else
                    count4=count4+1;
            end
        end
    end
endmodule
```

4）数码管显示模块：在 4 位数码管上分别显示 4 组当前得分。

```
module  dled (seg,sl,score1,score2,score3,score4,clk);
    output[7:0]  seg;                      //定义数码管段输出引脚
    output[3:0]  sl;                       //定义数码管位输出引脚
    input  clk;                            //定义输入时钟引脚
    input[3:0]  score1,score2,score3,score4;      //4 组当前得分信号输入
    reg[7:0]  seg_reg;                     //定义数码管段输出寄存器
    reg[3:0]  sl_reg;                      //定义数码管位输出寄存器
    reg[3:0]  disp_dat;                    //定义显示数据寄存器
    reg[16:0]  count;                      //定义计数器寄存器
    always@(posedge clk)                   //定义 clock 信号上升沿触发
    begin
        count=count+1;                     //计数器值加 1
    end
    always@(count[14:13])                  //定义显示数据触发事件
    begin
        case(count[14:13])                 //选择扫描显示数据
            2'h0:disp_dat=_____;          //在个位数码管上显示第一组别的分数值
            2'h1:disp_dat=_____;          //在十位数码管上显示第二组的分数值
            2'h2:disp_dat=_____;          //在百位数码管上显示第三组的分数值
            2'h3:disp_dat=_____;          //在千位数码管上显示第四组的分数值
        endcase
        case(count[14:13])                 //选择数码管显示位
            2'h0:sl_reg=4'b1110;           //选择个位数码管
            2'h1:sl_reg =4'b1101;          //选择十位数码管
            2'h2:sl_reg =4'b1011;          //选择百位数码管
            2'h3:sl_reg =4'b0111;          //选择千位数码管
        endcase
    end
    always@(disp_dat)                      //显示数据的解码过程
    begin
        case(_____)
                4'h0:seg_reg=8'hc0;        //显示数据 0
                4'h1:seg_reg=8'hf9;        //显示数据 1
                4'h2:seg_reg=8'ha4;        //显示数据 2
                4'h3:seg_reg=8'hb0;        //显示数据 3
                4'h4:seg_reg=8'h99;        //显示数据 4
                4'h5:seg_reg=8'h92;        //显示数据 5
                4'h6:seg_reg=8'h82;        //显示数据 6
                4'h7:seg_reg=8'hf8;        //显示数据 7
                4'h8:seg_reg=8'h80;        //显示数据 8
                4'h9:seg_reg=8'h90;        //显示数据 9
                4'ha:seg_reg=8'h88;        //显示数据 A
                4'hb:seg_reg=8'h83;        //显示数据 b
                4'hc:seg_reg=8'hc6;        //显示数据 C
```

```
                 4'hd:seg_reg=8'ha1;              //显示数据 d
                 4'he:seg_reg=8'h86;              //显示数据 E
                 4'hf:seg_reg=8'h8e;              //显示数据 F
            endcase
       end
       assign seg=seg_reg;                        //输出数码管解码结果
       assign sl=sl_reg;                          //输出数码管选择
   endmodule
```

5）顶层模块设计。

```
      /*********************************************************************
      信号定义：
      clk：基准时钟输入信号；
      k1,k2,k3,k4：抢答按钮输入信号
      seg：数码管段输出引脚；
      sl：数码管位输出引脚；
      add_min：加减分按键；
      key_state：加减分模式选择按键；
      reset：初始分（5 分）设置键信号；
      judge：裁判员抢答开始键信号；
      o1、o2、o3、o4：抢答组别 LED 显示输出信号；
      buzzout：示警输出信号；
      *********************************************************************/
   module qiangdaqi(clk,k1,k2,k3,k4,seg,sl,add_min,key_state,reset,judge,o1,o2,
o3,o4,o5,buzz);
             input  clk,k1,k2,k3,k4,add_min,key_state,reset,judge;
             output[7:0]  seg;                    //定义数码管段输出引脚
             output[3:0]  sl;                     //定义数码管位输出引脚
             output  o1,o2,o3,o4,o5;              //组别指示灯
             output  buzz;                        //蜂鸣器
             wire  o1,o2,o3,o4;
             wire[3:0]  s1,s2,s3,s4;
             sel Q1(clk,k1,k2,k3,k4, _____ ,o1,o2,o3,o4,o5,_____);
                                                  //调用抢答信号锁存显示电路
             count Q2(clk,o1,o2,o3,o4, _____,_____,reset,s1,s2,s3,s4);
                                                  //调用计分电路
             dled Q3(seg,sl,_____,_____,s3,s4,clk); //调用数码管显示电路
   endmodule
```

6）编译并改正语法错误。

7）指定芯片的引脚。引脚锁定表如表 4-8 所示。

表 4-8　引脚锁定表

引脚号	引脚名	引脚号	引脚名
61	k1	110	seg6
62	k2	109	seg7
63	k3	108	sl0
66	k4	107	sl1
67	add_min	106	sl2
71	key_state	105	sl3
69	reset	29	o1
70	judge	30	o2

（续）

引脚号	引脚名	引脚号	引脚名
118	seg0	31	o3
117	seg1	32	o4
114	seg2	37	o5
113	seg3	41	buzz
112	seg4	18	clk
111	seg5		

8）重新编译下载运行并调试。

根据系统功能，测试抢答过程，通过主持人操作，观察各组得分情况的变化显示是否正确，超时是否有错误提示和报警。

5. 实训考核

请根据表 4-9 所列的实训考核要求，进行实训操作，保持良好的实训操作规划，熟悉整个工程的新建、程序代码编写、开发环境设置和编译下载调试的过程。

表 4-9　实训考核要求

项　目	内　容	分　值	考核要求	得　分
职业素养	1. 实训的积极性 2. 实训操作规范 3. 纪律遵守情况	10	积极参加实训，遵守安全操作规程，有良好的职业道德和敬业精神	
Quartus Ⅱ软件的使用及程序的编写	1. 能熟练使用 Quartus Ⅱ软件 2. 代码语法的规范、熟练掌握顶层模块的设计及模块的引用 3. 芯片引脚的指定	40	能熟练使用 Quartus Ⅱ软件、规范编写代码、改正语法错误、掌握顶层模块的设计、模块实例的编写及引用，正确指定引脚	
项目调试过程	1. 程序下载 2. 实验仪的使用 3. 操作是否规范	10	能下载程序，实验仪的规范使用，实验现象是否合理	
项目完成度和准确度	1. 实现题意要求 2. 操作和现象合理	40	该项目的所有功能是否能实现	

4.3　项目 3　多功能教室智能控制系统的设计与实现

学习目标

1. 能力目标

1）能综合应用键盘、发光二极管、蜂鸣器、数码管、点阵屏等外围接口进行产品设计。

2）能进行 CPLD/FPGA 的 Verilog HDL 语言的顶层和底层设计，从而实现模块化编程。

2. 知识目标

1）掌握键盘、LED 小灯、蜂鸣器、数码管、点阵屏等外围接口的 Verilog 语言编程。

2）掌握各种外围接口的综合运用。

3. 素质目标

1）培养 CPLD 的综合开发能力。

2）培养实验的仿真及下载技能。

3）建立团结互助的关系。

情境设计

该安全主要通过设计多功能教室的综合实例，介绍 CPLD 项目开发的一般方法和编程技巧。具体教学情境设计如表 4-10 所示。

表 4-10　教学情境设计

教学情境	技能训练	知识要点	学时数
多功能教室控制系统设计 4.3.1 顶层模块设计 4.3.2 任务提出及设计分析 4.3.3 分频模块设计 4.3.4 校时模块设计 4.3.5 计时处理模块设计 4.3.6 响铃模块设计 4.3.7 教具开关控制块设计 4.3.8 数码管显示模块设计 4.3.9 值日生名单显示模块设计	1．进行键盘和校时模块的编程 2．进行数码管模块的编程 3．进行蜂鸣器模块编程 4．进行计时模块的编程 5．进行点阵屏显示驱动编程 6．进行各个模块的综合编程 7．会进行整机调试	1．掌握键盘、发光二极管、蜂鸣器、数码管、点阵屏等外围接口的编程方法 2．掌握各个模块的综合编程和调试方法	8

4.3.1　任务提出及设计分析

1．任务

利用 CCIT CPLD/FPGA 实验仪设计并完成一个多功能教室智能控制系统，可以显示当前时间、星期、值日生名单等信息，也可以完成上、下课自动响铃，上、下午放学播放音乐，教室内教具可以自动开关，当前时间信息可以清零和校时等功能。

微课 4-7
项目 3 多功能教室智能控制系统的设计与实现（一）

2．要求

通过此案例的编程和下载运行，了解并掌握键盘、指示灯、数码管、点阵屏、分频计时、音乐响铃等处理模块的综合应用与设计。

3．分析

本项目创意来源于班级事务管理，为了解决教室教具的开关、上下课时间显示、值日生名单显示及上下课响铃等事务，利用前面学习过的可编程逻辑器件和单片机的相关知识，完全可以制作一个多功能教室智能控制系统。该项目的硬件平台为 CCIT-CPLD/FPGA 实验仪。多功能教室的控制系统可以在单个数码管上显示星期，在四位数码管上显示当前时间（前两个显示时，后两个显示分，分的个位数上的小数点 1s 闪烁一次）；蜂鸣器则在上、下课节点时响 10s 铃声及在放学后响 10s 音乐，在第一节课上课前 10min 由系统自动通电打开教室投影、门窗、日光灯、总电源等外部教学所需设备，上、下午最后一节课下课时间后 5min 这些设备由系统自动断电关闭（这些外设开关用实验板上 8 盏小灯亮灭来模拟）。

注：该系统适应上、下午都为四节课的教学安排；上、下午的每节课时间为 40min，第 2 节与第 3 节课间休息时间 20min，其余节间休息为 10min。

要完成以上的功能要求，则系统需要划分成以下几个模块：

1）分频模块设计。可得到正常计时的秒信号。

2）按键校时模块设计。通过 4 个按键，分别校对星期、小时、分钟和秒，校秒键：按一下秒加 1，到 60 清零；校分键：按一下分加 1，到 60 清零；校时键：按一下时加 1，到 24 清零；校星期键：按一下星期加 1，到 7 清零。

3）计时处理模块设计。根据系统开关键，判断是否可以开始计时并输出显示；如果允许计时，则判断是正常计时模块还是校时模式，如果是正常计时模式，则 1s 加 1 的时间部分处理，计时结果保存并及时更新当前时间，如果是校时模式，则把校时模块的时间进行保存，并及时更新当前时间。

4）响铃模块设计。根据上、下午上课起始时间，计算各个节点响铃时间，再与当前时间进行比对判断，如果是上午节间响铃时间到，则蜂鸣器响 10s 铃声；如果是上、下午最后一节课下课时间到，则蜂鸣器播放 10s 音乐。

5）教具开关控制块设计。第一节课上课前 10min 由系统自动通电打开教室投影、门窗、日光灯、总电源等外部教学所需设备；上、下午最后一节课下课时间后 5min 这些设备由系统自动断电关闭（这些外设开关用实验板上 8 盏小灯亮灭来模拟）。

6）数码管显示模块设计。计时模块输出的时间和星期作为该模块的输入，星期在单个数码管显示，四位数码管前两要显示当前的时，后两个显示当前的分，秒通过最后一个数码管的小数点以 1s 频率闪烁进行展示。

7）值日生名单显示模块设计。点阵屏模块显示一周的学生值日名单（周一到周五。周六和日显示休息），每天值日生名单在点阵屏上循环显示。

8）顶层模块设计。将以上各个子模块，根据功能关系，进行模块引用，实现信号之间的传输和处理，具体的系统模块功能关系图如图 4-7 所示。

各个模块的程序代码编写见以下各个模块。

4.3.2 顶层模块设计

```
/******************************************************************
```
1. 系统功能

多功能教室智能控制系统项目创意来源于班级事务管理，该项目的硬件平台为 CCIT-CPLD/FPGA 实验仪。系统可以在单个数码管上显示星期，在 4 位数码管上显示当前时间（前两个显示时，后两个显示分，分的个位数上的小数点 1s 闪烁一次）；蜂鸣器则在上、下课节点时响 10s 铃声及在放学后播放 10s 音乐，在第一节课上课前 10min 由系统自动通电打开教室投影、门窗、日光灯、总电源等外部教学所需设备，上、下午最后一节课下课时间后 5min 这些设备由系统自动断电关闭（实验板上 8 盏小灯亮灭来模拟外设开关）。

注：该系统适应上、下午都为四节课的教学安排；上、下午的每节课时间为 40min，第二节与第三节课间休息时间 20min，其余节间休息为 10min。

2. 操作简介

拨码开关控制键 keyen，keysel_n 的状态所代表的操作意义：

keyen：系统开/关状态键，低电平有效；

keysel_n：校时/校星期状态键，低电平有效；

具体操作方式如下：

```
keyen  keysel_n
  0       0     :时间校对:时（key_h）、分(key_m)、秒(key_s)、星期(key_w);
  0       1     : 正常运行
  1       *     : 系统关闭
```

图 4-7　多功能教室智能控制系统模块功能关系图

3. 引脚锁定

```
keyen: sw0;
keysel_n: sw1;
key_h: k1, key_m:k2, key_s:k3, key_w:k4, keyclr:k8;
*********************************************************************/
module  room_tools_ctrl(clk,keysel_n,key_s,key_m,key_h,key_w,keyen,keyclr,
               sled,sl,seg,buzzout,ledout,ldoa,ldob);
    output[7:0] sled;
    output[3:0]  sl;
    output  buzzout;
    output[7:0]  seg;
    output[7:0]  ledout;
    output[7:0]  ldoa,ldob;
    input  clk;
    input  keysel_n,key_s,key_m,key_h,key_w,keyen,keyclr;
    wire[23:0]  min1;             //存储校对时间
    wire  sec;                    //1s信号,控制最后1个数码管小数点闪烁频率
    wire[2:0]  week;              //存储当前星期
    wire[2:0]  week1;             //存储校对星期
    parameter  morning_start=24'h082000;    //上午第一节课上课时间 8 点 20
    parameter afternoon_start=24'h132000;   //下午第一节课上课时间 13 点 20
    wire  flag;                   //系统运行、关闭标志,=0:关闭,=1:运行
    divclk  Q1(clk,sec);
    modify  Q2(clk,key_s,key_m,key_h,key_w,min1,week1);
    counttime  Q4(sec,min1,week1,keyclr,keyen,keysel_n,min,week,flag);
    music  Q6(clk,flag,morning_start,afternoon_start,min,buzzout);
    control  Q7(flag,morning_start,afternoon_start,min,ledout);
    display  Q5(clk,flag,sec,min,week,sled,sl,seg);
    dianzheng  Q8(clk,flag,ldoa,ldob,week);
endmodule
```

4.3.3 子模块设计

微课 4-8
项目 3 多功能教
室智能控制系统
的设计与实现
（二）

（1）分频模块

```
/*******************************************************************
分频模块信号定义:
clk: 24MHz 时钟源信号输入;
sec: 1Hz 频率信号输出;
*********************************************************************/
module divclk(clk,sec_narmal,sec_s,sec_m,sec_h);
    //此处代码省略
endmodule
```

（2）按键校时模块

```
/*****************************************************************
按键去抖动延时分频模块信号定义:
clkin: 24MHz 时钟源信号输入;
clkout: 20ms 频率信号输出;
*****************************************************************/
module  f_1M(clkin,clkout);
      //此处代码省略
endmodule
/*****************************************************************
按键校时模块信号定义:
clk: 24MHz 时钟源信号输入;
```

key_s: 校秒键，按一下秒加 1，到 60 清零；
key_m: 校分键，按一下分加 1，到 60 清零；
key_h: 校时键，按一下时加 1，到 24 清零；
key_w: 校星期键，按一下星期加 1，到 7 清零；
min1: 输出校对的时、分、秒数值；
week: 输出校对的星期数值；
***/

```verilog
module  modify(clk,key_s,key_m,key_h,key_w,min1,week);
    input  clk;
    input  key_s;
    input  key_m;
    input  key_h;
    input  key_w;
    output[23:0]  min1;
    output[2:0]  week;
    wire clk0;
    reg[23:0]  min1;
    reg[2:0]  week;
    reg  keyout_m,keyout_h,keyout_w;
    f_1M f_1Ma(clk,clk0);
    always@(negedge  clk0)
    begin
        keyout_m=key_m;
        keyout_h=key_h;
        keyout_w=key_w;
    end
    always@(negedge  keyout_m)
    begin
        min1[11:8]=min1[11:8]+1;
        if(min1[11:8]>9)
        begin
            min1[11:8]=0;
            min1[15:12]=min1[15:12]+1;
            if(min1[15:12]>5)
                min1[15:12]=0;
        end
    end
    always@(negedge  keyout_h)
    begin
        min1[19:16]=min1[19:16]+1;
        //此处代码省略
    end
    always@(negedge  keyout_w)
    begin
        week[2:0]=week[2:0]+1;
        //此处代码省略
    end
endmodule
```

（3）计时处理模块

/**
计时处理模块信号定义：
Sec: 正常 1s 信号输入；
min1: 校对的时分秒信号输入；
week1: 校对的星期信号输入；
keyclr: 清零键，当前时分秒置零，低电平有效；
keyen: 允许正常计时键，=0 正常计时显示，=1 不计时，系统关闭，不显示信息；
keysel_n: 模式选择键，=0 校时模式，=1 正常计时模式

week：输出校对的星期数值；
min2：输出当前时间；
week2：输出当前星期；
flag：输出系统开关标志，=0 允许计时，=1 系统关闭；
**/

```verilog
module  counttime(sec,min1,week1,keyclr,keyen,keysel_n,min2,week2,flag);
    input  sec;
    input[23:0]  min1;
    input[2:0]  week1;
    input  keyclr,keyen,keysel_n;
    output[23:0]  min2;
    output[2:0]  week2;
    output  flag;
    reg[23:0]  min2;
    reg[2:0]  week2;
    reg[23:0]  min;
    reg[2:0]  week;
    reg  flag;
    /*计时处理*/
    always@(posedge sec)
    begin
        if(!keyclr)                     //是清零吗?
        begin
            min=24'h0;
            week=0;
        end
        else
        begin
            min=min2;
            week=week2;
            min=min+1;                  //秒加 1
            if(min[3:0]==4'ha)
            begin
                    //此处代码省略
            end
        end
    end
    /*系统模式控制选择处理*/
    always
    begin
        if(!keyen)                      //允许计时开始
        begin
            flag=1;
            if(!keysel_n)               //时间校对模式
            begin
                min2=min1;
                week2=week1;
            end
            else                        //正常走时模式
            begin
                min2=min;
                week2=week;
            end
        end
        else                            //不允许计时，系统关闭
        begin
            flag=0;
            week2=0;
            min2=0;
```

```
            end
        end
    endmodule
```

（4）响铃模块

```
    /************************************************************
    响铃模块信号定义：
    clk: 输入端口，24MHz 时钟源信号输入；
    flag: 输入端口，系统开关标志输入，=0 允许计时，=1 系统关闭；
    morning_start: 输入端口，上午第一节课上课时间；
    afternoon_start: 输入端口，下午第一节课上课时间；
    min: 输入端口，当前时间信号输入；
    buzzout: 输出端口，响铃信号输出；
    ************************************************************/
module music(clk,flag,morning_start,afternoon_start,min,buzzout);
        input clk;
        input flag;
        input[23:0]  min;
        input[23:0]  morning_start,afternoon_start;
        output  buzzout;                          //定义声响输出口
        reg[3:0]  high,med,low;
        reg buzzout;
        reg[21:0]  count1,count2;
        reg[27:0]  count3;
        reg[20:0]  count_end;
        reg[7:0]  counter;
        reg clk_4Hz;
        integer  start_m,start_a,end_m,end_a,min_int;
        parameter beef_runtime=8'h10;            //响铃时长为 10s
        always@(posedge clk)                     //生成 4Hz 信号
        begin
            //此处代码省略
        end
        always@(posedge clk)
        begin
            count2=count2+1;
            count3=count3+1;
            /*上午第 1 节课上课时间的分和时部分转换为十进制（单位：min）*/
            start_m=morning_start[11:8]+morning_start[15:12]*10+(morning_ start
[19:16]+
                morning_start[23:20]*10)*60;
            /*下午第 1 节课上课时间的分和时部分转换为十进制（单位：min）*/
            start_a=afternoon_start[11:8]+afternoon_start[15:12]*10+(afternoon_
start[19:16]+
                afternoon_start[23:20]*10)*60;
            /*上午第 4 节课下课时间计算（单位：min），每节课时长为 40min，第 2
              节与第 3 节的节间休息时间为 20min，其余为 10min*/
            end_m=start_m+200;
            /*下午第 4 节课下课时间计算（单位：min），每节课时长为 40min，第 2
              节与第 3 节的节间休息时间为 20min，其余为 10min*/
            end_a=start_a+200;
            /*当前时间的分和时部分转换为十进制（单位：min）*/
            min_int=min[11:8]+min[15:12]*10+(min[19:16]+min[23:20]*10)*60;
            /*上、下午放学播放音乐 10s*/
            if((((count2==count_end)&&(min[7:0]<=beef_runtime)&&
                ((min_int==end_m)||(min_int==end_a)))&&flag)
            begin
                count2=22'h0;
                buzzout=!buzzout;
```

```
                end
            //上、下午每节课上下课响铃 10s
            if((((min_int==start_m)||(min_int==start_m+40)||(min_int==
start_m+50)||
                (min_int==start_m+90)||(min_int==start_m+110)||(min_int==
start_m+150)||
                (min_int==start_m+160)||                          //上午响铃时间条件
                (min_int==start_a)||(min_int==start_a+40)||(min_int==start_
a+50)||
                                                                  //下午响铃时间条件
                (min_int==start_a+90)||  (min_int==start_a+110)||(min_ int==
start_a+150))&&
                (min[7:0]<=beef_runtime))&&flag)                  //响铃标志及持续时间
                        begin
                    buzzout=!(count3[11]&count3[22]&count3[27]);
                end
        end
        always@(posedge clk_4Hz)
        begin
            case({high,med,low})
                9'b000000001:count_end=16'hb32f;        //低音 1 的分频系数值
                9'b000000010:count_end=16'h9f9a;        //低音 2 的分频系数值
                //此处代码省略
                9'b111000000:count_end=16'h17ba;        //高音 7 的分频系数值
                default:count_end=16'hffff;
            endcase
        end
        /*"梁祝"乐曲演奏*/
        always@(posedge clk_4Hz)
        begin
            if(counter==47)
                counter=0;
            else
                counter=counter+1;
            case(counter)
                0:{high,med,low}=9'b000000011;          //低音 3
                1:{high,med,low}=9'b000000011;
                //此处代码省略
                46:{high,med,low}=9'b000010000;         //中音 2
                47:{high,med,low}=9'b000010000;
            endcase
        end
    endmodule
```

（5）教室教具自动控制模块

```
/*****************************************************************
教室教具自动控制模块信号定义：
flag：输入端口，系统开关标志输入，=0 允许计时，=1 系统关闭；
morning_start：输入端口，上午第一节课上课时间；
afternoon_start：输入端口，下午第一节课上课时间；
min：输入端口，当前时间信号输入；
ledout：输出端口，8 盏小灯亮灭控制模拟教具开关控制；
*****************************************************************/
module control(flag,morning_start,afternoon_start,min,ledout);
    input flag;
    input[23:0] min;
    input[23:0] morning_start,afternoon_start;
    output[7:0] ledout;
    reg[7:0] ledout;
    integer start_m,start_a,end_m,end_a,min_int;
```

```
initial
    ledout=8'hff;              //8 盏灯初始化灭

always
begin
    //将相关时间信息统一转化成以 min 为单位
    start_m= morning_start[11:8]+morning_start[15:12]*10+(morning_
start[19:16]+
            morning_start[23:20]*10)*60;
    start_a=afternoon_start[11:8]+afternoon_start[15:12]*10+(afternoon_
start[19:16]+
            afternoon_start[23:20]*10)*60;
    end_m=start_m+200;
    end_a=start_a+200;
    min_int=min[11:8]+min[15:12]*10+(min[19:16]+min[23:20]*10)*60;
    /*判断上下午的当前时间,以便开启或关闭外设(开启时,要在第一节课的
    前 10min,关闭时,要在最后一节课的后 5min) */
    if(((min_int>=start_m-10)&&(min_int<end_m+5)||
      (min_int>=start_a-10)&&(min_int<end_a+5))&&flag)
        ledout=ledout&8'h00;                //8 盏小灯亮
    else
        ledout=ledout|8'hff;                //8 盏小灯灭
end
endmodule
```

(6) 数码管显示模块

```
/****************************************************************
数码管显示模块信号定义:
clk: 输入端口, 24M 时钟源信号输入;
flag: 输入端口, 系统开关标志输入, =0 允许计时, =1 系统关闭;
sec: 输入端口, 正常 1 秒信号输入;
min: 输入端口, 当前分秒信号输入;
week: 输入端口, 当前星期信号输入;
sled_reg: 输出端口, 四位数码管段码值信号输出;
sl_reg: 输出端口, 四位数码管位码值信号输出;
seg: 输出端口, 单个数码管段码值信号输出;
****************************************************************/
module display(clk,flag,sec,min,week,sled_reg,sl_reg,seg);
    //此处代码省略
    end
endmodule
```

(7) 点阵屏值日生名单显示模块

```
/****************************************************************
点阵显示模块信号定义:
clk: 输入端口, 24MHz 时钟源信号输入;
flag: 输入端口, 系统开关标志输入, =0 允许计时, =1 系统关闭;
h: 输出端口, 点阵位码值信号输出;
l: 输出端口, 点阵段码值信号输出;
week: 输入端口, 当前星期信号输入;
****************************************************************/
module dianzheng(clk,flag,h,l,week);
    input  clk;
    input  flag;
    input[2:0]  week;
    output[7:0]  h,l;
    reg[7:0]  h,l;
    reg[26:0]  count;
    always@(posedge clk)
```

```
begin
    count=count+1;
end
/*行扫描，行位码片选*/
always@(count[12:10])
begin
    if(flag)                                    //系统显示与否的标志
        case(count[12:10])
            3'h0:h=8'hfe;
            3'h1:h=8'hfd;
            3'h2:h=8'hfb;
            3'h3:h=8'hf7;
            3'h4:h=8'hef;
            3'h5:h=8'hdf;
            3'h6:h=8'hbf;
            3'h7:h=8'h7f;
        endcase
    else
        h=8'hff;                                //点阵屏全灭
end
/*值日生名单字模码*/
always@(count[12:10] or week )
begin
    case(week+1)
        4'd1:                                   //星期一显示"小一"
            case(count[26:25])
                2'b00:
                    case(count[12:10])   //小
                        3'h0:l=8'hff;
                        3'h1:l=8'hf7;
                        3'h2:l=8'hf7;
                        3'h3:l=8'hf7;
                        3'h4:l=8'hd5;
                        3'h5:l=8'hb6;
                        3'h6:l=8'hf3;
                        3'h7:l=8'hf7;
                    endcase
                2'b01:
                    case(count[12:10])   //熄灭
                        3'h0:l=8'hff;
                        3'h1:l=8'hff;
                        3'h2:l=8'hff;
                        3'h3:l=8'hff;
                        3'h4:l=8'hff;
                        3'h5:l=8'hff;
                        3'h6:l=8'hff;
                        3'h7:l=8'hff;
                    endcase
                2'b10:
                    case(count[12:10])   //一
                        3'h0:l=8'hff;
                        3'h1:l=8'hff;
                        3'h2:l=8'hff;
                        3'h3:l=8'h81;
                        3'h4:l=8'hff;
                        3'h5:l=8'hff;
                        3'h6:l=8'hff;
                        3'h7:l=8'hff;
                    endcase
                2'b11:
                    case(count[12:10])   //熄灭
```

```
                           3'h0:l=8'hff;
                           3'h1:l=8'hff;
                           3'h2:l=8'hff;
                           3'h3:l=8'hff;
                           3'h4:l=8'hff;
                           3'h5:l=8'hff;
                           3'h6:l=8'hff;
                           3'h7:l=8'hff;
                       endcase
               endcase
        4'd2:                                //星期二显示"小二"
            //此处代码省略
                           3'h6:l=8'hff;
                           3'h7:l=8'hff;
                       endcase
               endcase
        4'd3:                                //星期三显示"小三"
            //此处代码省略
        4'd4:
            //此处代码省略
        4'd5:                                //星期五显示"大二"
            //此处代码省略
        4'd6,4'd7:                           //星期六、日显示"REST"
            //此处代码省略
    end
endmodule
```

4.3.4　下载调试运行

1）双击 Quartus Ⅱ 软件快捷图标，进入 Quartus Ⅱ 集成开发环境，新建工程项目文件 room_tools_ctrl.qpf，并在该项目下逐一新建 Verilog 源程序文件 divclk.v、modify.v、counttime.v、music.v、contrl.v、display.v、dianzheng.v 和 room_tools_ctrl.v，输入上面的程序代码并保存。

微课 4-9
项目 3 多功能教室智能控制系统的设计与实现（三）

2）为该工程项目选择一个目标器件，并对相应的引脚进行锁定，所选择的器件应该是 Altera 公司的 EPM1270T144C5N 芯片，引脚锁定表如表 4-11 所示。

表 4-11　引脚锁定表

引脚号	引脚名	引脚号	引脚名
61	key_h	22	ldob[3]
62	key_m	23	ldob[4]
63	key_s	24	ldob[5]
66	key_w	27	ldob[6]
70	keyclr	28	ldob[7]
71	keysel_n	118	sled[0]
29	ledout[0]	117	sled[1]
30	ledout[1]	114	sled[2]
31	ledout[2]	113	sled[3]
32	ledout[3]	112	sled[4]
37	ledout[4]	111	sled[5]
38	ledout[5]	110	sled[6]

（续）

引脚号	引脚名	引脚号	引脚名
39	ledout[6]	109	sled[7]
40	ledout[7]	108	sl[0]
41	buzzout	107	sl[1]
5	ldoa[0]	106	sl[2]
6	ldoa[1]	105	sl[3]
7	ldoa[2]	119	seg[4]
8	ldoa[3]	120	seg[3]
11	ldoa[4]	121	seg[2]
12	ldoa[5]	122	seg[7]
13	ldoa[6]	123	seg[1]
14	ldoa[7]	124	seg[0]
15	ldob[0]	125	seg[5]
16	ldob[1]	127	seg[6]
21	ldob[2]	18	clk

3）对该工程文件进行编译处理，若在编译过程中发现错误，则需找出并更正错误，直至成功为止。

4）使用 USB-Blaster 下载电缆，将开发板 JTAG 口与 USB-Blaster 下载口相连，再打开工作电源，执行下载命令把程序下载到 CCIT CPLD/FPGA 实验仪的 EPM1270T144C5N 器件中，拨码开关 SW0 和 SW1 均拨到右边，即 ON 的位置，此时进入校时模式，可以通过 K1~K4 按键进行当前时、分、秒和星期的校对，校对完成后，将拨码开关 SW1 拨到左边，即 OFF 的位置，此时系统进入正常计时模式，在刚校对的时间基础上进行正常的计时和信息显示；将拨码开关 SW0 拨到左边，即 OFF 的位置，此时系统不计时，显示输出设备均不显示，即全灭。

4.3.5　技能实训

1. 实训目标

1）增强专业意识，培养良好的职业道德和职业习惯。

2）培养自主创新的学习能力和良好的实践操作能力。

3）掌握键盘、LED 数码管、时钟模块、点阵模块、音乐播放模块的综合运用。

4）掌握秒脉冲发生电路、键盘控制、计数显示、点阵显示、蜂鸣器播放音乐等模块的 Verilog 语言编程方法。

2. 实训设备

1）实验仪 CCIT CPLD/FPGA。

2）Quartus Ⅱ 13.1 软件开发环境安装。

3. 实训内容与步骤

1）题意分析：参考本节项目多功能教室智能控制系统项目实例，为了设置冬夏令制的上、下午上课的起始时间，增加冬夏令制模块，通过按键可以设置上午、下午上课时间；响铃模块：蜂鸣器在上、下课节点时响 5s 铃声及上下午放学播放音乐 30s，增加判断，周一~周五正常响铃和播放音乐，周六、周日关闭；点阵显示模块：增加 case 语句判断，星期六、日显示"REST"；外设控制模块：星期六和星期日则关闭所有教室外设。其他的模块变化不大，具体模块的功能关系图如图 4-8 所示。

图 4-8 多功能教室智能控制系统模块功能关系图

2）顶层模块。

3）分频模块、按键校时模块、计时模块、数码管显示模块、教室教具自动控制模块都可以参考 4.3.3 节程序设计。

4）冬夏令制模块。

5）响铃模块。

6）点阵屏值日生名单显示模块。

说明：此实训各模块的程序设计，请读者根据所学知识，参考本书前述内容，自行完成。

7）编译并改正语法错误。

8）指定芯片的引脚，并设置不用的引脚。引脚锁定表如表 4-12 所示。

表 4-12　引脚锁定表

引脚号	引脚名	引脚号	引脚名
61	key_h	22	ldob[3]
62	key_m	23	ldob[4]
63	key_s	24	ldob[5]
66	key_w	27	ldob[6]
70	keyclr	28	ldob[7]
71	keysel_n	118	sled[0]
29	ledout[0]	117	sled[1]
30	ledout[1]	114	sled[2]
31	ledout[2]	113	sled[3]
32	ledout[3]	112	sled[4]
37	ledout[4]	111	sled[5]
38	ledout[5]	110	sled[6]
39	ledout[6]	109	sled[7]
40	ledout[7]	108	sl[0]
41	buzzout	107	sl[1]
5	ldoa[0]	106	sl[2]
6	ldoa[1]	105	sl[3]
7	ldoa[2]	119	seg[4]
8	ldoa[3]	120	seg[3]
11	ldoa[4]	121	seg[2]
12	ldoa[5]	122	seg[7]
13	ldoa[6]	123	seg[1]
14	ldoa[7]	124	seg[0]
15	ldob[0]	125	seg[5]
16	ldob[1]	127	seg[6]
21	ldob[2]	18	clk
74	Keysel_a	73	Keysel_m
72	Keysel_n		

9）重新编译下载运行并调试。

根据系统功能，可以设置冬夏令制的上、下午上课的起始时间，keysel_m:冬夏令制的上午第 1 节课时间状态键，高电平有效；keysel_a:冬夏令制的下午第 1 节课时间状态键，高电平有效；按 key_h 键设置上下午第一节课的时部分，在四位数码管左边两个显示，按 key_m 键设置上下午第一节课时间的分部分，在四位数码管右边两个显示；keysel_n:校时/校星期状态键，低电平有效；测试节间上下课响铃时间是否为 5s，上下午放学播放音乐时间是否为 30s；星期六和星期日，点阵模块显示 REST；响铃模块中节间铃声和放学音乐均关闭，所有教室外设均关闭。

4. 实训注意事项

1）单个模块的设计及顶层模块的设计。

2）模块的引用。

5. 实训考核

请根据表 4-13 所列的实训考核要求，进行实训操作，保持良好的实训操作规划，熟悉整个工程的新建、程序代码编写、开发环境设置和编译下载调试的过程。

表 4-13 实训考核要求

项　目	内　容	分　值	考核要求	得　分
职业素养	1. 实训的积极性 2. 实训操作规范 3. 纪律遵守情况	10	积极参加实训，遵守安全操作规程，有良好的职业道德和敬业精神	
Quartus Ⅱ 软件的使用及程序的编写	1. 能熟练使用 Quartus Ⅱ 软件 2. 代码语法的规范、熟练掌握顶层模块的设计及模块的引用 3. 芯片引脚的指定	40	能熟练使用 Quartus Ⅱ 软件、规范编写代码、改正语法错误、掌握顶层模块的设计、模块实例的编写及引用，正确指定引脚	
调试过程	1. 程序下载 2. 实验仪的使用 3. 操作是否规范	30	能下载程序，实验仪的规范使用，实验现象是否合理	
项目完成度和准确度	1. 实现题意要求 2. 操作和现象合理	20	该项目的所有功能是否能实现	

参 考 文 献

[1] 林灶生，刘绍汉. Verilog FPGA 芯片设计[M]. 北京：北京航空航天大学出版社，2006.

[2] 王志鹏，付丽琴. 可编程逻辑器件开发技术 MAX+plus II [M]. 北京：国防工业出版社，2005.

[3] 黄智伟，等. FPGA 系统设计与实践[M]. 北京：电子工业出版社，2005.

[4] 周立功，等. EDA 实验与实践[M]. 北京：北京航空航天大学出版社，2007.

[5] 王金明. 数字系统设计与 Verilog HDL[M]. 8 版. 北京：电子工业出版社，2021.

[6] 李国丽，朱维勇. EDA 与数字系统设计[M]. 3 版. 北京：机械工业出版社，2019.

[7] 王冠，黄熙，王鹰. Verilog HDL 与数字电路设计[M]. 北京：机械工业出版社，2006.

[8] BHASKER J. Verilog HDL 硬件描述语言[M]. 徐振林，等译. 北京：机械工业出版社，2000.

[9] 袁俊泉，孙敏琪，曹瑞. Verilog HDL 数字系统设计及其应用[M]. 西安：西安电子科技大学出版社，2002.

[10] 张志刚. FPGA 与 SOPC 设计教程：DE2 实践[M]. 2 版. 西安：西安电子科技大学出版社，2018.

[11] 李群芳，张士军，黄建. 单片微型计算机与接口技术[M]. 北京：电子工业出版社，2001.

[12] 许浩，齐燕杰，等. Visual Basic 串口通信工程开发实例导航[M]. 北京：人民邮电出版社，2003.

[13] 王益，耿相铭，等. 嵌入式测试系统设计[J]. 计算机工程，2008(18)：237-238，250.

[14] 张伟. 电路设计与制板 Protel DXP 高级应用[M]. 北京：人民邮电出版社，2004.

[15] 王宜怀，刘晓升，等. 嵌入式系统：使用 HCS12 微控制器的设计与应用[M]. 北京：北京航空航天大学出版社，2008.

[16] 吴厚航. FPGA/CPLD 边练边学[M]. 2 版. 北京：北京航空航天大学出版社，2018.

[17] 吴厚航. 深入浅出玩转 FPGA [M]. 3 版. 北京：北京航空航天大学出版社，2017.

[18] 徐文波，田耘. Xilinx FPGA 开发实用教程[M]. 2 版. 北京：清华大学出版社，2012.

[19] 陶虹，数字电路设计与项目实践[M]. 北京：清华大学出版社，2010.